高职高专机电类专业"十二五"规划教材

机械加工方法与设备

徐　勇　主　编
游震洲　副主编
封士彩　主　审

化学工业出版社
·北京·

全书共分十一章，内容包括金属切削刀具基础、金属切削过程的基本规律、金属切削过程中的物理现象、金属切削理论的应用、金属切削机床的基本知识、车削加工、铣削加工、钻削和镗削加工、磨削加工、刨削、插削和拉削加工、齿轮加工等。每个章节中编排了大量的生产实践案例，淡化理论，强调实践教学，培养学生务实严谨的专业品质和职业能力。

本书供高等职业学院机械类和近机类等专业师生作为教材，也可供工厂企业、科研机构的工程技术人员参考。

图书在版编目（CIP）数据

机械加工方法与设备/徐勇主编．—北京：化学工业出版社，2013.6

高职高专机电类专业“十二五”规划教材

ISBN 978-7-122-17160-3

Ⅰ.①机…　Ⅱ.①徐…　Ⅲ.①金属切削-高等职业教育-教材②金属切削-机械设备-高等职业教育-教材

Ⅳ.①TG506②TG502

中国版本图书馆 CIP 数据核字（2013）第 085787 号

责任编辑：高　钰　　　　文字编辑：吴开亮

责任校对：蒋　宇　　　　装帧设计：刘丽华

出版发行：化学工业出版社（北京市东城区青年湖南街 13 号　邮政编码 100011）

印　　装：大厂聚鑫印刷有限责任公司

787mm×1092mm　1/16　印张 13½　字数 334 千字　2013 年 8 月北京第 1 版第 1 次印刷

购书咨询：010-64518888（传真：010-64519686）　售后服务：010-64518899

网　　址：http://www.cip.com.cn

凡购买本书，如有缺损质量问题，本社销售中心负责调换。

定　　价：26.00 元

前　言

本书是根据教育部《关于以就业为导向，深化高等职业教育改革的若干意见》的精神以及高职“机械加工方法与设备”的教学计划编写的。

本书有以下几方面的特点：

先进性：随着高等职业教育的快速发展，国家出台了一系列的法律法规，推动了高等职业教育健康有序的发展。在高等职业教育大发展的同时，各个学校不断进行教学改革，重视和加强专业的内涵建设，积极鼓励和扶持具有特色、符合高职教改要求的教材建设。

实践性：本教材根据高等职业教育的改革精神，重新编排机械加工方法与设备课程的内容体系，强化实践性，突出应用性，更好地为区域经济服务。

模块化：课程体系按照模块独立成章编写，每个章节为独立的模块，不同专业可以根据具体学时选择合适的章节来进行教学。

案例化：在章节内容上，删减了复杂的理论阐述和公式推导，以知识点为主，介绍其概念、特点及用途，对一些实践性强的知识点，安排了大量的案例供课堂教学。

本书由徐勇副教授主编，游震洲副教授任副主编，宋荣讲师参编。徐勇编写第一、二、三、四、六、七、八、十一章和全部复习思考题；游震洲编写第五、九章；宋荣编写第十章。全书由常熟理工学院封士彩教授主审。

在编写过程中，得到了温州职业技术学院阀门教研室和机制教研室的大力协助，在此一并感谢。

限于编者的水平有限，书中难免有不妥之处，恳请广大读者批评指正。

编　者

2013 年 2 月

目录

绪 论

教学要求

了解金属切削加工技术发展概况。

了解金属切削加工技术的地位和作用。

掌握课程的性质、内容和学习方法。

一、金属切削加工技术概况

金属切削加工是机械制造业的主要加工方法，它是利用金属切削刀具切除被加工零件上的多余材料，使切削加工后的零件获得规定的尺寸精度和表面质量。

人类早期的活动可以追溯到新石器时代，当时人们利用石器作为工具，制造处于萌芽状态。我国在公元前的青铜器时代已经出现了金属切削的萌芽，当时的青铜刀、锯、锉等就很类似现代的金属切削刀具。春秋中晚期时，工程技术著作《考工记》中记载了木工、金工等多种专业技术知识，书中指出“材美工巧”是制成良器的必要条件。从出土文物和文献可以推测，在唐代已经有了原始车床。公元 1668 年，明代出现了畜力带动的铣磨机和脚踏刃磨机（图 0-1、图 0-2），已经能够加工直径为 2m 的天文仪器铜环，其精度和表面粗糙度均达到相当高的水平。

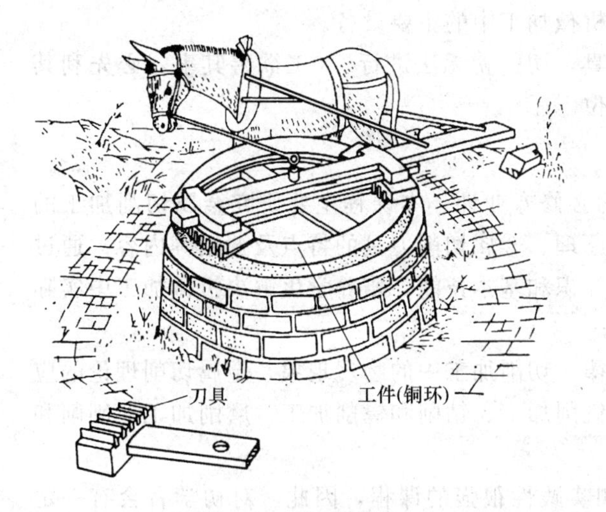

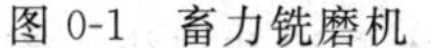

图 0-1 畜力铣磨机

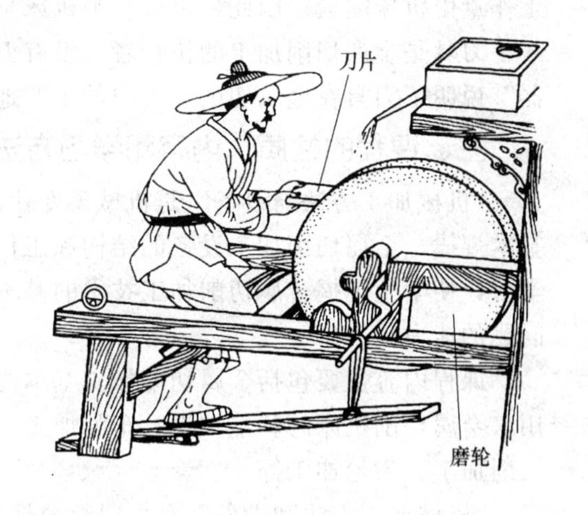

图 0-2 脚踏刃磨机刃磨刀片

18 世纪 60 年代，英国的 James Watt 发明了蒸汽机；1755 年 J Wilkinson 研制成加工蒸汽机汽缸的镗床；1818 年，美国的 Eli Whitney 发明了铣床。1865 年前后，各式车床、镗床、插床、齿轮机床和螺纹机床相继出现。这个阶段是机械技术和蒸汽技术的结合，产生了第一次工业革命，机械制造业开始使用机械加工机床。

社会生产力的发展对刀具的要求也越来越高，新型刀具材料不断涌现。1780～1898 年间，碳素钢和合金工具钢作为主要的刀具材料，切削速度约为6～12m/min。1898年，美国的F W Taylor和White发明了高速合金工具钢，切削速度比工具钢提高了2～3倍。1923年，德国人研制了WC-Co硬质合金，切削速度比高速合金工具钢提高了2～4倍。1960年以后，由于高强度和高难度材料的出现，又促使许多新型刀具材料不断出现，如万能硬质合金、陶瓷、人造金刚石和立方氮化硼等。20世纪70年代，随着CVD、PVD等气相沉积涂层技术的日臻成熟，刀具材料发生了重大变革，刀具性能得到了大大提高。

自1949年新中国成立以来，我国机械加工设备和金属切削加工技术得到了飞速发展。我国能够自行研制五轴联动数控机床，发明了一些先进刀具，如群钻、玉米铣刀、高速螺纹刀等。

20世纪60年代，制造业生产方式由大批量生产开始向多品种、小批量生产方式转变，与此同时，先进制造技术不断产生，如CAD、CAM、CAPP、CAE、CE、LP、AM、RPM。

进入21世纪，金属切削加工技术正朝着高精度、高效率、自动化、柔性化和智能化的方向发展。未来的金属切削加工技术必将面临制造环境的一系列新的挑战，它将与信息技术、自动化技术、控制技术、管理技术等高新技术和理论融合，并由此推动上述技术和理论在金属切削加工技术中应用和发展。

二、金属切削加工在国民经济中的地位

在各种加工方法中，金属切削加工在机械制造业中所占比重最大，金属切削加工技术的发展水平直接影响着制造业的发达程度，更是表征一个国家综合国力的标志。金属切削机床是加工机器零件的主要设备，是加工机器的机器，又称为“工作母机”或“工具机”。目前机械制造中所用工具机中的80％～90％仍为金属切削机床，机械制造业中约40％～60％的工作量由机床完成。因此，金属切削机床是机械加工中的主要设备。

刀具是金属切削加工的执行者，没有刀具，切削就无法进行。“工欲善其事，必先利其器”说明了刀具在金属切削加工中的重要地位。

三、课程的性质、内容和学习方法

“机械加工方法与设备”是机械类专业的必修专业课，本课程主要研究金属切削加工的基本规律、金属切削加工设备的结构和工作原理、金属切削刀具的特点及选用等内容。通过学习，使学生掌握金属切削加工技术的基本知识和基本技能，培养学生解决机械加工中实际问题的能力。

课程内容主要包括金属切削加工基本规律、切削加工中的物理现象、金属切削理论的应用、金属切削机床的基本知识、车削加工、铣削加工、钻削和镗削加工、磨削加工、刨削和拉削加工、齿轮加工等。

“机械加工方法和设备”是一门综合性和实践性很强的课程，因此，对初学者会有一定的难度。因此，在学习过程中，不但要掌握好金属切削的基本知识和规律，而且还要密切联系生产实践，培养分析问题和解决问题的能力。

第一章　金属切削刀具基础

教学要求

掌握切削运动、切削用量和切削层参数的概念。

掌握刀具切削部分的构造和刀具角度的定义。

掌握常用刀具材料的种类和特点。

掌握选择常用刀具材料的原则和方法。

第一节　金属切削加工的基本概念

一、切削运动与工件表面

用金属切削刀具从工件上切除多余的金属，从而获得在形状、尺寸精度及表面质量上都合乎预定要求的加工称为金属切削加工。在切削加工过程中，切削运动就是工件与刀具之间的相对运动，它由金属切削机床来完成。各种切削运动都是由一些简单的直线运动和旋转运动组合而成的。切削运动按其作用可分为主运动和进给运动两种（图 1-1）。

1. 主运动

使工件与刀具产生相对运动以进行切削的基本运动。主运动的速度最高，消耗的功率最大，在切削运动中，主运动只有一个。它可以由工件完成，也可以由刀具完成；可以是旋转运动，也可以是直线运动。如车削外圆时工件的旋转运动，刨削时刨刀的直线往复运动等。主运动的速度称为切削速度，用 v_c 表示。

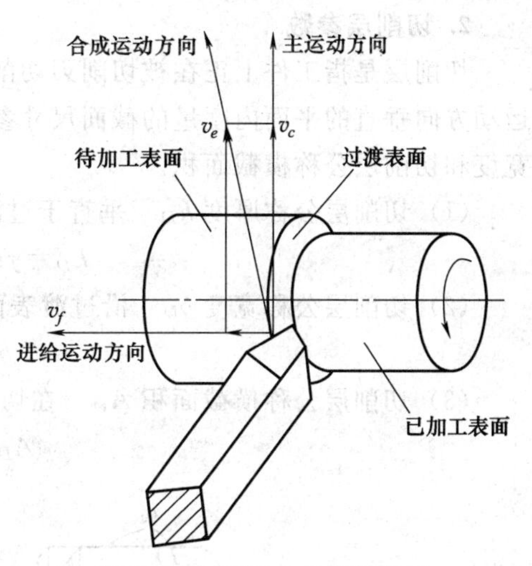

图 1-1　切削运动与工件表面

2. 进给运动

不断地把切削层投入切削的运动，称为进给运动。进给运动一般速度较低，消耗的功率较少，可由一个或多个运动组成。它可以是连续的，也可以是间断的。进给速度用 v_f 表示。

在主运动和进给运动同时进行的情况下，刀具切削刃上某一点相对于工件的运动称为合成运动，可用合成速度 v_e 来表示。以外圆车削为例，切削运动的合成速度 v_e 等于主运动速度 v_c 与进给速度 v_f 之和（图 1-1）。

3. 工件表面（图 1-1）

（1）待加工表面　工件上即将被切除的表面。

（2）已加工表面　工件上经刀具切削后形成的新表面。

（3）过渡表面　工件上正在被切削刃切削的表面。

二、切削用量与切削层参数

1. 切削用量

(1) 切削速度 v_c　切削刃相对于工件的主运动速度。计算切削速度时，应选取切削刃上速度最高的点进行计算。主运动为旋转运动时，切削速度公式为

$$v_c=\frac{\pi dn}{1000}$$

式中　d——工件或刀具的最大直径，mm；

n——工件或刀具的转速，r/s、r/min；

v_c——工件或刀具的切削速度，m/s、m/min。

(2) 进给量 f　指工件或刀具每回转一周（或往复运动一次），二者沿进给方向上的相对位移量，单位为mm/r或mm/st。对于多齿的刀具，用每齿进给量 f_z（mm/齿）表示。进给运动的速度称为进给速度，以 v_f 表示，单位为mm/s或mm/min。

$$v_f=fn=(f_z z)n$$

(3) 背吃刀量 a_p　指待加工表面和已加工表面之间的垂直距离。车外圆时

$$a_p=\frac{d_w-d_m}{2}$$

式中　d_w、d_m——工件待加工表面和已加工表面的直径，mm。

2. 切削层参数

切削层是指工件上正在被切削刃切削的一层金属，如图1-2所示。切削层参数是在与主运动方向垂直的平面内度量的截面尺寸参数。切削层参数包括切削层公称厚度、切削层公称宽度和切削层公称横截面积。

(1) 切削层公称厚度 h_D　垂直于过渡表面度量的切削层尺寸，简称为切削厚度。

$$h_D=f\sin\kappa_r（\kappa_r 为主偏角）$$

(2) 切削层公称宽度 b_D　沿过渡表面度量的切削层尺寸，简称为切削宽度。

$$b_D=a_p/\sin\kappa_r$$

(3) 切削层公称横截面积 A_D　在切削层参数平面内度量的横截面面积。

$$A_D=h_D b_D=a_p f$$

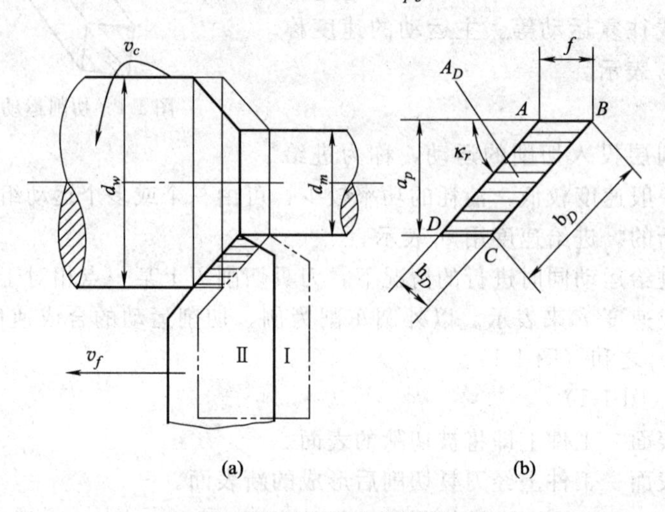

图1-2　切削用量和切削层参数

三、铣削用量和铣削层参数

1. 铣削用量

铣削速度、进给量、背吃刀量和侧吃刀量称为铣削用量四要素（图 1-3）。

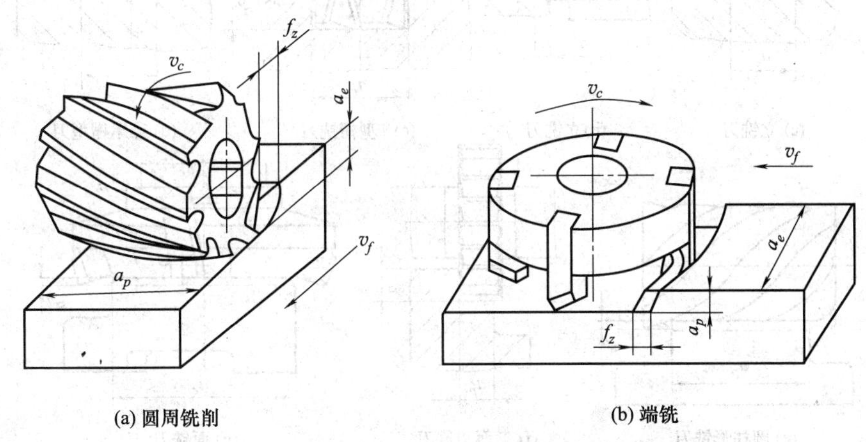

(a) 圆周铣削　　(b) 端铣

图 1-3　铣削用量要素

（1）铣削速度 v_c　指切削刃上选定点相对工件的线速度，单位为 m/min。铣削速度与铣刀转速之间的关系如下

$$v_c=\frac{\pi dn}{1000}$$

式中　d——铣刀直径，mm；

n——铣刀转速，r/min。

铣削时，参照工艺手册，先根据工件材料、刀具材料、加工要求等因素确定铣削速度，再根据公式计算出主轴转速并选择合适的主轴转速值。

（2）进给量

① 每齿进给量 f_z　铣刀每转过一个刀齿相对工件在进给方向上的距离，单位为 mm/齿。

② 每转进给量 f　铣刀每旋转一转相对工件在进给方向上的距离，单位为 mm/r。

③ 进给速度 v_f　工件在进给方向上，每分钟相对铣刀所移动的距离，单位为 mm/min。

$$v_f=fn=f_zzn$$

（3）背吃刀量 a_p　是在平行于铣刀轴线方向测得的被切削层尺寸。

（4）侧吃刀量 a_e　是在垂直于铣刀轴线方向测得的被切削层尺寸。

常用铣刀的背吃刀量和侧吃刀量如图 1-4 所示。

【案例】　在铣床上加工平面，已知端铣刀直径为 80mm，铣削速度为 20m/min，问主轴转速应调整到多少?

【解】　根据公式，可得

$$n=1000v_c/\pi d=1000\times20/(80\pi)=79.62\text{r/min}$$

查铣床主轴转速铭牌，选转速为 75r/min。

【案例】　用直径为 $d=20$mm、齿数为 $z=3$ 的立铣刀进行铣削加工，已知 $f_z=0.04$mm/齿，$v_c=20$m/min，求铣床的转速 n 和进给速度 v_f。

【解】　根据题中条件和公式，可得 $n=1000v_c/\pi d=1000\times20/(20\pi)=318.47$r/min。查铣床铭牌，取转速值为 300r/min。

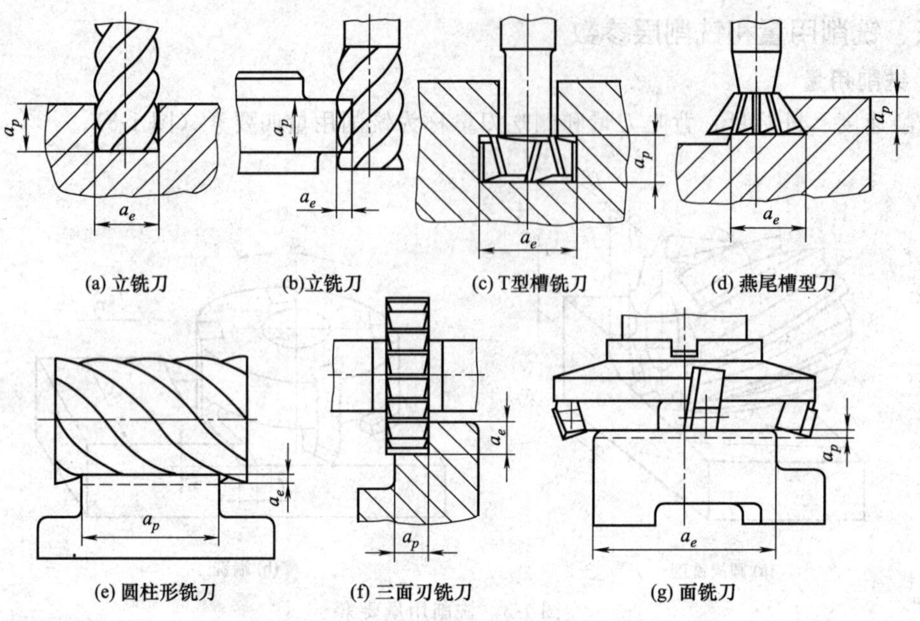

图 1-4　铣刀的背吃刀量和侧吃刀量

根据进给速度公式 $v_f = fn = f_z zn = 0.04 \times 3 \times 300 = 36\text{mm/min}$，查铣床铭牌，可取进给速度为 37.5mm/min。

2. 铣削层参数（图 1-5）

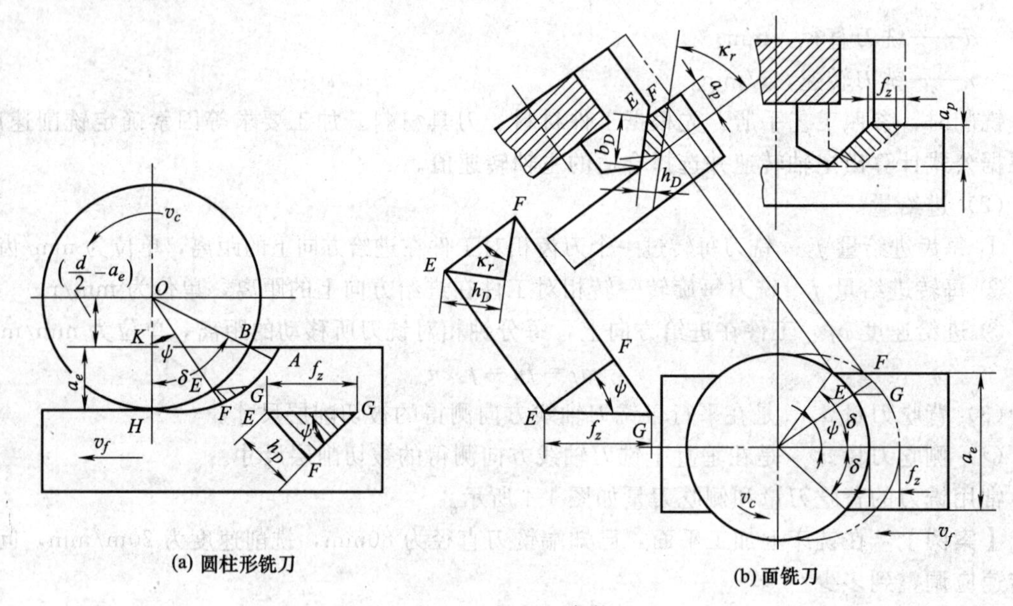

图 1-5　铣削层参数

(1) 铣削层公称厚度（铣削厚度）h_D　指铣削时相邻两刀齿所形成的过渡表面间的垂直距离，沿铣刀半径方向测量。周铣和端铣 h_D 是随时变化的。

直齿圆柱铣刀的切削厚度 $h_D = f_z \sin\psi$（ψ 为瞬时接触角）；面铣刀刀齿在任意位置时的切削厚度 $h_D = EF \cdot \sin\kappa_r = f_z \cdot \cos\psi \cdot \sin\kappa_r$。

(2) 铣削层公称宽度（铣削宽度）b_D　指主铣削刃参加工作的长度。直齿圆柱铣刀的铣削宽度就等于背吃刀量，即 $b_D = a_p$；端铣时铣削宽度保持不变，其值为

$$b_D = a_p / \sin\kappa_r$$

（3）总铣削层公称面积（铣削面积）A_D　指铣刀同时参与铣削的各刀齿的铣削面积之和。铣刀每一个刀齿的铣削面积 $A_D = h_D b_D$，铣刀的总铣削面积等于同时工作的各刀齿铣削面积之和，由于同时工作齿数和铣削厚度、铣削宽度都在随时变化，因此总铣削面积也是随时变化的。铣削时平均总铣削面积为

$$A_{Dav} = \frac{a_p a_e f_z z}{\pi d}$$

四、钻削用量和钻削层参数

1. 钻削用量（图 1-6）

（1）背吃刀量 a_p（mm）

$$a_p = \frac{d}{2}$$

（2）钻削速度 v（m/min）

$$v = \frac{\pi d n}{1000}$$

（3）进给速度和每刃进给量 f_z（mm/齿）

$$v_f = fn, f_z = \frac{f}{2}$$

2. 钻削层参数（图 1-6）

（1）钻削厚度（mm）

$$h_D = \frac{1}{2} f \sin\phi$$

（2）钻削宽度（mm）

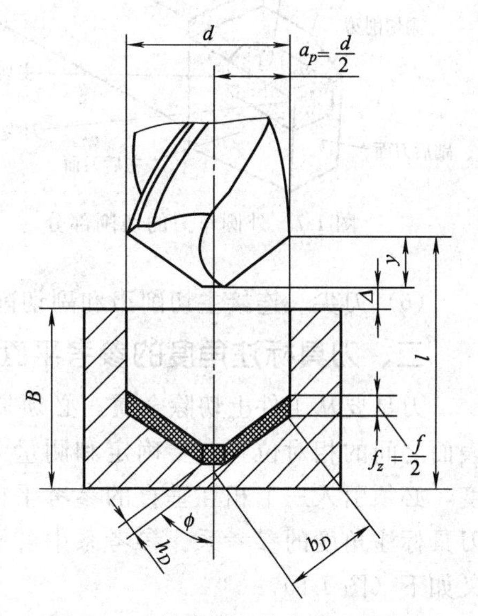

图 1-6　钻削用量与钻削层参数

$$b_D = \frac{d}{2\sin\phi}$$

（3）每刃钻削层公称面积（mm^2）

$$A_D = \frac{df}{4}$$

（4）材料切除率（mm^3/min）

$$Q = \frac{\pi d^2 fn}{4}$$

【案例】　使用高速钢钻头在厚度为 50mm 的铸铁件上钻一个 ϕ20mm 的通孔，已知 v=0.45m/s，v_f=174mm/min，计算钻床主轴转速 n 和进给量 f。

【解】　根据公式 $v = \frac{\pi d n}{1000}$，得 $n = \frac{1000v}{\pi d} = \frac{1000 \times 0.45}{3.14 \times 20} = 7.17$r/s。又根据公式 $v_f = fn$，得 $f = v_f / n = 174/(60 \times 7.17) = 0.40$mm/r。

第二节　刀具的结构和几何角度

一、刀具切削部分的组成

切削刀具的种类很多，形状各异，但它们切削部分的几何形状与几何参数具有共同的特

征——切削部分的基本形状为楔形。车刀是典型的代表，其他刀具可以视为由车刀演变或组合而成，多刃刀具的每个刀齿都相当于一把车刀。

刀具上承担切削工作的部分称为刀具的切削部分，它由六个基本结构要素组成（图 1-7）。

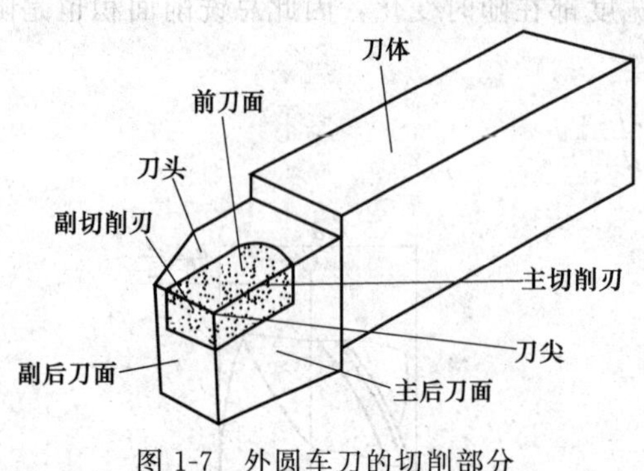

图 1-7　外圆车刀的切削部分

（1）前刀面　刀具上切屑沿其流出的表面。

（2）主后刀面　刀具上与工件过渡表面相对的表面。

（3）副后刀面　刀具上与工件已加工表面相对的表面。

（4）主切削刃　前刀面与主后刀面的交线，承担主要的切削任务。

（5）副切削刃　前刀面与副后刀面的交线，配合主切削刃完成切削工作。

（6）刀尖　连接主切削刃和副切削刃的一段刀刃，它可以是一段小的圆弧或直线。

二、刀具标注角度的参考平面

刀具要从工件上切除金属，必须具有一定的切削角度。切削角度决定了刀具切削部分各表面之间的相对位置。要确定和测量刀具角度，必须引入三个相互垂直的参考平面组成刀具标注角度的参考系。参考系中各平面定义如下（图 1-8）。

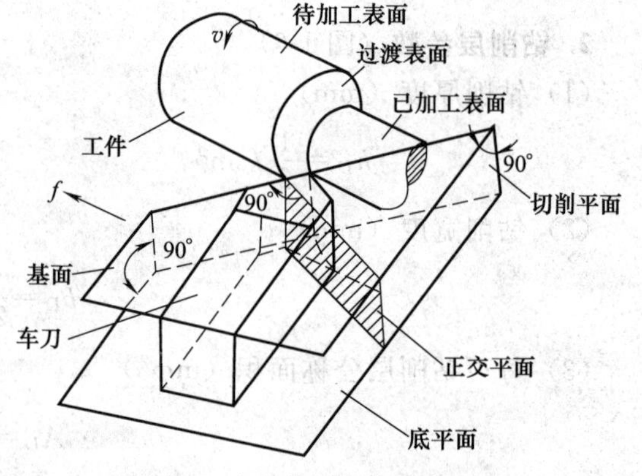

图 1-8　车刀标注角度的参考系

（1）基面 P_r　通过主切削刃上某一点并与该点切削速度方向垂直的平面。

（2）切削平面 P_s　通过主切削刃上某一点，与主切削刃相切并垂直于基面的平面。

（3）正交平面 P_o　通过主切削刃上某一点，同时垂直于基面和切削平面的平面。

基面、切削平面和正交平面共同组成标注刀具角度的正交平面参考系。除此之外，常用的刀具标注角度的参考系还有法平面参考系、背平面参考系和假定工作平面参考系。

三、刀具的标注角度

刀具的标注角度是在刀具设计图中标注的，是用于刀具制造、刃磨和测量的角度。刀具的主要标注角度有以下六个，分别定义如下（图 1-9）。

（1）前角 γ_o　在正交平面内测量的前刀面和基面的夹角。前角表示前刀面的倾斜程度，有正、负之分，正、负规定如图所示。

（2）后角 α_o　在正交平面内测量的主后刀面和切削平面的夹角。后角一般为正值。

（3）主偏角 κ_r　在基面内测量的主切削刃在基面上的投影与进给运动方向的夹角。

（4）副偏角 κ_r'　在基面内测量的副切削刃在基面上的投影与进给运动反方向的夹角。

（5）刃倾角 λ_s　在切削平面内测量的主切削刃和基面间的夹角。有正、负之分，正、负规定如图所示。

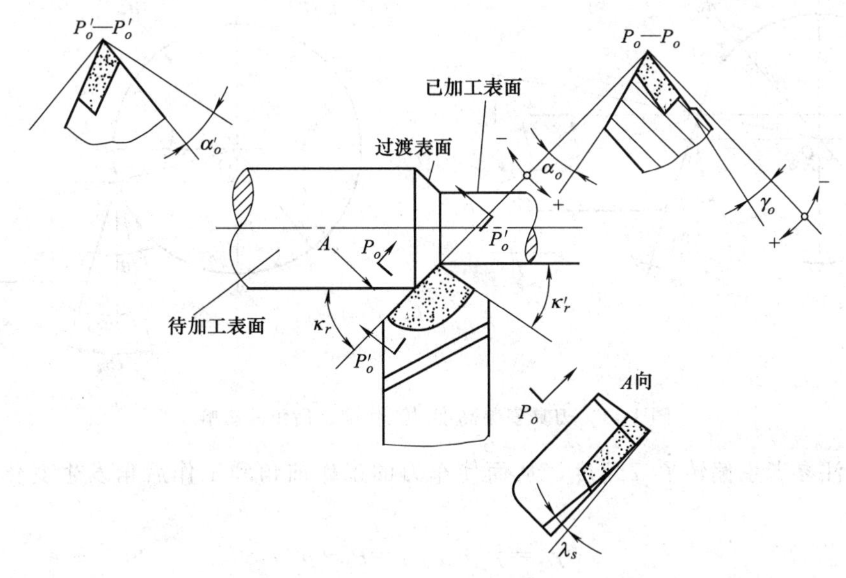

图 1-9　车刀在正交平面内的标注角度

(6) 副后角 α_o'　副后刀面与切削平面间的夹角。它确定副后刀面的空间位置。

车刀的上述六个角度是相互独立的，它们的大小会直接影响切削过程，其余角度均是派生的。各角度的推荐值可查阅相关手册。

四、刀具的工作角度

刀具的标注角度是在假设的运动条件和安装条件下确定的。如果考虑进给运动和刀具实际安装的影响，参考平面的位置应按合成切削运动方向来确定，这时的参考系称为刀具工作角度参考系。在工作角度参考系中确定的刀具角度称为刀具的工作角度，又称刀具的实际角度。刀具的工作角度反映了刀具的实际工作状态，受进给运动和安装位置的影响。

1. 刀柄偏斜对工作角度的影响

如图 1-10 所示，当刀具随刀架逆时针转动 θ 角后，工作主偏角增大，工作副偏角减小。

$$\kappa_{re}=\kappa_r+\theta,\kappa_{re}'=\kappa_r'-\theta$$

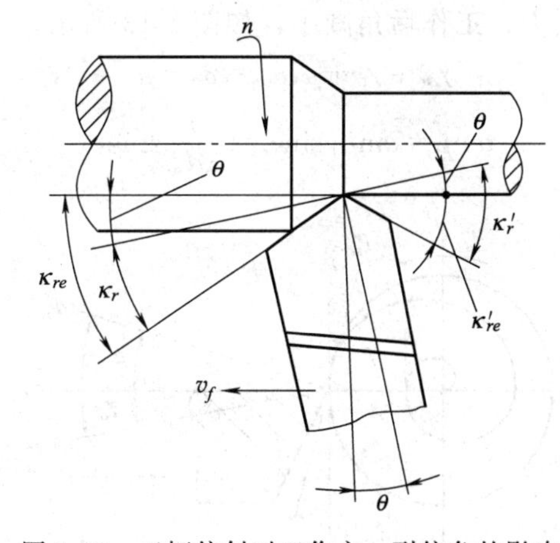

图 1-10　刀柄偏斜对工作主、副偏角的影响

2. 刀具安装高度对工作角度的影响

车削时，刀具的安装常会出现刀刃安装高于或低于工件回转中心的情况，此时工作基面、工作切削平面相对于标注参考系产生 θ 角偏转，将引起工作前角和工作后角的变化，如图 1-11 所示。

$$\gamma_{oe}=\gamma_o\pm\theta,\alpha_{oe}=\alpha_o\mp\theta$$

$$\sin\theta=2h/d_w$$

3. 刀具横向进给对工作角度的影响

车端面或切断时，车刀切削的运动轨迹为阿基米德螺线，此时的工作基面和工作切削平

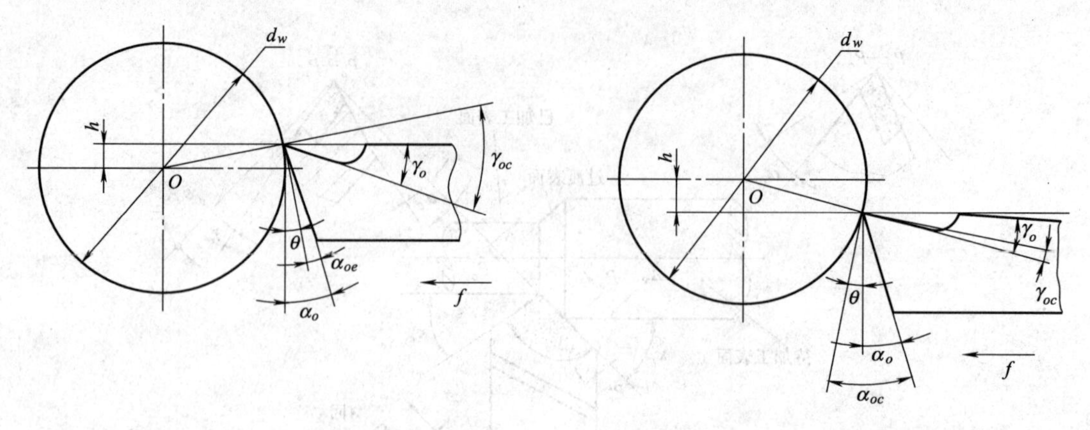

图 1-11 刀具安装高度对工作前、后角的影响

面相对于标注参考系偏转了 μ 角度，从而使车刀的工作前角和工作后角发生变化，如图 1-12 所示。

$$\gamma_{oe}=\gamma_o+\mu, \alpha_{oe}=\alpha_o-\mu$$

$$\tan\mu=\frac{v_f}{v_c}=\frac{f}{\pi d_w}$$

4. 纵向进给运动对工作角度的影响

纵向进给车外圆或车螺纹时，合成运动方向与主运动方向之间的夹角为 μ_f，这时工作基面和工作切削平面相对于标注参考系都要偏转一个附加的角度 μ，使车刀的工作前角增大、工作后角减小，如图 1-13 所示。

$$\gamma_{oe}=\gamma_o+\mu, \alpha_{oe}=\alpha_o-\mu$$

$$\tan\mu=\tan\mu_f\sin\kappa_r=\frac{f}{\pi d_w}\sin\kappa_r$$

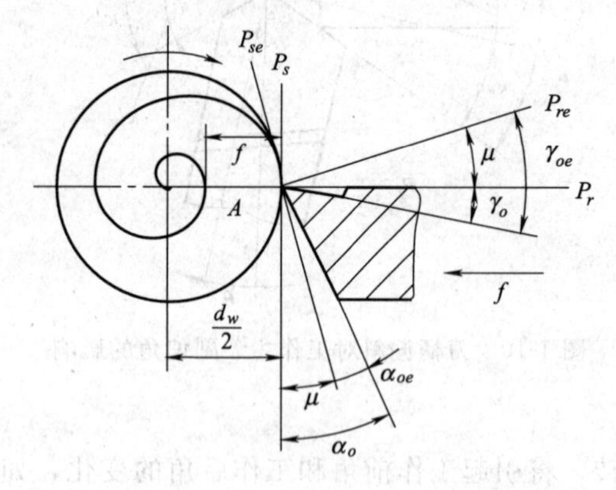

图 1-12 横向进给运动对工作前、后角的影响

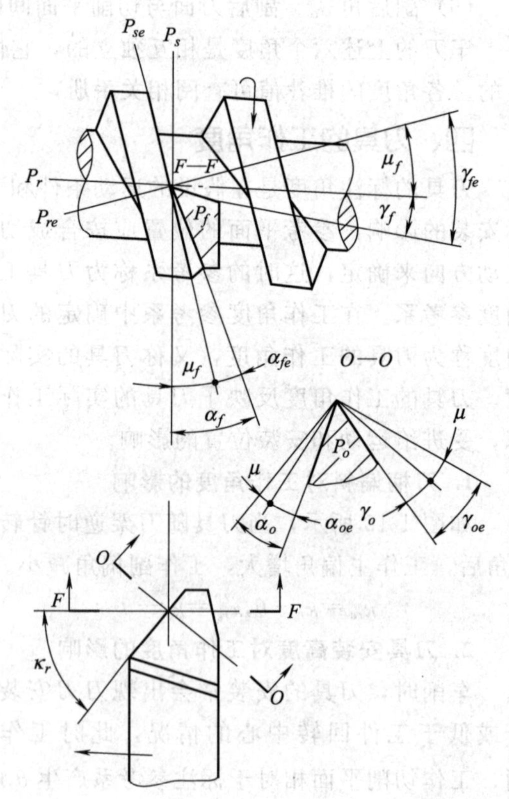

图 1-13 纵向进给运动对工作前、后角的影响

以上讨论的刀具工作角度是只考虑一个因素的影响，实际工作中刀具既有安装偏斜和高低的问题，又有进给运动的影响。此时，应综合考虑各种因素的影响，将各项按要求叠加。

第三节　刀具的材料

一、刀具材料应具备的性能

刀具切削性能的优劣取决于刀具材料、切削部分几何形状和刀具的结构。刀具材料的选择对刀具寿命、加工质量和生产效率影响极大，刀具材料应满足以下基本要求。

(1) 高硬度和高耐磨性　刀具材料的硬度必须高于工件材料的硬度，常温下刀具材料的硬度一般在60HRC以上。耐磨性是指材料抵抗磨损的能力，一般情况下，刀具材料的硬度越高，耐磨性越好。

(2) 足够的强度和韧性　刀具材料要承受切削时的振动，不产生崩刃和冲击，必须具有足够的强度和韧性。

(3) 高的耐热性　刀具材料在高温作用下应具有足够的硬度、耐磨性、强度和韧性。

(4) 良好的工艺性　刀具材料应具有良好的锻造性能、热处理性能和切削加工性能等，以便于刀具的制造和刃磨。

(5) 良好的经济性　经济性也是评价刀具材料切削性能的重要指标。

刀具材料的性能要求有些是相互制约的，在实际工作中应根据具体的切削对象和条件选择合适的刀具材料。

二、常用刀具材料

1. 碳素工具钢

碳素工具钢是含碳量较高的优质钢，如T10A。碳素工具钢淬火后具有较高的硬度，价格低廉，但耐热性差，当温度高于200℃时即失去原有的硬度，并且淬火时容易变形和开裂，只能用于制作一般温度下工作的工量具和模具等，如冲头、锯条、丝锥、量规、锉刀等。

2. 合金工具钢

合金工具钢是在碳素工具钢中加入少量的Cr、W、Mn、Si等合金元素形成的刀具材料，如9SiCr等。与碳素工具钢相比，其热处理变形减小，耐热性有所提高，常用于制造低速刀具，如锉刀、锯条和铰刀等。

表1-1　常用高速钢牌号及应用范围

种类	牌号	常温硬度 HRC	抗弯强度 /GPa	冲击韧度 /(MJ·m^{-2})	高温硬度 HRC(600℃)	主要性能和应用范围
普通型高速钢	W18Cr4V (W18)	63～66	3.0～3.4	0.18～0.32	48.5	综合性能好，用于制造精加工刀具和复杂刀具，如钻头、成形车刀、拉刀和齿轮刀具等
	W6Mo5Cr4V2 (M2)	63～66	3.5～4.0	0.30～0.40	47～48	强度和韧性高于W18，热塑性好，用于制造热成形刀具及承受冲击的刀具
高性能高速钢	W2Mo9Cr4VCo8 (M42)	67～69	2.7～3.8	0.23～0.30	55	硬度高，可磨性好，用于制造复杂刀具等，但价格贵
	W6Mo5Cr4V2Al (501)	67～69	2.9～3.9	0.23～0.30	55	用于制造复杂刀具，切削难加工材料

3. 高速钢

高速钢是含有较多合金元素的高合金工具钢，如 W18Cr4V 等。高速钢又称锋钢或风钢，耐热性较好，在 600℃仍能正常切削，许用切削速度为 30～50m/min，是碳素工具钢的 5～6 倍。高速钢的强度、韧性、工艺性都很好，广泛应用于制造中速切削及形状复杂的刀具，如麻花钻、铣刀、拉刀和齿轮刀具。常用高速钢牌号及应用范围见表 1-1。

4. 硬质合金

硬质合金是以高硬度、高熔点的金属碳化物为基体，添加 Co、Ni 等黏结剂，在高温条件下烧结而成的粉末冶金制品。硬质合金的硬度、耐磨性、耐热性都很高，切削速度远高于高速钢，能切削淬火钢等硬材料。但硬质合金抗弯强度低、脆性大，抗振动和冲击性能较差。硬质合金被广泛用于制作各种刀具，如车刀、端铣刀、深孔钻等。我国硬质合金种类主要有以下几种。

(1) 钨钴类硬质合金（YG 类） 由 WC 和 Co 组成。这类合金韧性好，适用于加工铸铁、青铜等脆性材料。常用牌号有 YG3、YG6、YG8 等，其中数字表示 Co 的质量分数。Co 的质量分数增加，硬度和耐磨性下降，抗弯强度和韧性增加。

(2) 钨钛钴类硬质合金（YT 类） 由 WC、TiC 和 Co 组成。这类合金主要用于加工钢料。常用牌号有 YT5、YT15、YT30 等，其中数字表示 TiC 的质量分数。TiC 的质量分数增加，硬度和耐磨性增加，抗弯强度和韧性下降。

(3) 通用硬质合金（YW 类） 是在 WC、TiC、Co 的基础上加入 TaC、NbC 组成的硬质合金。常用牌号有 YW1、YW2。这类合金既能加工铸铁和有色金属，又可以加工钢料，还可以加工高温合金和不锈钢等难加工材料，又称万能硬质合金。表 1-2 列出了几种常用硬质合金的牌号、性能及适用范围。

表 1-2 常用硬质合金的牌号、性能及应用范围

类型	牌号	硬度 HRA	抗弯强度 /GPa	耐磨性能	耐冲击性	耐热性能	材料	加工性质	相当的 ISO 牌号
K类	YG3	91	1.08	↑	↓	↑	铸铁；有色金属	连续切削时的精加工和半精加工	K05
	YG6X	91	1.37				铸铁；耐热合金	精加工和半精加工	K10
	YG6	89.5	1.42				铸铁；有色金属	连续切削粗加工；间断切削半精加工	K20
	YG8	89	1.47				铸铁；有色金属	间断切削粗加工	K30
P类	YT5	89.5	1.37	↓	↑	↓	钢	粗加工	P30
	YT14	90.5	1.25				钢	间断切削半精加工	P20
	YT15	91	1.13				钢	连续切削粗加工；间断切削半精加工	P10
M类	YW1	92	1.28		较好	较好	难加工钢材	精加工和半精加工	M10
	YW2	91	1.47		好		难加工钢材	半精加工和粗加工	M20

国际标准化组织 ISO 把切削用硬质合金分为三类：P 类、K 类和 M 类。P 类相当于我国的 YT 类，K 类相当于我国的 YG 类、M 类相当于我国的 YW 类。

三、其他刀具材料

1. 陶瓷

用于制作刀具的陶瓷材料主要有两类：氧化铝基陶瓷和氮化硅基陶瓷。陶瓷材料比硬质合金具有更高的硬度和耐热性，摩擦系数小、抗黏结性和抗磨损能力强，被广泛用于高速切削加工中。主要缺点是脆性大、抗冲击韧性差，抗弯强度低。

2. 立方氮化硼（CBN）

是由立方氮化硼在高温高压下加入催化剂转变而成，硬度仅次于金刚石。立方氮化硼耐高温，热稳定性好，高温下不与铁族金属发生反应。CBN刀具既能加工淬硬钢和冷硬铸铁，又能加工高温合金、硬质合金和其他难加工材料。

3. 人造金刚石

是通过合金触媒的作用，在高温高压下由石墨转化而成，是目前已知最硬物质。可用于加工硬质合金、陶瓷、高硅铝合金等高硬度、高耐磨材料。金刚石刀具不宜加工铁族元素，因为金刚石中的碳原子和铁族元素的亲和力大，从而减少刀具寿命。

【案例】 填写下列关于刀具材料性能的表格。

牌号 / 类别	T10A（碳素工具钢）	W18Cr4V（高速钢）	9SiCr（合金工具钢）	硬质合金	
				YG8	YT15
常温硬度					
高温硬度					
性能和用途					

思考题

1. 简述切削用量三要素和切削层参数的定义？

2. 简述刀具标注角度参考系及参考平面的定义？

3. 刀具切削部分材料应具备哪些基本性能？

4. 常用的高速钢刀具材料有哪些？如何选用？

5. 常用的硬质合金刀具材料有哪些？如何选用？

6. 在正交平面参考系内画图表示 $\gamma_o=16°$，$\alpha_o=8°$，$\alpha_o'=6°$，$\kappa_r=90°$，$\kappa_r'=15°$，$\lambda_s=-5°$的外圆车刀。

7. 在正交平面参考系内画图表示 $\gamma_o=10°$，$\alpha_o=8°$，$\alpha_o'=0°$，$\kappa_r=90°$，$\kappa_r'=2°$，$\lambda_s=0°$的切断刀。

8. 车削直径为100mm、长度为200mm的45钢棒料，已知 $a_p=4$mm，$f=0.5$mm/r，$n=240$r/min。试回答以下问题：

（1）如何合理选用刀具材料？说明原因？

（2）计算车削工件的速度？

（3）假设采用75°的偏刀车削工件，计算其车削层参数？

第二章　金属切削过程的基本规律

教学要求

掌握切屑的形成过程及变形区的特征。

掌握切削变形程度的表示方法。

掌握积屑瘤对切削过程的影响。

掌握影响切削变形的因素。

掌握切屑的类型及控制。

第一节　切屑的形成过程

一、切屑的形成过程

金属的切削变形过程就是切屑的形成过程。图 2-1（a）所示为在低速直角自由切削工件侧面时，用显微镜观察得到的切削层金属变形的情况。图 2-1（b）、（c）分别为滑移线和流线示意图。流线表明被切削金属中的某一点在切削过程中流动的轨迹。切屑的形成过程实质是工件材料受到刀具前刀面的推挤后产生塑性变形，最后沿斜面剪切滑移形成的。

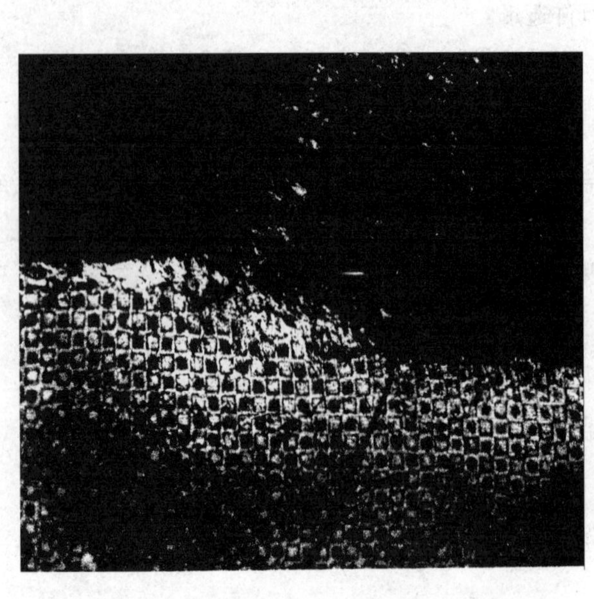

(a) 金属切削层变形图像

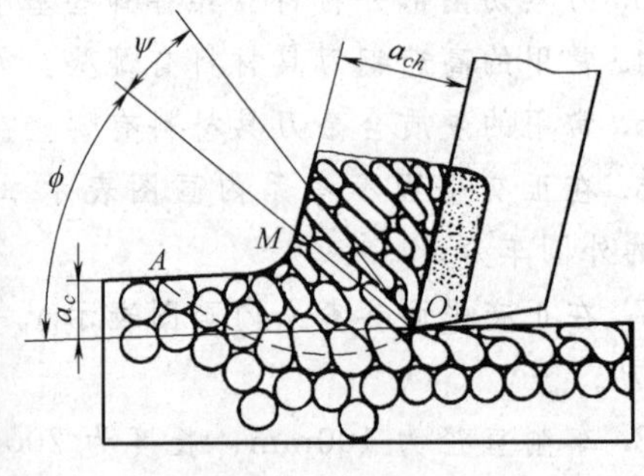

(b) 晶粒变形情况

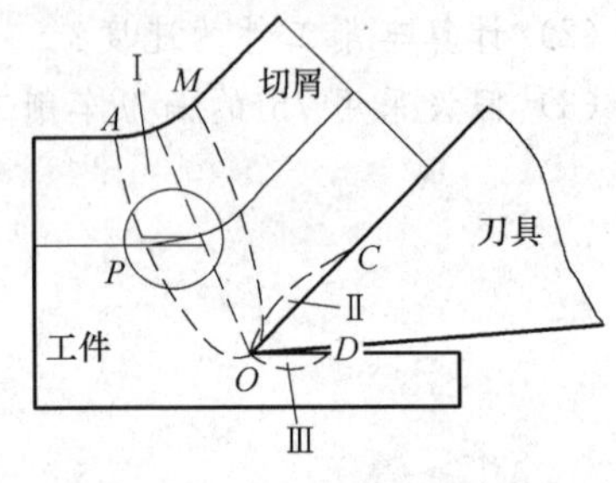

(c) 切削过程的三个变形区

图 2-1　切屑的形成过程

二、变形区及其特征

切削过程中，切削层金属的变形大致可分为三个变形区［图 2-1（c）］。

第Ⅰ变形区：特征是沿滑移线的剪切变形，以及随之产生的加工硬化。

第Ⅱ变形区：特征是切屑排出时受到前刀面的挤压和摩擦，靠近前刀面的金属纤维化，方向和前刀面基本平行。

第Ⅲ变形区：特征是已加工表面受到切削刃和后刀面的挤压和摩擦，造成表层金属纤维化和加工硬化。

第二节　切削变形程度

金属的切削变形程度有三种表示方法。

一、剪切角

在第Ⅰ变形区内，剪切面与切削速度方向之间的夹角称为剪切角［图 2-1（b）］，用 ϕ 表示。剪切角与切削变形有密切关系，可以用剪切角来衡量切削变形的程度。剪切角增大，切削变形减小，对改善切削过程有利。

二、变形系数

（1）厚度变形系数　切屑厚度 h_{ch} 与切削层厚度 h_D 之比。

（2）长度变形系数　切削层长度 l_D 与切屑长度 l_{ch} 之比。

由于切削层变成切屑后，宽度变化很小，根据体积不变原理，厚度变形系数和长度变形系数相等，统一用 Λ_h 表示变形系数（图 2-2）。

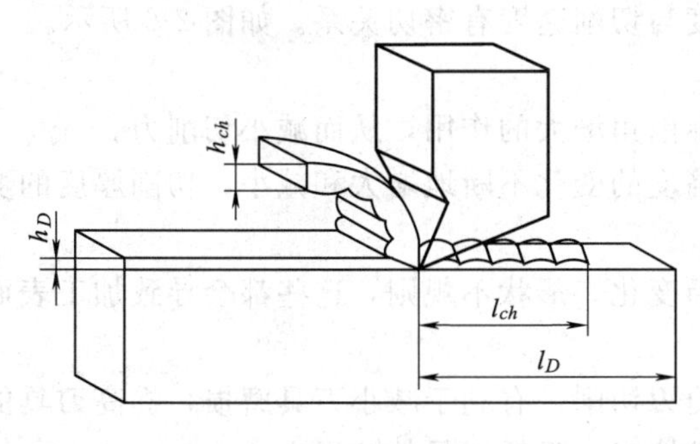

图 2-2　变形系数的计算

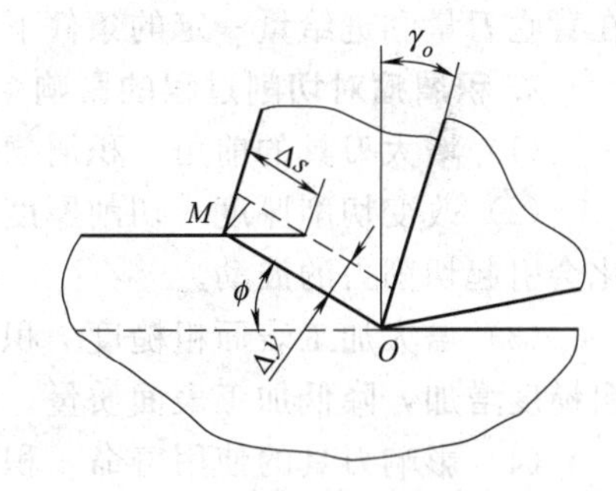

图 2-3　相对滑移系数

变形系数是大于 1 的系数，它直观地反映了切屑的变形程度，变形系数越大，变形越大。变形系数与剪切角有关，剪切角增大，变形系数减小，切削变形减小。变形系数易于测量，是切削变形程度的比较简单的表示方法，在实际生产中得到广泛应用。

三、相对滑移

金属切削过程中的塑性变形集中在第Ⅰ变形区，而且主要形式是剪切滑移，因此可用剪应变 ε 来表示切削过程的变形程度（图 2-3）。

$$\varepsilon=\frac{\Delta s}{\Delta y}=\cot\phi+\tan(\phi-\gamma_o)=\frac{\cos\gamma_o}{\sin\phi\cos(\phi-\gamma_o)}$$

第三节 前刀面上的摩擦和积屑瘤

一、前刀面上的摩擦

在金属切削过程中，由于在刀具和切屑接触区域存在约 2～3GPa 的压力和几百度的高温，切削液不宜流入接触区域，从而使刀具和切屑接触区域间产生黏结。在黏结情况下，刀-屑之间的摩擦属于内摩擦，其实质是金属内部的剪切滑移，与材料的剪切屈服强度和接触面的大小有关。当切屑沿前刀面继续流出时，离切削刃越远，正应力越小，切削温度随之降低，金属的塑性变形减小，刀-屑接触面积减小，摩擦逐渐转为外摩擦（滑动摩擦）。如图 2-4 所示。

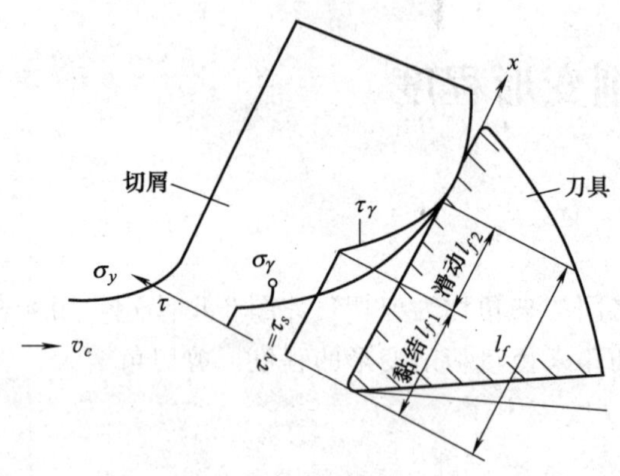

图 2-4 前刀面上的摩擦

二、积屑瘤的形成

1. 积屑瘤的形成及原因

在切削速度不高而又能形成连续切屑的情况下，加工一般钢料或铝合金等塑性材料时，常在前刀面处黏着一块剖面呈三角状的硬块。它的硬度很高，通常是工件材料的 2～3 倍，在稳定的状态下，能够代替刀具进行切削。这块黏附在刀具前刀面上的金属称为积屑瘤或刀瘤。如图 2-5 所示。

积屑瘤的产生及其成长与工件材料性质、切削区温度分布和压力有关。塑性材料的加工硬化倾向越强，越容易产生积屑瘤。切削区的温度和压力过高或过低，都不易产生积屑瘤。在背吃刀量和进给量一定的条件下，积屑瘤高度与切削速度有密切关系。如图 2-6 所示。

2. 积屑瘤对切削过程的影响

（1）增大刀具的前角　积屑瘤有使刀具实际前角增大的作用，从而减小切削力。

（2）改变切削厚度　切削厚度随着积屑瘤高度的变化不断地增大和减小，切削厚度的变化会引起切削力的波动。

（3）增大加工表面粗糙度　积屑瘤高度不断变化，形状不规则，这些都会导致加工表面粗糙度增加，降低加工表面质量。

（4）影响刀具的使用寿命　积屑瘤可代替刀刃切削，有利于减小刀具磨损，提高刀具的使用寿命。但有时也可能把刀具前刀面上的颗粒拽走，降低刀具的使用寿命。

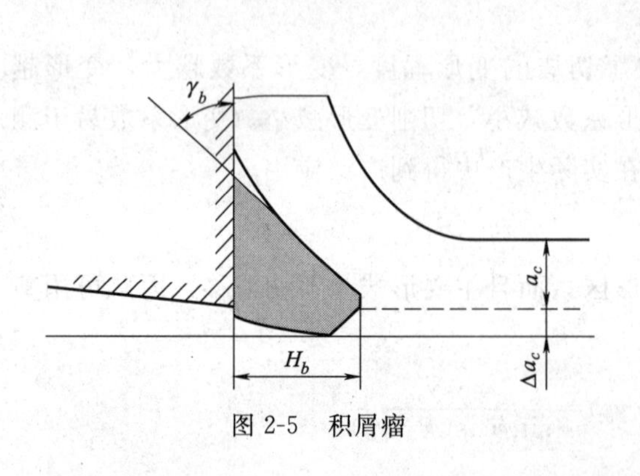

图 2-5 积屑瘤

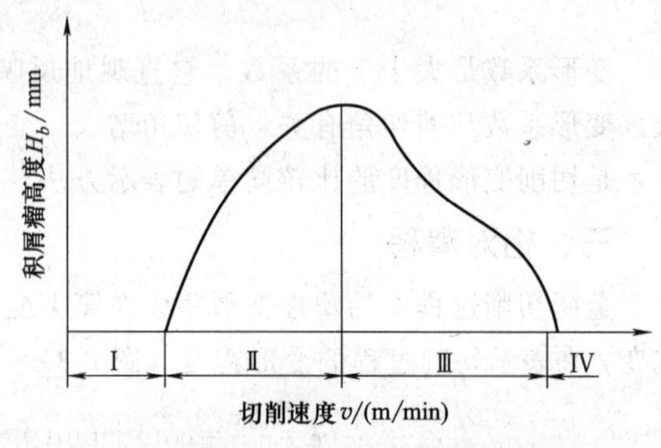

图 2-6 积屑瘤高度与切削速度的关系

3. 防止产生积屑瘤的措施

防止产生积屑瘤的具体措施如下。

① 正确选择切削速度，避开产生积屑瘤的区域。

② 使用润滑性能良好的切削液，减小刀-屑之间的摩擦。

③ 增大刀具的前角，减小刀具前刀面和切屑之间的压力。

④ 适当提高工件材料的硬度，减小加工硬化倾向。

第四节　切屑的类型及控制

1. 切屑的类型

由于工件材料不同、切削条件各异，切削过程中形成的切屑形状是多样的。切屑的形状主要分为带状、节状、粒状和崩碎四种类型（图 2-7）。

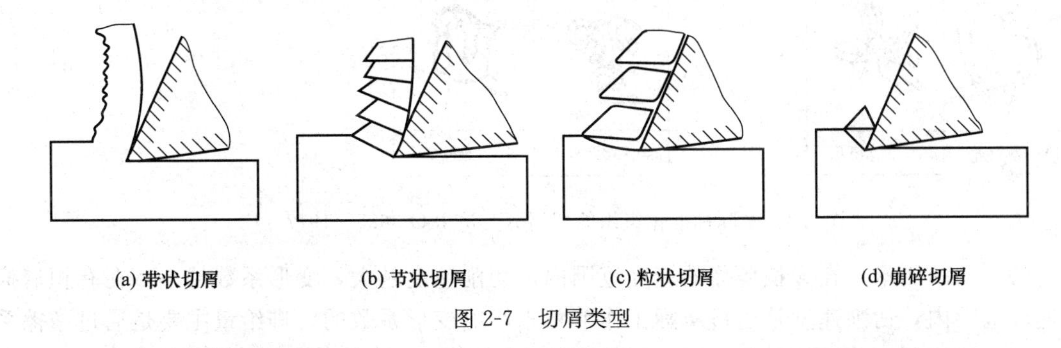

(a) 带状切屑　(b) 节状切屑　(c) 粒状切屑　(d) 崩碎切屑

图 2-7　切屑类型

（1）带状切屑　它是最常见的一种切屑。它是当加工塑性材料时，在切削厚度较小、切削速度较高、刀具前角较大时形成的切屑，它的底层表面光滑，上表面呈毛茸状。形成带状切屑的切削过程比较平稳，切削力波动小，已加工表面粗糙度值小。

（2）节状切屑　又称挤裂切屑。这种切屑的外表面呈锯齿状，内表面有时有裂纹，在切削速度较低、切削厚度较大、加工塑性材料时产生。

（3）粒状切屑　又称单元切削。当切削过程中剪切面上的应力超过工件材料的破裂强度时，则整个单元被切离成梯形的粒状（单元）切屑。在切削速度较低、切削厚度较大、前角较小、切削塑性材料时易产生单元切屑。

（4）崩碎切屑　这是属于脆性材料的切屑。切屑的形状是不规则的，加工表面是凹凸不平的。切削硬脆材料如高硅铸铁和白口铸铁，当切削厚度较大时，常得到这种切屑。该切屑的切削过程不平稳，容易破坏刀具和损坏机床，因此在生产中应力求避免。

2. 切屑的控制

切屑控制（又称切屑处理或断屑）是指在切削加工中采取适当的措施来控制切屑的卷曲、流出与折断，使其形成良好的屑形。从切屑控制的角度出发，国际标准化组织制定了切屑分类标准（图 2-8）。在实际生产中，通常采用断屑槽、改变刀具角度和调整切削用量等手段对切屑进行控制。

3. 影响切削变形的因素

（1）工件材料　实验表明，工件材料强度和硬度越高，变形系数越小。

（2）刀具几何参数　刀具几何参数中影响最大的是前角，前角越大，变形系数越小。

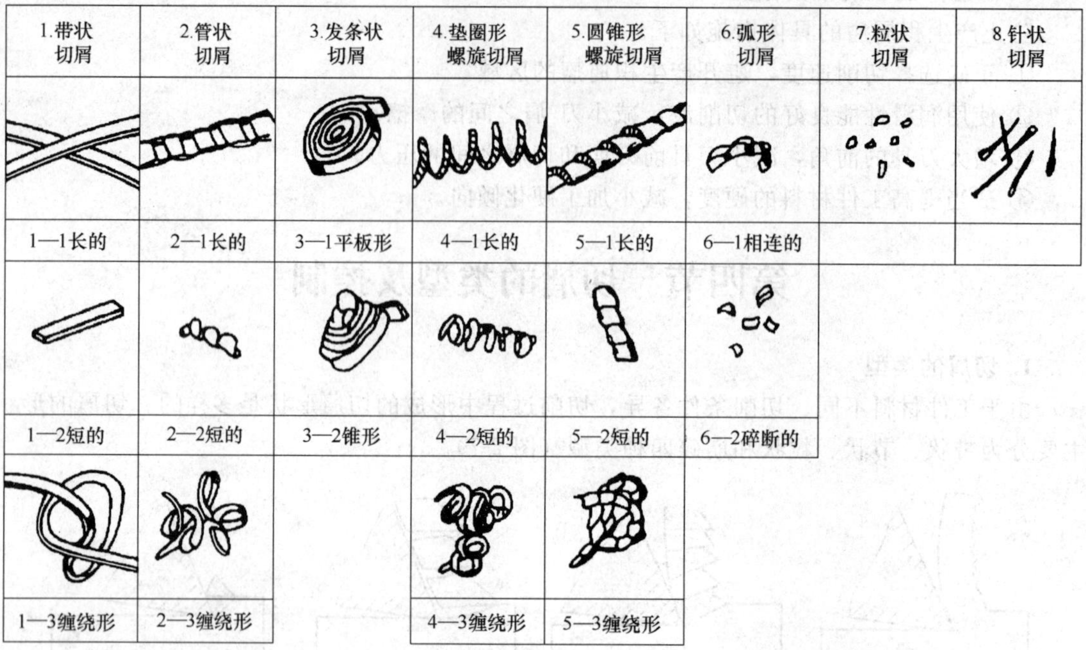

1.带状切屑	2.管状切屑	3.发条状切屑	4.垫圈形螺旋切屑	5.圆锥形螺旋切屑	6.弧形切屑	7.粒状切屑	8.针状切屑
1—1长的	2—1长的	3—1平板形	4—1长的	5—1长的	6—1相连的		
1—2短的	2—2短的	3—2锥形	4—2短的	5—2短的	6—2碎断的		
1—3缠绕形	2—3缠绕形		4—3缠绕形	5—3缠绕形			

图 2-8 国际标准化组织的切屑分类法 ISO 3685—1977 (E)

(3) 切削用量 在无积屑瘤的速度范围内，切削速度越大，变形系数越小。在有积屑瘤的速度范围内，切削速度是通过实际工作前角来影响变形系数的。进给量主要是通过摩擦系数来影响切削变形，进给量增大，变形系数减小。背吃刀量对变形系数基本无影响。

思 考 题

1. 金属切削过程的本质是什么？三个变形区如何划分？各变形区有何特征？
2. 什么是积屑瘤？它对切削过程有何影响？如何控制积屑瘤？
3. 常见的切屑形态有哪些？简述其形成条件及控制措施？
4. 简述影响切削变形的因素？它们是如何影响切削变形的？

第三章 金属切削过程中的物理现象

教学要求

掌握切削力的来源、力的分解及力的计算。

掌握切削热的产生与传导、切削温度的测量。

掌握切削力和切削温度的影响因素。

掌握刀具磨损的形态、原因及磨钝标准。

掌握刀具寿命的概念及经验公式。

掌握刀具寿命的影响因素及刀具寿命的确定。

第一节 切削力和切削功率

分析和计算切削力，是计算功率消耗，进行机床、刀具和夹具设计，制定合理切削用量，优化刀具几何参数的重要依据。

一、切削力的来源、切削合力与分力

1. 切削力的来源

切削力是在金属切削时，使被加工材料发生变形并成为切屑所需要的力。切削力来源于以下两个方面。

① 切屑形成过程中弹性变形和塑性变形所产生的抗力。

② 刀具和切屑及工件表面之间的摩擦阻力。

2. 切削合力与分力

切削合力 F 的大小和方向是变化的，不好测量。为测量和应用方便，通常将切削合力 F 在空间直角坐标系中分解为三个相互垂直的分力（图 3-1），即切削力 F_c、背向力 F_p 和进给力 F_f。

F_c：切削力或切向力，它的方向与过渡表面相切并与基面垂直。F_c 是计算车刀强度、设计机床零件、确定机床功率所必需的。

F_f：进给力或轴向力，它的方向是在基面内与工件轴线平行并且与进给方向相反。F_f 是设计机床进给机构和校核其强度的主要参数。

F_p：背向力或径向力，它的方向是在基面内与工件轴线垂直。F_p 是用来确定工件挠度，计算机床零件和刀具的强度。它也是使工件在切削过程中产生振动的主要作用力。

$$F=\sqrt{F_c^2+F_f^2+F_p^2}$$

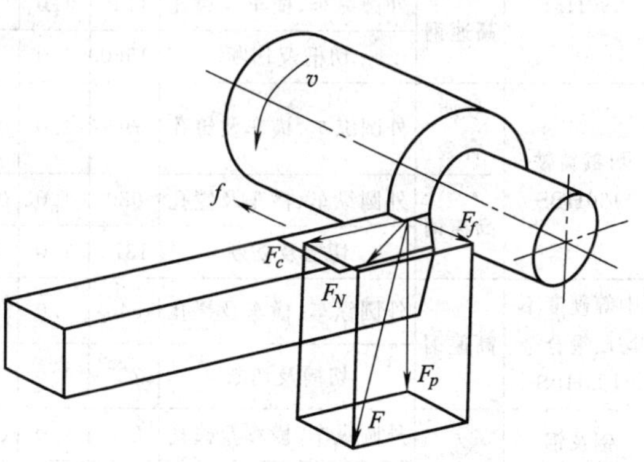

图 3-1 切削合力与分力

二、切削力和切削功率

1. 切削力

由于实际切削过程非常复杂，影响因素较多，因此在生产实际中，切削力的大小一般采用由经验公式计算。常用的经验公式分为两类：一类是指数公式；一类是按单位切削力进行计算的公式。

（1）计算切削力的指数公式

$$F_c = C_{F_c} a_p^{x_{F_c}} f^{y_{F_c}} v^{n_{F_c}} K_{F_c}$$

$$F_f = C_{F_f} a_p^{x_{F_f}} f^{y_{F_f}} v^{n_{F_f}} K_{F_f}$$

$$F_P = C_{F_p} a_p^{x_{F_p}} f^{y_{F_p}} v^{n_{F_p}} K_{F_p}$$

式中 C_{F_c}、C_{F_f}、C_{F_p}——由被加工材料性质和切削条件决定的系数；

x、y、n——切削用量三要素对应的指数；

K_{F_c}、K_{F_f}、K_{F_p}——各切削分力的修正系数。

上述各种系数和指数均可在机械加工工艺手册中查到。表 3-1 列出了车削力指数公式中的系数和指数。

表 3-1 车削力指数公式中的系数和指数

加工材料	刀具材料	加工形式	公式中的系数及指数											
			主切削力 F_c				背向力 F_p				进给力 F_f			
			C_{F_c}	x_{F_c}	y_{F_c}	n_{F_c}	C_{F_p}	x_{F_p}	y_{F_p}	η_{F_p}	C_{F_f}	x_{F_f}	y_{F_f}	η_{F_f}
结构钢及铸钢 650MPa	硬质合金	外圆纵车、横车及镗孔	2795	1.0	0.75	−0.15	1940	0.9	0.6	−0.3	2880	1.0	0.5	−0.4
		切槽及切断	3600	0.72	0.8	0	1390	0.73	0.67	0	—	—	—	—
	高速钢	外圆纵车、横车及镗孔	1770	1.0	0.75	0	1100	0.9	0.75	0	590	1.2	0.65	0
		切槽及切断	2160	1.0	1.0	0	—	—	—	—	—	—	—	—
		成形车削	1855	1.0	0.75	0	—	—	—	—	—	—	—	—
不锈钢 1Cr18Ni9Ti 141HBS	硬质合金	外圆纵车、横车及镗孔	2000	1.0	0.75	0	—	—	—	—	—	—	—	—
灰铸铁 190HBS	硬质合金	外圆纵车、横车及镗孔	900	1.0	0.75	0	530	0.9	0.75	0	450	1.0	0.4	0
	高速钢	外圆纵车、横车及镗孔	1120	1.0	0.75	0	1165	0.9	0.75	0	500	1.2	0.65	0
		切槽及切断	1550	1.0	1.0	0	—	—	—	—	—	—	—	—
可锻铸铁 150HBS	硬质合金	外圆纵车、横车及镗孔	795	1.0	0.75	0	420	0.9	0.75	0	375	1.0	0.4	0
	高速钢	外圆纵车、横车及镗孔	980	1.0	0.75	0	865	0.9	0.75	0	390	1.2	0.65	0
		切槽及切断	1375	1.0	1.0	0	—	—	—	—	—	—	—	—
中等硬度不均质铜合金 120HBS	高速钢	外圆纵车、横车及镗孔	540	1.0	0.66	0	—	—	—	—	—	—	—	—
		切槽及切断	735	1.0	1.0	0	—	—	—	—	—	—	—	—
铝及铝硅合金	高速钢	外圆纵车、横车及镗孔	390	1.0	0.75	0	—	—	—	—	—	—	—	—
		切槽及切断	490	1.0	1.0	0	—	—	—	—	—	—	—	—

（2）按单位切削力计算切削力的公式　单位切削力 k_c 是指单位切削面积上的切削力。

$$k_c=\frac{F_c}{A_D}=\frac{F_c}{a_pf}$$

如果已知单位切削力，则可由上式计算切削力 F_c。由此可见，利用单位切削力是计算切削力的一种简便的方法。表 3-2 是硬质合金车刀车削时的单位切削力值。

表 3-2　硬质合金车刀车削时的单位切削力值

<table>
<tr><th colspan="4">工件材料</th><th rowspan="2">单位切削力
/(N/mm²)</th><th colspan="4">实验条件</th></tr>
<tr><th>名称</th><th>牌号</th><th>制造、热处理状态</th><th>硬度 HB</th><th colspan="3">刀具几何参数</th><th>切削用量范围</th></tr>
<tr><td rowspan="5">钢</td><td rowspan="3">45 钢</td><td>热轧或正火</td><td>187</td><td>1962</td><td rowspan="6">$\gamma_b=15°$
$\kappa_r=75°$
$\lambda_s=0$</td><td rowspan="5">前刀面带卷屑槽</td><td>$b_{r1}=0$</td><td rowspan="5">$v=1.5\sim1.75$m/s
(90～105m/min)
$a_p=1\sim5$mm
$f=0.1\sim0.5$mm/r</td></tr>
<tr><td>调质（淬火及高温回火）</td><td>229</td><td>2305</td><td rowspan="2">$b_{r1}=$
0.1～0.15mm
$\gamma_{o1}=-20°$</td></tr>
<tr><td>淬硬（淬火及低温回火）</td><td>44(HRC)</td><td>2649</td></tr>
<tr><td rowspan="2">40Cr</td><td>热轧或正火</td><td>212</td><td>1962</td><td>$b_{r1}=0$</td></tr>
<tr><td>调质（淬火及高温回火）</td><td>285</td><td>2305</td><td>$b_{r1}=0.1\sim$
0.15mm
$\gamma_{o1}=-20°$</td></tr>
<tr><td>灰铸铁</td><td>HT200</td><td>退火</td><td>170</td><td>1118</td><td colspan="2">$b_{r1}=0$
平前刀面，无卷屑槽</td><td>$v=1.17\sim1.42$m/s
(70～85m/min)
$a_p=2\sim10$mm
$f=0.1\sim0.5$mm/r</td></tr>
</table>

2. 切削功率

消耗在切削过程中的功率称为切削功率，用 P_c（kW）表示。因 F_p 方向没有位移不消耗功率，所以切削功率为 F_c、F_f 所消耗功率之和，即

$$P_c=\left(F_cv_c+\frac{F_fn_wf}{1000}\right)\times10^{-3}$$

式中　F_c——切削力，N；

v_c——切削速度，m/s；

F_f——进给力，N；

n_w——工件转速，r/s；

f——进给量，mm/r。

由于式中第二项进给功率远小于第一项，因此可忽略不计，则切削功率表示为

$$P_c=F_cv_c\times10^{-3}$$

在求得切削功率后，还可以计算出机床的电动机功率 P_E。机床的电动机功率 P_E 为

$$P_E\geqslant P_c/\eta_m$$

式中　η_m——机床传动效率，一般取 0.75～0.85。

三、影响切削力的因素

1. 工件材料的影响

工件材料的物理力学性能、加工硬化程度、化学成分、热处理状态等都对切削力大小产生影响。工件材料的强度和硬度越高，切削力越大；冲击韧性和塑性越大，切削力越大；加

工硬化程度越高，切削力越大。

2. 刀具几何参数的影响

前角对切削力影响最大。加工塑性金属时，前角增大，切削力降低；加工脆性材料时，由于切削变形很小，前角对切削力影响不明显。主偏角对切削力影响较小。刃倾角在一定范围内对切削力没有什么影响，但对进给力和背向力影响较大。

3. 切削用量的影响

(1) 切削速度的影响　切削塑性材料时，在无积屑瘤的速度范围内，切削速度增加，切削力减小。在产生积屑瘤的情况下，积屑瘤高度增大，切削力下降，反之，切削力上升。切削铸铁等脆性金属时，切削速度对切削力无显著影响。

(2) 背吃刀量和进给量的影响　背吃刀量和进给量增大，都会使切削力增大，但影响程度不同。a_p增大，F_c成正比增大；f 增大，F_c增大与 f 不成正比。

4. 刀具材料的影响

因为刀具材料与工件材料间的摩擦系数影响摩擦力的大小，所以会直接影响切削力的大小。一般按 CBN 刀具、陶瓷刀具、涂层刀具、硬质合金刀具、高速钢刀具的顺序，切削力依次增大。

5. 刀具磨损的影响

刀具后刀面磨损增大时，切削力增大。

6. 切削液的影响

使用润滑作用强的切削液能使切削力减小；使用以冷却为主的切削液对切削力影响不大。

【案例】　在车床上粗车 ϕ68mm×420mm 的圆柱面。已知条件：工件材料为 45 钢，$\sigma_b=637\text{MPa}$，刀具材料牌号为 YT15；刀具切削部分的几何参数为 $\gamma_o=15°$，$\alpha_o=8°$，$\alpha_o'=6°$，$\lambda_s=0°$，$\kappa_r=60°$，$\kappa_r'=10°$，刀尖圆弧半径 $r_\varepsilon=0.5\text{mm}$；切削用量要素 $a_p=3\text{mm}$，$f=0.56\text{mm/r}$，$v_c=106.8\text{m/min}$。求切削分力和切削功率。

【解】　根据切削力指数公式表，查得相应的系数和指数为

$$C_{F_c}=2795, x_{F_c}=1.0, y_{F_c}=0.75, n_{F_c}=-0.15$$
$$C_{F_p}=1940, x_{F_p}=0.9, y_{F_p}=0.6, n_{F_p}=-0.3$$
$$C_{F_f}=2880, x_{F_f}=1.0, y_{F_f}=0.5, n_{F_f}=-0.4$$

加工条件中的刀具前角和主偏角与实验条件不符，根据切削用量简明手册查得其相应的修正系数如下。其他加工条件与实验条件相同，取修正系数为 1。

$$k_{\gamma_o F_c}=0.95, k_{\gamma_o F_p}=0.85, k_{\gamma_o F_f}=0.85$$
$$k_{\kappa_r F_c}=0.94, k_{\kappa_r F_p}=0.77, k_{\kappa_r F_f}=1.11$$

将所查得的系数和指数代入切削力指数公式，可以求出：

$$F_c=C_{F_c}a_p^{x_{F_c}}f^{y_{F_c}}v^{n_{F_c}}K_{F_c}=2795\times3^{1.0}\times0.56^{0.75}\times106.8^{-0.15}\times0.95\times0.94=2406\text{N}$$
$$F_f=C_{F_f}a_p^{x_{F_f}}f^{y_{F_f}}v^{n_{F_f}}K_{F_f}=2880\times3^{1.0}\times0.56^{0.5}\times106.8^{-0.4}\times0.85\times1.11=942\text{N}$$
$$F_p=C_{F_p}a_p^{x_{F_p}}f^{y_{F_p}}v^{n_{F_p}}K_{F_p}=1940\times3^{0.9}\times0.56^{0.6}\times106.8^{-0.3}\times0.85\times0.77=594\text{N}$$

根据切削功率的计算公式，求得切削功率为

$$P_c=2406\times106.8/60\times10^{-3}=4.3\text{kW}$$

第二节　铣削力和铣削功率

一、总铣削力和铣削分力

1. 总铣削力

铣刀为多齿刀具。铣削时，每个刀齿都受到变形抗力和摩擦力的作用，每个刀齿的切削位置和面积随时在变化，因此每个刀齿所承受切削力的大小和方向都在变化。为便于分析，假定各刀齿上的总切削力作用在某个刀齿上，并根据需要，将铣刀总铣削力分解为三个相互垂直的分力，如图 3-2 所示。

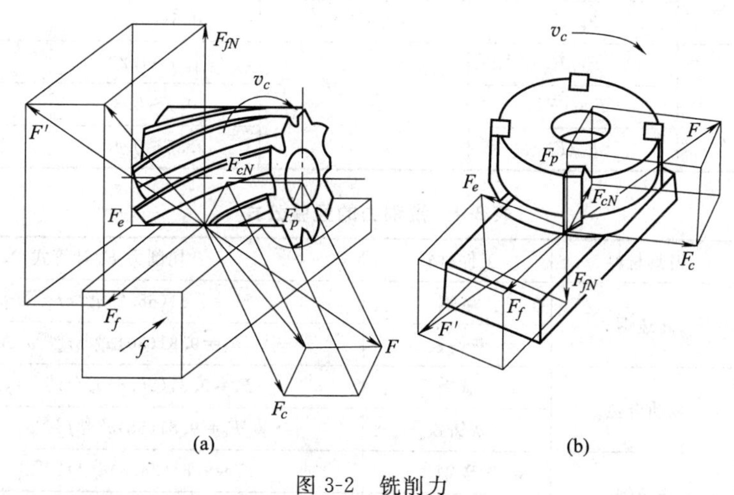

图 3-2　铣削力

(1) 切削力 F_c　是总铣削力在铣刀主运动方向上的分力，它消耗功率最多。

(2) 垂直切削力 F_{cN}　总铣削力在工作平面内垂直于主运动方向上的分力，它使刀杆产生弯曲，不做功。

(3) 背向力 F_p　是总铣削力在垂直于工作平面上的分力，作用在主轴方向上。

2. 铣削分力

如图 3-2 所示，作用在工件上的作用力 F' 和铣刀的总铣削力 F 大小相等，方向相反。为使机床和夹具的设计和测量方便，通常将作用在工件上的总切削力 F' 沿机床工作台运动方向分解为三个分力（图 3-3）。

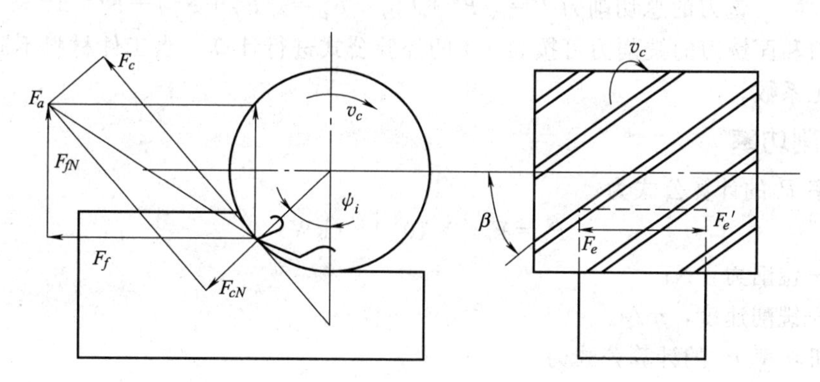

图 3-3　圆柱铣刀的铣削分力

进给力 F_f　总切削力在纵向进给方向上的分力，作用在纵向进给机构上。

横向进给力 F_e　总切削力在横向进给方向上的分力。

垂直进给力 F_{fN}　总切削力在垂直进给方向上的分力。

铣削时，各进给力和切削力之间有一定的比例，其值见表 3-3。

表 3-3　各铣削力之间比值

铣削条件	比值	对称铣削	不对称铣削	
			逆铣	顺铣
端铣削 $a_e=(0.4\sim0.8)d$ $f_z=0.1\sim0.2$mm/齿	F_f/F_c	0.3～0.4	0.6～0.9	0.15～0.30
	F_{fN}/F_c	0.85～0.95	0.45～0.7	0.9～1.00
	F_e/F_c	0.5～0.55	0.5～0.55	0.5～0.55
圆柱铣削 $a_e=0.05d$ $f_z=0.1\sim0.2$mm/齿	F_f/F_c	—	1.0～1.20	0.8～0.90
	F_{fN}/F_c		0.2～0.3	0.75～0.80
	F_e/F_c		0.35～0.40	0.35～0.40

表 3-4　铣削力的经验公式

铣刀类型	刀具材料	工件材料	切削力 F_c 计算式/N
圆柱铣刀	高速钢	碳钢	$F_c=9.81(65.2)a_e^{0.86}f_z^{0.72}a_pzd^{-0.86}$
		灰铸铁	$F_c=9.81(30)a_e^{0.83}f_z^{0.65}a_pzd^{-0.83}$
	硬质合金	碳钢	$F_c=9.81(96.6)a_e^{0.88}f_z^{0.75}a_pzd^{-0.87}$
		灰铸铁	$F_c=9.81(58)a_e^{0.90}f_z^{0.80}a_pzd^{-0.90}$
面铣刀	高速钢	碳钢	$F_c=9.81(78.8)a_e^{1.1}f_z^{0.50}a_p^{0.95}zd^{-1.1}$
		灰铸铁	$F_c=9.81(50)a_e^{1.14}f_z^{0.72}a_p^{0.90}zd^{-1.14}$
	硬质合金	碳钢	$F_c=9.81(789.3)a_e^{1.1}f_z^{0.75}a_pzd^{-1.3}n^{-0.2}$
		灰铸铁	$F_c=9.81(54.5)a_ef_z^{0.74}a_p^{0.90}zd^{-1.0}$
被加工材料 σ_b 或硬度不同时的修正系数 K_{F_c}			加工钢料时 $K_{F_c}=\left(\frac{\sigma_b}{0.637}\right)^{0.30}$（式中 σ_b 的单位为 GPa）
			加工铸铁时 $K_{F_c}=\left(\frac{布氏硬度值}{190}\right)^{0.55}$

注：转速 n 的单位为 r/min。

$$铣刀的总切削力\ F=\sqrt{F_c^2+F_{cN}^2+F_p^2}=\sqrt{F_f^2+F_{fN}^2+F_e^2}$$

圆柱铣刀和面铣刀的铣削力可按表 3-4 的经验公式进行计算。当工件材料不同时，铣削力应乘上修正系数。

二、铣削功率

铣削功率 P_c的计算公式为

$$P_c=F_cv_c\times10^{-3}\quad(\text{kW})$$

式中　F_c——铣削力，N；

v_c——铣削速度，m/s。

铣床电机功率 P_E的计算公式为

$$P_E=P_c/\eta$$

第三节 钻削力和钻削功率

一、钻削力

钻头每一切削刃都产生切削力，包括切向力（主切削力）、背向力（径向力）和进给力（轴向力）。当左右切削刃对称时，径向力相互抵消，最终影响钻头的是进给力 F_f 与钻削扭矩 M_c，如图 3-4 所示。

钻削力和钻削扭矩的经验公式为

$$F_f = 9.81 C_F d^{x_F} f^{y_F} K_F \quad (\mathrm{N})$$

$$M_c = 9.81 C_M d^{x_M} f^{y_M} K_M \quad (\mathrm{N \cdot m})$$

式中的系数和指数可查表 3-5。

实验得知，钻头各切削刃上产生切削力的比例如表 3-6 所示。

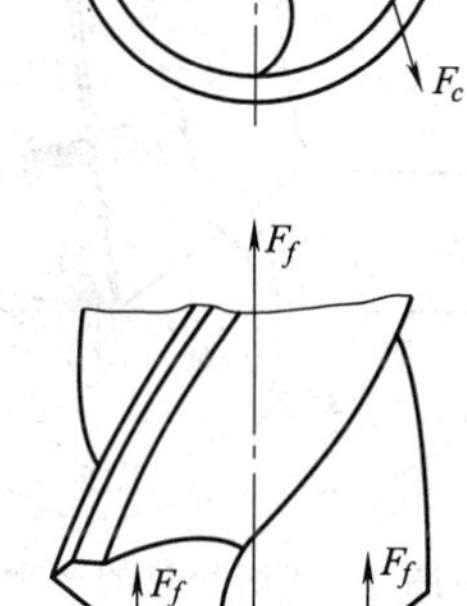

图 3-4 钻削力

二、钻削功率

钻削功率可按 $P_c = 2\pi M_c n$（W）计算。

三、影响钻削力的因素

（1）螺旋角 螺旋角越大，前角越大，钻削变形减小，排屑方便，钻削力减小。

（2）顶角 顶角增大，钻削厚度增加，钻削宽度减小；因钻削厚度增加，使单位钻削力减小，切向力减小，钻削扭矩减小，但轴向分力会增大。

表 3-5 钻削力和钻削扭矩公式中的系数和指数

加工材料	刀具材料	系数和指数					
		轴向力			扭矩		
		C_F	x_F	y_F	C_M	x_M	y_M
钢 σ_b=0.637GPa	高速钢	61.2	1.0	0.7	0.0311	2.0	0.8
不锈钢 1Cr18Ni9Ti	高速钢	143	1.0	0.7	0.041	2.0	0.7
灰铸铁 190HBS	高速钢	42.7	1.0	0.8	0.021	2.0	0.8
	硬质合金	42	1.2	0.75	0.012	2.2	0.8
可锻铸铁 150HBS	高速钢	43.3	1.0	0.8	0.021	2.0	0.8
	硬质合金	32.5	1.2	0.75	0.01	2.2	0.8
中等硬度非均质铜合金 100～140HBS	高速钢	31.5	1.0	0.8	0.012	2.0	0.8

表 3-6 钻削力的分配

钻削力＼切削刃	主切削刃	横刃	刃带
进给力 F_f	40%	57%	3%
扭矩 M_c	80%	8%	12%

（3）横刃 横刃斜角越小，横刃长度越长，轴向力增大。

（4）切削液　合理使用切削液也会降低钻削力。

第四节　切削热和切削温度

一、切削热的产生与传导

切削热来源于两个方面：一是切削层金属产生弹、塑性变形所消耗的能量；二是切屑与前刀面、工件与后刀面间产生的摩擦热。切削过程中的三个变形区就是三个发热区域。

切削热由切屑、工件、刀具及周围的介质向外传导（图 3-5）。影响散热的主要因素是工件和刀具材料的导热系数以及周围介质。工件和刀具材料的导热系数高，切削区温度降低。采用性能良好的切削液能有效地降低切削区的温度。

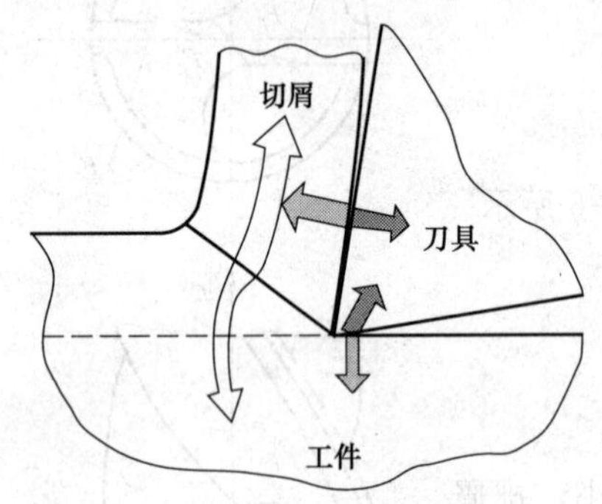

图 3-5　切削热的产生和传导

二、切削温度的分布

切削温度场是指工件、切屑和刀具上的温度分布，它对研究刀具的磨损规律、工件材料的性能变化和加工表面质量意义重大。图 3-6 所示为切削钢料时正交平面内的温度场，由此可归纳出切削温度的分布规律如下。

① 剪切区内沿剪切面方向上各点温度几乎相同，垂直于剪切面上的温度梯度很大。

② 前、后刀面上的最高温度都不在切削刃上，而是在离切削刃有一定距离的地方。

③ 靠近前刀面的切屑底层上温度梯度大，离前刀面 0.1～0.2mm 温度就可能下降一半。

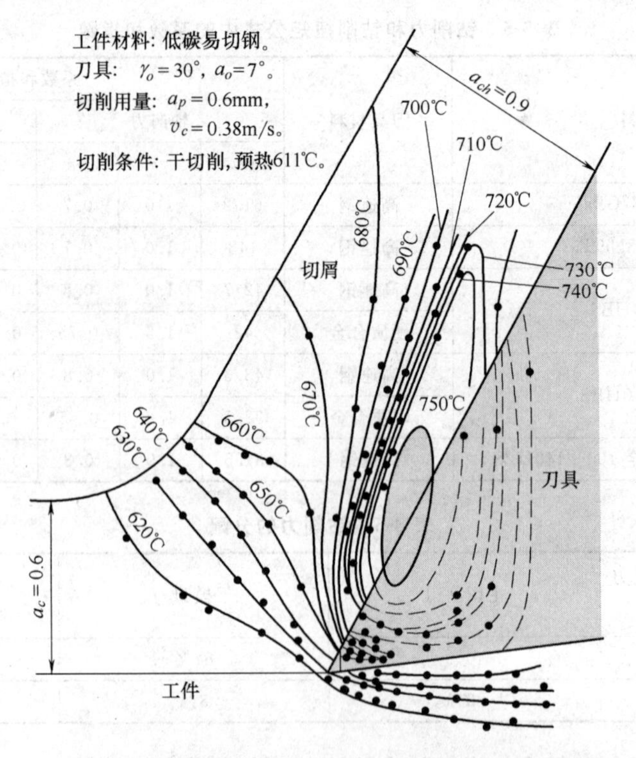

图 3-6　切削钢料时正交平面内的温度分布图

④ 刀面的接触长度较小，工件加工表面上温度的升降是在极短的时间内完成的。

三、影响切削温度的主要因素

1. 切削用量的影响

切削温度的经验公式为

$$\theta=C_\theta v_c^{z_\theta} f^{y_\theta} a_p^{x_\theta}$$

式中　θ——刀屑接触区平均温度，℃；

C_θ——切削温度系数；

z_θ、y_θ、x_θ——切削用量三要素对应的指数。

切削温度的系数和指数可查切削用量手册。

在切削用量三要素中，切削速度对切削温度影响最大；进给量对切削温度的影响比切削速度的影响小；背吃刀量对切削温度的影响很小。

2. 刀具几何参数的影响

前角和主偏角对切削温度影响较大。前角增大，切削温度降低，但前角过大，对切削温度的影响减小；主偏角减小将使切削刃工作长度增加，散热条件改善，因而切削温度降低。

3. 工件材料的影响

工件材料的强度、硬度提高，切削温度升高；工件材料的导热系数越大，切削温度下降越快。

4. 刀具磨损的影响

刀具磨损增加，切削温度升高；磨损量达到一定值后，对切削温度影响加剧；切削速度越高，刀具磨损对切削温度的影响就越显著。

5. 切削液的影响

浇注切削液对降低切削温度、减少刀具磨损和提高已加工表面质量有明显的效果。

【案例】　比较车削加工和钻削加工的传热途径。

【解】　车削时，切屑带走切削热 50%～86%，车刀传出 40%～10%，工件传出 9%～3%，周围介质传出 1%。钻削时，切屑带走切削热 28%，刀具传出 14.5%，工件传出 52.5%，周围介质传出 5%。

第五节　刀具的磨损和寿命

一、刀具的磨损形态

刀具的磨损发生在与切屑和工件接触的前刀面和后刀面上，如图 3-7 所示。

1. 前刀面磨损

切削塑性材料时，如果刀具材料耐热和耐磨性较差，切削速度和切削厚度较大时，则在前刀面上形成月牙洼磨损。前刀面月牙洼磨损值以其最大深度 KT 表示。

2. 后刀面磨损

后刀面与工件表面的接触压力很大，存在弹、塑性变形。后刀面靠近切削刃部位会逐渐地被磨成后角为零的小棱面，这种磨损形式称作后刀面磨损。切削铸铁和以较小的切削厚度、较低的切削速度切削塑性材料时会产生后刀面磨损。后刀面磨损带往往不均匀，在后刀面磨损带的中间位置，其平均宽度以 VB 表示，最大宽度以 VB_{max} 表示。

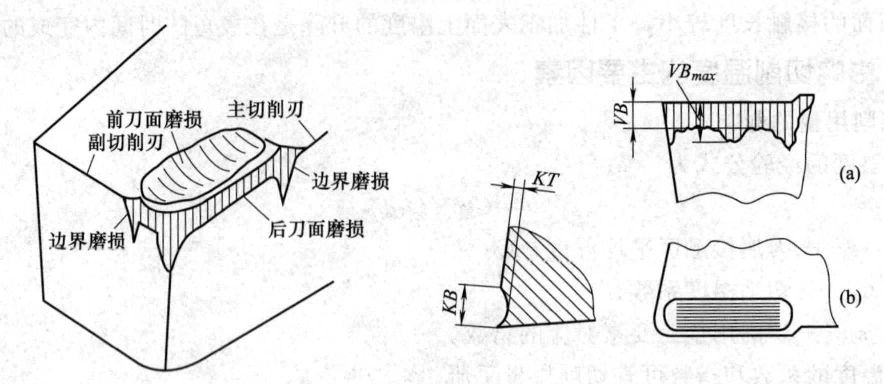

图 3-7 刀具的磨损形态和测量位置

3. 边界磨损

切削钢料时，常在主切削刃靠近工件外皮处和副切削刃靠近刀尖处的后刀面上，磨出较深的沟纹，称为边界磨损。边界磨损是由于工件在边界处的加工硬化层、硬质点和刀具在边界处的较大应力梯度和温度梯度造成的。

二、刀具磨损的原因

1. 磨料磨损

工件材料中的杂质，材料基体组织中的碳化物、氮化物、氧化物等硬质点，在刀具表面刻划出沟纹而形成的机械磨损称为磨料磨损。磨料磨损在任何情况下都存在，它是低速刀具磨损的主要原因。

2. 黏结磨损

黏结是指刀具与工件材料接触达到原子间距离时所产生的现象，又称为冷焊。在切削过程中，由于刀具与工件材料的摩擦面上具备高温高压和新鲜表面的条件，极易发生黏结。在中、高切削速度下，切削温度为600～700℃时，黏结磨损最为严重。

3. 扩散磨损

在切削过程中，由于高温高压作用，刀具与工件表面接触，刀具材料和工件材料中的化学元素相互扩散，改变了刀具和工件材料的化学成分，从而削弱刀具材料的性能，加速磨损过程。切削速度越高，刀具的扩散磨损越快。

4. 化学磨损

化学磨损是在一定温度下，刀具材料与某些周围介质起化学作用，在刀具表面形成一层硬度较低的化合物被切屑带走，加速刀具磨损。化学磨损主要发生于较高的切削速度条件下。

三、刀具磨损过程和磨钝标准

刀具磨损实验结果表明，刀具磨损过程分为如图 3-8 所示的三个阶段。

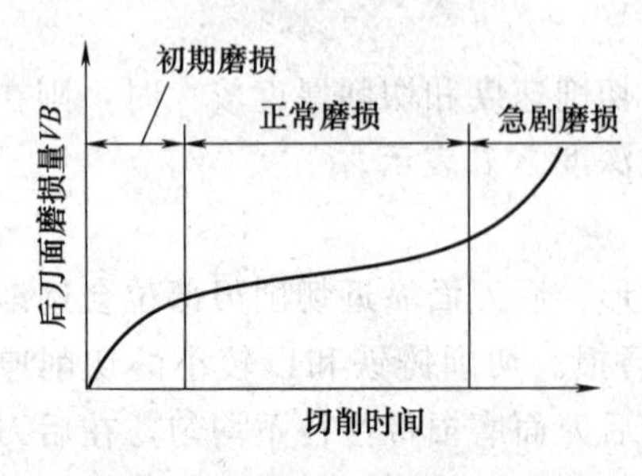

图 3-8 刀具的磨损过程

（1）初期磨损阶段 这个阶段磨损速度较快，磨损量的大小与刀具刃磨质量直接相关，研磨过的刀具初期磨损量较小。

（2）正常磨损阶段 这个阶段磨损比较缓慢均匀，后刀面磨损量随切削时间延长而近似地成比例增加，正常切削时，这个阶段时间较长。

（3）急剧磨损阶段　当刀具的磨损带增加到一定限度后，切削力与切削温度均迅速增大，磨损速度急剧增加。生产中为了合理使用刀具，保证加工质量，应该在发生急剧磨损之前及时换刀。

四、刀具的磨钝标准

刀具磨损到一定限度就不能继续使用，这个磨损限度称为磨钝标准。在实际生产中，常根据切削中发生的一些现象如火花、振动、噪声等来判断刀具是否已经磨钝。在评定刀具材料的切削性能和试验研究时，都是以刀具表面的磨损量作为衡量刀具的磨钝标准。ISO统一规定，以1/2背吃刀量处后刀面上测量的磨损带宽度 VB 作为刀具的磨钝标准。

制定刀具的磨钝标准既要考虑充分发挥刀具的切削能力，又要考虑保证工件的加工质量。精加工时磨钝标准取小值，粗加工时磨钝标准取大值；工艺系统刚性差时磨钝标准取小值；切削难加工材料时磨钝标准取较小值。磨钝标准的具体数值可参考相关手册。

五、刀具的破损

在切削加工中，刀具没有经过正常磨损阶段而在很短时间内突然损坏的情况，称为刀具的破损。刀具的破损形式分为脆性破损和塑性破损。

（1）脆性破损　主要包括崩刃、碎断、剥落和裂纹破损等几种形式。

（2）塑性破损　刀具表面材料因发生塑性流动而丧失切削能力的现象。抗塑性破损能力取决于刀具材料的硬度和耐热性。

可采取以下措施防止刀具破损：合理选择刀具材料；合理选择刀具几何参数；保证刀具的刃磨质量；合理选择切削用量；工艺系统应有较好的刚性。

六、刀具寿命

1. 刀具寿命和刀具总寿命

一把新刀或重新刃磨过的刀具从开始使用直到达到磨钝标准所经历的实际切削时间，称为刀具寿命。从第一次投入使用直至完全报废时所经历的实际切削时间，称为刀具总寿命。对于不重磨刀具，刀具总寿命等于刀具寿命；对于重磨刀具，刀具总寿命等于刀具寿命乘以刃磨次数。应当明确，刀具寿命和刀具总寿命是两个不同的概念。

2. 刀具寿命的经验公式

试验结果表明，切削速度是影响刀具寿命的最主要因素，提高切削速度，刀具寿命降低，其对刀具磨损影响最大。固定其他切削条件，在常用的切削速度范围内，取不同的切削速度进行刀具磨损试验，得到如图3-9所示的一组磨损曲线，处理后得到重要的刀具寿命方程式即泰勒（F W Taylor）公式

$$vT^m = C$$

式中　v——切削速度，m/min；

T——刀具寿命，min；

m——表示 v 对 T 影响程度的指数；

C——系数，与刀具工件材料和切削条件有关。

同样按照求 T-v 关系式的方法，固定其他切削条件，分别改变进给量和背吃刀量，求得 T-f 和 T-a_p 的关系式

$$fT^{m_1} = C_1, a_pT^{m_2} = C_2$$

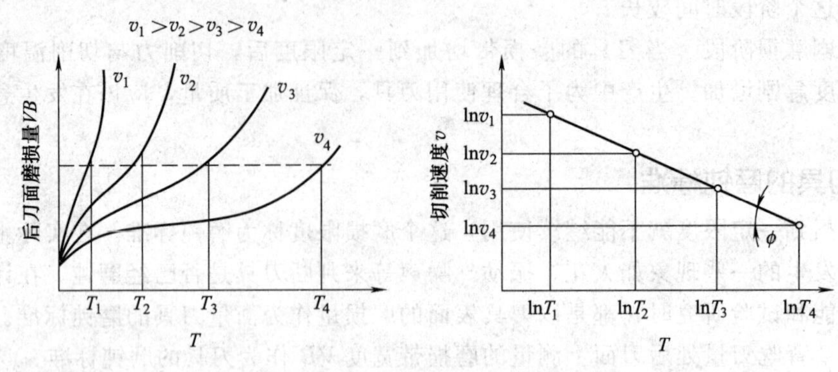

图 3-9 切削速度对刀具寿命的影响曲线

综合整理后，得刀具使用寿命的实验公式

$$T=\frac{C_T}{v^{1/m}f^{1/m_1}a_p^{1/m_2}}$$

令 $x=1/m$、$y=1/m_1$、$z=1/m_2$ 则有

$$T=\frac{C_T}{v^x f^y a_p^z}$$

式中 C_T——与工件、刀具材料和其他切削条件有关的系数。

用硬质合金车刀车削 $\sigma_b=0.75\text{GPa}$ 的碳钢，在进给量 $f>0.75\text{mm/r}$ 时，切削用量和刀具使用寿命之间的关系式为

$$T=\frac{C_T}{v^5 f^{2.25} a_p^{0.75}}$$

由上式可见，切削速度对刀具使用寿命影响最大，进给量次之，背吃刀量最小。这与它们对切削温度的影响顺序一致，说明切削温度对刀具使用寿命有重要影响。在保证刀具使用寿命的前提下，为提高生产效率，应首先选取大的背吃刀量，其次选取较大的进给量，最后计算或根据手册选择合适的切削速度。

3. 刀具寿命的制定

① 刀具结构复杂、制造和刃磨费用高时，刀具寿命规定得高些。

② 多刀车床上的车刀，组合机床上的钻头、丝锥和铣刀，自动线上的刀具，因为调整复杂，刀具寿命应规定得高些。

③ 某工序的生产称为生产线上的瓶颈时，刀具寿命应规定得低些；某工序单位时间的生产成本较高时，刀具寿命应规定得低些。

④ 精加工大型工件时，刀具寿命应规定得高些。

第六节 铣刀和钻头的磨损

一、铣刀磨损形式及原因

铣刀磨损和车刀基本相似（图 3-10）。高速钢铣刀逆铣时，磨损发生在后刀面上；硬质合金刀具铣削钢件时，后刀面发生磨损的同时前刀面有较小磨损；硬质合金刀具高速断续铣削时，由于机械和热的冲击，会产生裂纹和刀具破损。当铣刀几何角度选择不当或使用不当，刀齿强度差时，会产生无裂纹破损。铣刀磨损的主要原因是机械磨损和热磨损造成的。

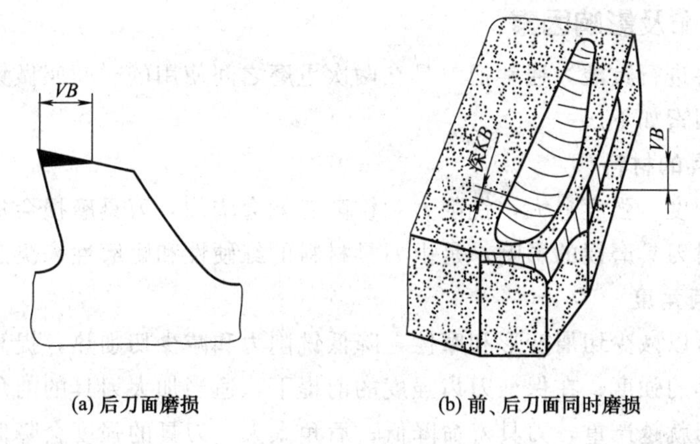

图 3-10　铣刀的磨损

防止铣刀破损的措施如下。

① 合理选择铣刀牌号。采用韧性高、抗裂纹敏感性好、耐热性和耐磨性好的刀片。

② 合理选择铣削用量。在一定的加工条件下，存在一个铣削的安全区域，如图 3-11 所示，选在安全区域内的铣削用量要素，能保证铣刀正常工作。

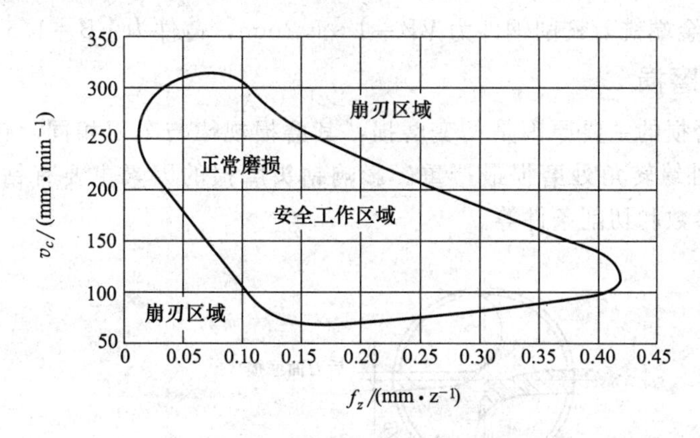

图 3-11　端铣刀的安全工作区域

③ 合理选择工件与铣刀之间的相对位置。合理选择端铣刀的安装位置对减少铣刀破损起着重要作用。根据铣削实验分析，当被铣削工件的宽度给定时，端铣刀直径和安装位置的合理方案如图 3-12 所示。

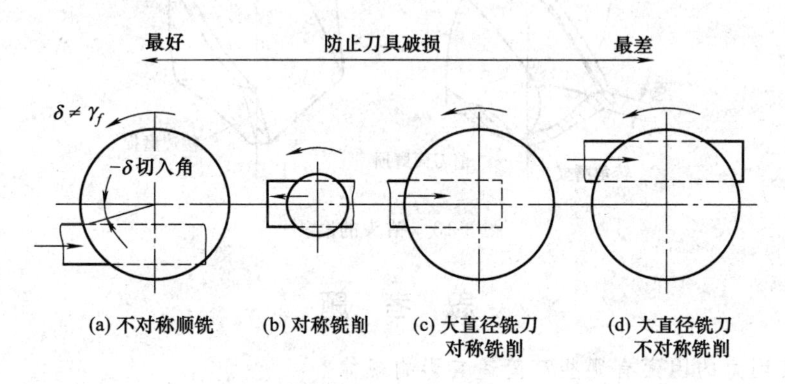

图 3-12　铣刀直径与安装位置的最佳选择

二、铣刀寿命及影响因素

铣刀用钝后要进行重磨，通常把刀具在两次重磨之间使用的时间叫做铣刀的寿命。影响铣刀寿命的主要因素如下。

1. 工件和刀具的材料

工件材料的硬度、强度愈大，铣削力和铣削热就会增加，刀具磨损会加快，刀具寿命要降低；刀具材料对刀具磨损的影响，是由刀具材料的红硬性和耐磨性来决定的。

2. 刀具的几何角度

前角增大，可以减少切屑变形和摩擦，降低铣削力和减少切削热，提高刀具寿命；前角过大，会削弱刀具的强度；在保证刀齿强度的前提下，适当加大刀具的前角。后角越小，后刀面的摩擦和磨损就越严重，刀具寿命降低；后角太大，刀具的强度会降低。

3. 铣削用量

铣削用量中的铣削速度、进给量、背吃刀量和侧吃刀量增大，都会使刀具寿命下降；铣削速度对刀具寿命影响最大，其次是进给量，背吃刀量和侧吃刀量对刀具寿命影响最小。

铣刀磨损标准规定在后刀面上，高速钢圆柱铣刀粗铣取 $VB=0.6$mm，精铣为 $VB=0.25$mm；硬质合金端铣刀铣削钢件为 $VB=1\sim1.2$mm，铸件为 $VB=1.5\sim2.0$mm。

三、钻头的磨损

高速钢钻头磨损的主要原因是相变磨损，其磨损规律与车刀相同。钻头的磨损如图 3-13 所示，其中以外缘转角处磨损最严重。影响钻头磨损的因素主要有钻头材料与热处理、钻头结构、刃形参数和切削条件等。

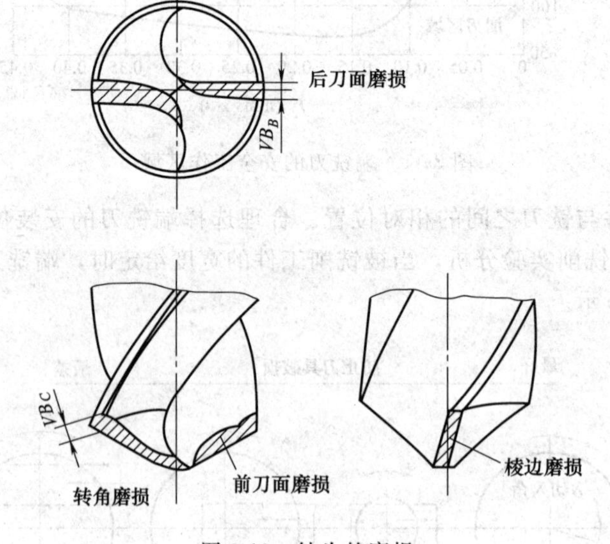

图 3-13 钻头的磨损

思考题

1. 影响切削力的因素有哪些？简述其影响规律？
2. 切削热是如何产生和传出的？影响热传导的因素有哪些？

3. 影响切削温度的因素有哪些？简述其影响规律？
4. 刀具的磨损形态有几种？各有何特征？
5. 简述刀具磨损的原因？它们在什么条件下产生？
6. 什么是刀具的磨钝标准？如何制定磨钝标准？
7. 什么是刀具的寿命？它和刀具的总寿命有何关系？
8. 简述切削用量要素对刀具寿命的影响规律？

第四章　金属切削理论的应用

教学要求

掌握工件材料的切削加工性及其指标。

掌握影响工件材料切削加工性的因素。

掌握刀具几何角度的合理选择。

掌握切削用量要素的合理选择。

掌握切削液的作用及其选用。

第一节　工件材料的切削加工性

一、工件材料切削加工性的衡量指标

工件材料的切削加工性是指在一定的切削条件下，对工件材料进行切削加工的难易程度。衡量材料切削加工性的指标很多，可归纳为如下几种情况。

1. 以刀具使用寿命衡量切削加工性

在相同的切削条件下加工不同材料时，刀具使用寿命长，工件材料的切削加工性好。

2. 以工件材料允许的切削速度来衡量切削加工性

在刀具使用寿命相同的条件下，切削某种材料允许的切削速度高，切削加工性好；反之，切削加工性差。在切削普通金属材料时，常用刀具使用寿命达到60min时允许的切削速度高低来比较材料加工性的好坏，记作v_{60}。

生产中常用相对切削加工性K_r来作为衡量指标。即以切削正火状态45钢的v_{60}作为基准，写作$(v_{60})_j$，而把其他被切削材料的v_{60}与之相比，这个比值K_r称为该材料的相对加工性，即

$$K_r = v_{60}/(v_{60})_j$$

根据K_r的值，可将常用材料的相对加工性分为八级，见表4-1。当$K_r>1$时，材料比45钢容易切削；当$K_r<1$时，材料比45钢难切削。

表 4-1　材料切削加工性等级

加工性等级	工件材料分类		相对切削加工性 K_r	代表性材料
1	很容易切削的材料	一般有色金属	>3.0	铜铅合金，铝镁合金，铝铜合金
2	容易切削的材料	易切削钢	2.5～3.0	退火15Cr，自动机钢
3		较易切削钢	1.6～2.5	正火30钢
4	普通材料	一般钢和铸铁	1.0～1.6	45钢，灰铸铁
5		稍难切削的材料	0.65～1.0	2Cr13调质，85钢

续表

加工性等级	工件材料分类		相对切削加工性 K_r	代表性材料
6	难切削材料	较难切削的材料	0.5～0.65	45Cr 调质，65Mn 调质
7		难切削的材料	0.15～0.5	50CrV 调质，1Cr18Ni9Ti
8		很难切削的材料	<0.15	部分钛合金，铸造镍基高温合金

3. 以切削力和切削温度衡量切削加工性

在相同的切削条件下，凡是使切削力增大、切削温度升高的工件材料，其切削加工性就差；反之，其切削加工性就好。在粗加工或机床动力不足时，常以此指标来评定材料的切削加工性。

4. 以加工表面质量衡量切削加工性

易获得好的加工表面质量，则切削加工性好。精加工时常用此指标。

5. 以断屑性能衡量切削加工性

在相同切削条件下，凡切屑易于控制或断屑性能良好的材料，其切削加工性能好；反之，切削加工性差。自动机床、组合机床和自动化程度较高的生产线上常用此指标。

二、影响工件材料切削加工性的因素

1. 材料的物理力学性能的影响

一般情况下，材料的硬度和强度高，切削力大，切削温度高，切削加工性变差；材料的塑性和韧性好，材料切削加工性也变差。材料的导热系数越大，由切屑带走和由工件传导出的热量就越多，越有利于降低切削区温度，切削加工性变好。

2. 材料化学成分的影响

材料的化学成分是通过影响材料的物理力学性能而影响切削加工性的。

3. 材料金相组织的影响

成分相同的材料，金相组织不同，其切削加工性也不同。金相组织的形状和大小也影响加工性。

三、改善工件材料切削加工性的途径

1. 调整材料的化学成分

在不影响材料使用性能的前提下，可在钢中适当添加一种或几种可以明显改进材料切削加工性的化学元素，如 S、Pb、Ga、P 等，获得易切削钢。

2. 热处理改变金相组织

生产中常对工件材料进行预先热处理，通过改变工件材料的硬度和塑性等来改善切削加工性。例如低碳钢经正火处理或冷拔处理，使塑性减小，硬度略有提高，从而改善切削加工性；中碳钢常采用退火处理，以降低硬度来改善切削加工性；高碳钢通过球化退火使硬度降低，从而改善切削加工性。

【案例】　阐述改善高强度钢、高锰钢、冷硬铸铁、不锈钢和钛合金等难加工材料的切削加工性。

【解】　改善上述材料切削加工性的措施如下。

(1) 高强度和超高强度钢的切削加工性　高强度钢、超高强度钢的部分粗加工、半精加工和精加工常在调质状态下进行。调质后的金相组织一般为索氏体或托氏体，硬度为 35～

50HRC，抗拉强度为 0.981GPa 左右，与切削正火状态下的 45 钢相比，其切削力仍高出 20％～30％，切削温度高，故刀具磨损快、使用寿命低。切削时常采取的措施如下。

① 选用耐磨性好的刀具材料，如 YT 类硬质合金中添加钽、铌以提高耐磨性。

② 前角应取得小些，切削 38CrNi3MoVAl 时，取 4°～6°，加工 35CrMnSiAl 时，取 －4°～0°。

③ 在工艺系统刚性允许的情况下，K_r选得小些，以提高刀尖的强度和改善散热条件。

④ 切削用量应比加工中碳钢正火时适当低些。

（2）高锰钢的切削加工性　Mn12、40Mn18Cr4 等为高锰钢常用牌号，经过水韧处理，硬度不高，塑性特别高，加工硬化特别严重，导热系数很小，因此切削温度很高，切削力约比切削 45 钢时增大 60％。高锰钢比高强度钢更难加工。切削时常采取的措施如下。

① 选用硬度高，有一定韧性，导热系数较大，高温性能好的刀具材料。粗加工时，可选用 YG 类或 YW 类硬质合金。精加工时可选用 YT14 或 YG6X 等硬质合金，若选用复合氧化铝陶瓷高速精车，效果更好。

② 前角不宜选得过大或过小，一般取－3°～3°。

③ 切削速度应较低，一般选 v_c＝20～40m/min；a_p和 f 不应选得过小，以免难以切下上道工序的加工硬化层。

（3）冷硬铸铁的切削加工性　冷硬铸铁硬度高、塑性低，刀-屑接触长度很小，极易崩刃。切削时常采取的措施如下。

① 选用硬度与强度都好的刀具材料。一般采用细晶粒的 YG 类硬质合金刀具或用复合氧化铝陶瓷刀具对其半精加工或精加工。

② 为提高刀具和切削刃的强度，取前角 0°～4°，λ_s＝－5°～0°，K_r适当减小。

（4）不锈钢的切削加工性　1Cr18Ni9Ti 和 2Cr13 是不锈钢的典型牌号。切削时常采取的措施如下。

① 对 2Cr13 进行调质处理，对 1Cr18Ni9Ti 在 850～950℃时进行退火处理。

② 选用 YG 类硬质合金刀具进行切削加工，以减小黏结。

③ 采用较大的前角，一般取 25°～30°，以减小加工硬化，采用较小的 K_r，以增强刀具的散热能力。

④ 为减小黏结现象，可采用较高或较低的 v_c。

（5）钛合金的切削加工性　加工钛合金时，刀具磨损快，刀具使用寿命低，其原因如下。

① 因钛的化学性能活泼，在高温时易与空气中的氧、氮等元素化合，使材料变脆，因此刀-屑接触很短（只为钢的 1/4～1/3）。

② 导热系数极小，仅为 45 钢的 1/7～1/5，切削热集中在切削刃附近，切削温度很高，比加工 45 钢高出一倍。

③ 加工表面常出现硬而脆的外皮，给后一道工序加工带来困难。

切削时常采用的措施如下。

① 加工钛合金时，应选用 YG 类或 YW 类硬质合金，以避免刀具材料与工件中的钛元素产生亲和作用。

② 为提高切削刃的强度和散热条件，应取较小的前角，γ_o＝5°～10°。

③ v_c不宜选得太高，一般 v_c＝40～50m/min；f 适当加大。

第二节　刀具几何参数的选择

一、前角的选择

前角是刀具最重要的几何参数之一，前角主要解决切削刃强度与锋利性的矛盾。工件材料的强度和硬度高，前角取小值，反之取大值；粗加工时为保证切削刃强度，前角取小值，精加工时为提高表面质量，前角取大值；加工塑性材料时宜取较大前角，加工脆性材料宜取较小前角；刀具材料韧性好时宜取较大前角，反之应取较小前角；工艺系统刚性差时，应取较大前角。

二、后角的选择

后角的主要功用是减小刀具后刀面与工件过渡表面之间的摩擦，因此后角不能为零度或负值，一般在 6°～12°之间选取。精加工时，后角取大值，粗加工时，后角取小值；工件材料强度和硬度高时，后角取小值，以增强切削刃的强度，反之，后角取大值；工艺系统刚性差时，后角取小值；对于尺寸精度要求较高的刀具，后角取小值，以增加刀具的重磨次数。

三、主偏角和副偏角的选择

减小主、副偏角，可以减小已加工表面粗糙度，同时提高刀尖强度，改善散热条件，提高刀具寿命。主偏角的取值还影响各切削分力的大小和比例分配。

工件材料强度和硬度高时，宜取较小主偏角以提高刀具寿命；工艺系统刚性差时，宜取较大主偏角，反之取较小主偏角以提高刀具寿命。主偏角一般在 30°～90°之间选取。

工件材料强度和硬度高以及刀具做断续切削时，宜取较小副偏角；精加工时，取较小的副偏角，以减小表面粗糙度，副偏角一般为正值。

四、刃倾角的选择

改变刃倾角可以改变切屑的流向，达到控制排屑方向的目的（图 4-1）。车刀刀头强度好，散热条件好，工艺系统刚性差时，不宜采用负的刃倾角。增大刃倾角绝对值，刀具切削刃实际钝圆半径减小，切削刃锋利，可以减小刀具受到的冲击。刃倾角不为零时，切削过程比较平稳；刃倾角大于零时，切屑流向待加工表面；刃倾角小于零时，切屑流向已加工表面，破坏已加工表面质量。

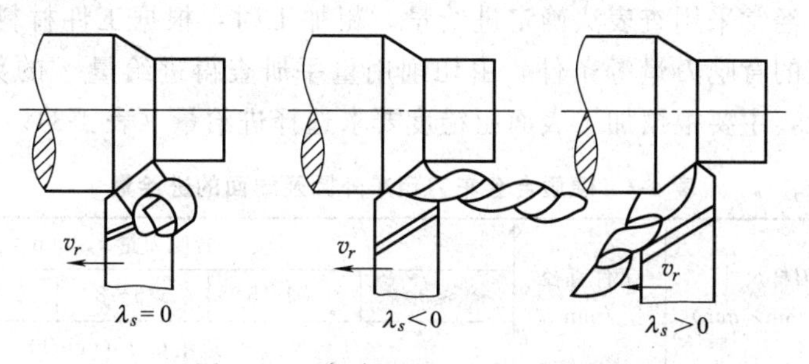

图 4-1　刃倾角对切屑流向的影响

第三节　切削用量的选择

切削用量的选择就是确定具体工序的背吃刀量、进给量和切削速度。切削用量的选择是否合理，直接影响到生产效率、加工成本、加工精度和表面质量。合理的切削用量是指在保证加工质量的条件下，获得高生产效率和低生产成本的切削用量。

一、切削用量的选用原则

1. 粗加工时切削用量的选择原则

粗加工时以提高生产效率和保证刀具的使用寿命为主，选择切削用量时，应首先选取尽可能大的背吃刀量，其次在机床动力和刚度允许的情况下，选用较大的进给量，最后根据公式计算或查表确定合理的切削速度。粗加工的切削速度一般选取中等或更低的数值。

2. 精加工时切削用量的选择原则

精加工时切削用量的选择首先要保证加工精度和表面质量，同时兼顾刀具的寿命和生产效率。精加工时往往采取逐渐减小背吃刀量的方法来提高加工精度，进给量的大小主要根据表面粗糙度的要求选取。选择切削速度要避开产生积屑瘤的区域。一般情况下，精加工常选用较小的背吃刀量、进给量和较高的切削速度，这样既可以保证加工质量，又可以提高生产效率。

二、切削用量要素的选用

1. 背吃刀量的选用

背吃刀量 a_p应根据加工性质和加工余量确定。粗加工时，在保留精加工余量的前提下，尽可能一次走刀切除全部余量，以减少走刀次数。在中等功率的机床上，粗车时，a_p可取8～10mm；半精车时，a_p可取为0.5～2mm；精车时，a_p可取0.1～0.4mm。

在加工余量过大、工艺系统刚度不足或刀具强度不够等情况下，应分成两次或多次走刀。采用两次走刀时，第一次走刀的a_p取大些，可占全部余量的2/3～3/4，第二次走刀的a_p取小些，可占全部余量的1/4～1/3，以获得较小的表面粗糙度及较高的加工精度。

切削表层有硬皮的铸锻件或不锈钢等冷硬倾向较严重的材料时，应使a_p超过硬皮或冷硬层深度，以免刀具过快磨损。

2. 进给量的选用

a_p选定之后，应尽量选择较大的进给量。进给量的合理选择应保证机床、刀具不因切削力太大而损坏，切削力所引起的工件挠度不超出工件精度允许的数值，表面粗糙度不致太大。粗加工时，进给量的选用主要受切削力的限制；半精加工和精加工时，进给量的选用主要受表面粗糙度和加工精度的限制。

实际生产中，经常采用查表法确定进给量。粗加工时，根据工件材料、车刀刀杆尺寸、工件直径及已确定的背吃刀量等条件，由切削用量手册查得进给量 f 的数值（表4-2）。半精加工和精加工时，主要根据加工表面粗糙度要求选择进给量（表4-3）。

表4-2 硬质合金车刀粗车外圆及端面的进给量

工件材料	车刀刀杆尺寸 $B\times H$/(mm×mm)	工件直径/mm	背吃刀量 a_p/mm				
			≤3	>3～5	>5～8	>8～12	12以上
			进给量 f/(mm/r)				
碳素结构钢、合金结构钢、耐热钢	16×25	20	0.3～0.4	—	—	—	—
		40	0.4～0.5	0.3～0.4	—	—	—
		60	0.5～0.7	0.4～0.6	0.3～0.5	—	—
		100	0.6～0.9	0.5～0.7	0.5～0.6	0.4～0.5	—
		400	0.8～1.2	0.7～1.0	0.6～0.8	0.5～0.6	—

续表

工件材料	车刀刀杆尺寸 $B\times H$/(mm×mm)	工件直径/mm	背吃刀量 a_p/mm				
			≤3	>3~5	>5~8	>8~12	12以上
			进给量 f/(mm/r)				
碳素结构钢、合金结构钢、耐热钢	20×30,25×25	20	0.3~0.4	—	—	—	—
		40	0.4~0.5	0.3~0.4	—	—	—
		60	0.6~0.7	0.5~0.7	0.4~0.6	—	—
		100	0.8~1.0	0.7~0.9	0.5~0.7	0.4~0.7	—
		600	1.2~1.4	1.0~1.2	0.8~1.0	0.6~0.9	0.4~0.6
	25×40	60	0.6~0.9	0.5~0.8	0.4~0.7	—	—
		100	0.8~1.2	0.7~1.1	0.6~0.9	0.5~0.8	—
		1000	1.2~1.5	1.1~1.5	0.9~1.2	0.8~1.0	0.7~0.8
	30×45,40×60	500	1.1~1.4	1.1~1.4	1.0~1.2	0.8~1.2	0.7~1.1
		2500	1.3~2.0	1.3~1.8	1.2~1.6	1.1~1.5	1.0~1.5
铸铁及铜合金	16×25	40	0.4~0.5	—	—	—	—
		60	0.6~0.8	0.5~0.8	0.4~0.6	—	—
		100	0.8~1.2	0.7~1.0	0.6~0.8	0.5~0.7	—
		400	1.0~1.4	1.0~1.2	0.8~1.0	0.6~0.8	—
	20×30,25×25	40	0.4~0.5	—	—	—	—
		60	0.6~0.9	0.5~0.8	0.4~0.7	—	—
		100	0.9~1.3	0.8~1.2	0.7~1.0	0.5~0.8	—
		600	1.2~1.8	1.2~1.6	1.0~1.3	0.9~1.1	0.7~0.9
	25×40	60	0.6~0.8	0.5~0.8	0.4~0.7	—	—
		100	1.0~1.4	0.9~1.2	0.8~1.0	0.6~0.9	—
		1000	1.5~2.0	1.2~1.8	1.0~1.4	1.0~1.2	0.8~1.0
	30×45,40×60,30×45,40×60	500	1.4~1.8	1.2~1.6	1.0~1.4	1.0~1.3	0.9~1.2
		2500	1.6~2.4	1.6~2.0	1.4~1.8	1.3~1.7	1.2~1.7

注：1. 加工断续表面和有冲击的工件时，表内的进给量应乘系数0.75~0.85；在无外皮加工时，表内进给量应乘系数1.1。

2. 加工耐热钢及合金时，进给量不大于1.0mm/r。

3. 加工淬硬钢时，进给量应减小。当材料硬度为44~56HRC时，表内进给量应乘系数0.8；当材料硬度为57~62HRC时，表内进给量应乘系数0.5。

4. 可转位刀片允许的最大进给量不应超过其刀尖圆弧半径数值的80%。

表4-3 按表面粗糙度选择进给量的参考值

工件材料	表面粗糙度 Ra/μm	切削速度/(m/min)	刀尖圆弧半径/mm		
			0.5	1.0	2.0
			进给量 f/(mm/r)		
铸铁,青铜,铝合金	10~5	不限	0.25~0.40	0.40~0.50	0.50~0.60
	5~2.5		0.15~0.25	0.25~0.40	0.40~0.60
	2.5~1.25		0.10~0.15	0.15~0.20	0.20~0.35

续表

工件材料	表面粗糙度 $Ra/\mu m$	切削速度 /(m/min)	刀尖圆弧半径/mm		
			0.5	1.0	2.0
			进给量 f/(mm/r)		
碳钢,合金钢	10～5	<50	0.30～0.50	0.45～0.60	0.55～0.70
		>50	0.40～0.55	0.55～0.65	0.65～0.70
	5～2.5	<50	0.18～0.25	0.25～0.30	0.30～0.40
		>50	0.25～0.30	0.30～0.35	0.35～0.50
	2.5～1.25	<50	0.10	0.11～0.15	0.15～0.22
		50～100	0.11～0.16	0.16～0.25	0.25～0.35
		>100	0.16～0.20	0.20～0.25	0.25～0.35

3. 切削速度的选用

当背吃刀量 a_p 与进给量 f 选定后，可以根据公式计算或手册查表确定切削速度 v_c。表4-4 列出了车削加工切削速度的参考值。

【案例】 在 CA6140 车床上车削外圆，已知条件：工件的毛坯尺寸为 ϕ68mm，加工长度为 420mm；加工后工件的尺寸要求为 $\phi 60_{-0.1}^{\ 0}$ mm，表面粗糙度为 Ra3.2μm；工件材料为 45 钢（$\sigma_b=0.637$GPa）；采用焊接式硬质合金车刀 YT15；刀杆截面尺寸为 16mm×25mm，刀具切削部分几何参数为 $\gamma_o=10°$、$\alpha_o=6°$、$\lambda_s=0°$、$\kappa_r=45°$、$\kappa_r'=10°$、$\gamma_{o1}=-10°$、$b_{\gamma1}=0.2$mm、$r_\varepsilon=0.5$mm。试为该工序确定切削用量（CA6140 车床纵向进给机构允许的最大作用力为 3500N）。

【解】 为达到工序的加工要求，本工序安排粗车和半精车两次走刀，粗车将外圆从 ϕ68mm 车至 ϕ62mm，半精车将外圆从 ϕ62mm 车至 $\phi 60_{-0.1}^{\ 0}$ mm。

(1) 确定粗车的切削用量

① 背吃刀量

$$a_p=\frac{d_w-d_m}{2}=\frac{68-62}{2}=3\text{mm}$$

② 进给量 根据已知条件，从表 4-2 中查得 $f=0.5$～0.7mm/r，根据 CA6140 的技术参数，实际取 $f=0.56$mm/r。

③ 切削速度 切削速度可以根据公式计算，也可以查表确定。根据表 4-4 查得 $v_c=100$m/min。由切削速度的公式，推导出机床的主轴转速为

$$n=\frac{1000v}{\pi d}=\frac{1000\times100}{3.14\times68}=468.3\text{r/min}$$

根据 CA6140 车床的主轴转速数列，取 $n=500$r/min。实际切削速度为

$$v_c=\frac{\pi dn}{1000}=\frac{3.14\times68\times500}{1000}=106.8\text{m/min}$$

④ 校核机床功率 根据切削力和切削功率的计算案例，计算出的切削功率为 $P_c=4.3$kW。由机床的说明书得知，CA6140 的电机功率为 $P_E=7.5$kW，取机床传动效率为 $\eta_m=0.8$，则有

$$P_c/\eta_m=4.3/0.8=5.375\text{kW}<P_E$$

表 4-4 车削加工的切削速度参考值

加工材料		硬度 HBS	背吃刀量 a_p /mm	高速钢刀具		硬质合金刀具						陶瓷(超硬材料)刀具		
						未涂层				涂层				
				v_c /(m/min)	f /(mm/r)	v_c/(m/min) 焊接式	v_c/(m/min) 可转位	f /(mm/r)	材料	v_c /(m/min)	f /(mm/r)	v_c /(m/min)	f /(mm/r)	说明
易切碳钢	低碳	100～200	1	55～90	0.18～0.2	185～240	220～275	0.18	YT15	320～410	0.18	550～700	0.13	切削条件较好时可用冷压 Al_2O_3 陶瓷，切削条件较差时宜用 Al_2O_3＋TiC 热压混合陶瓷
			4	41～70	0.40	135～185	160～215	0.50	YT14	215～275	0.40	425～580	0.25	
			8	34～55	0.50	110～145	130～170	0.75	YT5	170～220	0.50	335～490	0.40	
	中碳	175～225	1	52	0.2	165	200	0.18	YT15	305	0.18	520	0.13	
			4	40	0.40	125	150	0.50	YT14	200	0.40	395	0.25	
			8	30	0.50	100	120	0.75	YT5	160	0.50	305	0.40	
碳钢	低碳	125～225	1	43～46	0.18	140～150	170～195	0.18	YT15	260～290	0.18	520～580	0.13	
			4	34～38	0.40	115～125	135～150	0.50	YT14	170～190	0.40	365～425	0.25	
			8	27～30	0.50	88～100	105～120	0.75	YT5	135～150	0.50	275～365	0.40	
	中碳	175～275	1	34～40	0.18	115～130	150～160	0.18	YT15	220～240	0.18	460～520	0.13	
			4	23～30	0.40	90～100	115～125	0.50	YT14	145～160	0.40	290～350	0.25	
			8	20～26	0.50	70～78	90～100	0.75	YT5	115～125	0.50	200～260	0.40	
	高碳	175～275	1	30～37	0.18	115～130	140～155	0.18	YT15	215～230	0.18	460～520	0.13	
			4	24～27	0.40	88～95	105～120	0.50	YT14	145～150	0.40	275～335	0.25	
			8	18～21	0.50	69～76	84～95	0.75	YT5	115～120	0.50	185～245	0.40	
合金钢	低碳	125～225	1	41～46	0.18	135～150	170～185	0.18	YT15	220～235	0.18	520～580	0.13	
			4	32～37	0.40	105～120	135～145	0.50	YT14	175～190	0.40	365～395	0.25	
			8	24～27	0.50	84～95	105～115	0.75	YT5	135～145	0.50	275～335	0.40	
	中碳	175～275	1	34～41	0.18	105～115	130～150	0.18	YT15	175～200	0.18	460～520	0.13	
			4	26～32	0.40	85～90	105～120	0.40～0.50	YT14	135～160	0.40	280～360	0.25	
			8	20～24	0.50	67～73	82～95	0.50～0.75	YT5	105～120	0.50	220～265	0.40	
	高碳	175～275	1	30～37	0.18	105～115	135～145	0.18	YT15	175～190	0.18	460～520	0.13	
			4	24～27	0.40	84～90	105～115	0.50	YT14	135～150	0.40	275～335	0.25	
			8	18～21	0.50	66～72	82～90	0.75	YT5	105～120	0.50	215～245	0.40	
高强度钢		225～350	1	20～26	0.18	90～105	115～135	0.18	YT15	150～185	0.18	380～440	0.13	＞300HBS 时宜用 W12Cr4V5Co5 及 W2-MoCr4VCo8
			4	15～20	0.40	69～84	90～105	0.40	YT14	120～135	0.40	205～265	0.25	
			8	12～15	0.50	53～66	69～84	0.50	YT5	90～105	0.50	145～205	0.40	

校核结果说明机床功率是足够的。

⑤ 校核机床进给机构的强度　由切削力和切削功率的计算案例得 $F_c=2406\text{N}$、$F_p=594\text{N}$、$F_f=942\text{N}$。考虑机床导轨和溜板之间由 F_c 和 F_p 产生的摩擦力，取摩擦系数为 $\mu_s=0.1$，则机床进给机构承受的力为

$$F_{jg}=F_f+\mu_s(F_c+F_p)=942+0.1\times(2406+594)=1242\text{N}<3500\text{N}$$

校核结果表明机床进给机构的强度是足够的。

(2) 确定半精车的切削用量

① 背吃刀量

$$a_p=\frac{d_w-d_m}{2}=\frac{62-60}{2}=1\text{mm}$$

② 进给量　根据表面质量的要求，查表 4-3 可得 $f=0.25\sim0.30\text{mm/r}$，根据 CA6140 车床进给量数列取 $f=0.26\text{mm/r}$。

③ 切削速度　查表 $v_c=130\text{m/min}$。由切削速度的公式，推导出机床的主轴转速为

$$n=\frac{1000v}{\pi d}=\frac{1000\times130}{3.14\times62}=667.8\text{r/min}$$

根据 CA6140 车床的主轴转速数列，取 $n=710\text{r/min}$。实际切削速度为

$$v_c=\frac{\pi dn}{1000}=\frac{3.14\times62\times710}{1000}=138\text{m/min}$$

在通常条件下，半精车可不校核机床功率和进给机构的强度。

第四节　铣削和钻削用量的选择

一、铣削用量的合理选择

1. 合理选择铣削用量的原则

(1) 粗铣和精铣时铣削用量的选择　粗铣时，背吃刀量应放在第一位，进给量放在第二位，最后适当考虑铣削速度；精铣时，则应将铣削速度放在第一位，进给量放在第二位，且按工件要求适当选择，以保证加工表面的粗糙度要求，而背吃刀量则根据工件尺寸来选定。

(2) 工件材料不同时铣削用量的选择　粗铣铸铁类工件时，为了保护刀尖，使背吃刀量一次越过工件的表面硬皮，其数值应比粗铣钢件时要稍大些；铣有色金属（如铝合金、黄铜等）时，因其强度、硬度低，切削力小，产生的热也少，一般可加大铣削用量。

(3) 铣削过程不同时铣削用量的选择　断续铣削时，工件对刀刃有一个较大的冲击力，因此在选择铣削用量时应比连续铣削选得小一些。

(4) 刀具材料不同时铣削用量的选择　由于高速钢铣刀的红硬性比硬质合金铣刀的差，因此使用高速钢铣刀时，其铣削用量选择应比硬质合金铣刀小。

(5) 机床刚度不同时铣削用量的选择　在刚性差的机床上进行铣削时容易引起振动，所以切削用量应比刚性好的机床小。

2. 铣削用量的选择

(1) 背吃刀量和侧吃刀量的选择　端铣刀背吃刀量的选择：当加工余量小于 8mm 时，且工艺系统刚度较大时，留出半精铣余量后，尽量一次走刀切除；当加工余量大于 8mm

时，可分两次走刀；端铣刀的侧吃刀量（a_e）和直径 d 的关系为 $d=(1.1\sim1.6)a_e$。圆柱铣刀的背吃刀量应小于铣刀长度，侧吃刀量的选择与端铣刀的背吃刀量选择相同。

（2）进给量的选择　每齿进给量是衡量铣削效率的重要指标。粗铣时，进给量主要受铣削力限制；半精铣、精铣时，进给量主要受加工表面粗糙度限制。进给量的选择可参考相关手册。

（3）铣削速度的确定　铣削速度可根据铣刀寿命和刀具使用条件，参考手册查出或通过铣削速度经验公式进行计算。

二、钻削用量的合理选择

（1）钻头直径　应根据工艺尺寸取值，尽可能一次钻出所要求的孔。当机床性能不足时，才采用先钻后扩的方式。需要扩孔时，钻孔直径取孔径的50%～70%。

（2）进给量　普通钻头进给量可按 $f=(0.01\sim0.02)d$ 进行估算；合理修磨的钻头可以选用 $f=0.03d$；直径小于5mm的钻头，手动控制进给量。

（3）钻削速度　高速钢钻头的速度可按表4-5选取，也可参考相关手册和资料选取。

表4-5　高速钢钻头钻削速度参考值

加工材料	低碳钢	中高碳钢	合金钢不锈钢	铸铁	铝合金	铜合金
钻削速度 v_c /(m/min)	25～30	20～25	15～20	20～25	40～70	20～40

第五节　切削液的选择

一、切削液的作用

1. 冷却作用

把切削过程产生的热量最大限度地带走，从而降低切削区温度，减少工件和刀具的热变形，保持刀具硬度，提高加工精度和刀具使用寿命。

2. 润滑作用

减小前刀面与切屑、后刀面与已加工表面间的摩擦，从而减小切削力和功率消耗，降低刀具与工件摩擦部位的表面温度和刀具磨损，改善工件材料的切削加工性能。

3. 清洗作用

在金属切削过程中，要求切削液有良好的清洗作用，以去除生成的切屑、磨屑以及铁粉、油污和砂粒，减少刀具和砂轮的磨损，防止划伤工件已加工表面和机床导轨面。

4. 防锈作用

切削液应具备一定的防锈性能，以减小周围介质对机床、刀具、工件的腐蚀。在气候潮湿地区，这一性能尤为重要。

二、切削液的种类

1. 水溶液（水基）

水溶液是以水为主要成分并加入防锈剂的切削液，主要起冷却、清洗等作用，广泛应用于粗加工和磨削工序中。

2. 乳化液

乳化液是由95%～98%的水加入适量的乳化油形成的乳白色或半透明的切削液，具有良好的冷却性能。按乳化油的含量不同，可配制成不同浓度的乳化液。

3. 切削油（油基）

切削油的主要成分是矿物油，特殊情况下采用动植物油和复合油，这类切削液的润滑性能较好。

三、切削液的选用

合理选用切削液，可以有效地减小切削过程中的摩擦，改善散热条件，降低切削力、切削温度，减少刀具磨损，提高刀具耐用度和切削效率，保证已加工表面质量和降低产品的加工成本。随着难加工材料的广泛应用，除合理选择刀具材料、刀具几何参数、切削用量等切削条件外，合理选用切削液也尤为重要。

水溶液的冷却效果最好，极压切削液的润滑效果最好。一般的切削液，在200℃左右就失去润滑能力，但在切削液中添加极压添加剂（如氯化石蜡、四氯化碳、硫代磷酸盐、二烷基二硫代磷酸锌）后，就成为润滑性能良好的极压切削液，可以在600～1000℃高温和1.5～1.9GPa高压条件下起润滑作用。所以含硫、氯、磷等元素的极压添加剂的乳化液和切削油，特别适合于难切削材料加工过程的冷却与润滑。

一般在下列的情况下应选用水基切削液。

① 对油基切削液存在潜在火灾危险的场所。

② 高速和大进给量的切削，使切削区产生超高温，有火灾危险的场合。

③ 从前后工序的流程上考虑，要求使用水基切削液的场合。

④ 希望减轻由于油的飞溅和扩散而引起的机床周围污染和脏污，从而保持操作环境清洁的场合。

⑤ 从价格上考虑，对一些易加工材料工件表面质量要求不高的切削加工，采用一般水基切削液已能满足使用要求，又可大幅度降低切削液成本的场合。

当刀具的寿命对切削的经济性占有较大比重时（如刀具价格昂贵，刃磨刀具困难，装卸辅助时间长等），机床精密度高，绝对不允许有水混入（以免造成腐蚀）的场合，机床的润滑系统和冷却系统容易串通的场合，以及不具备废液处理设备和条件的场合，均应考虑选用油基切削液。

四、切削液的使用方法和评定指标

1. 切削液的使用方法

浇注法，喷雾法，内冷却法。

2. 切削液性能的评定指标

刀具寿命，表面粗糙度，冷却性能，润滑效率。

【案例】 难加工材料切削液的选用。

【解】 难加工材料切削液的选用如下。

（1）不锈钢

① 粗加工时：3%～5%乳化液；10%～15%极压乳化液；极压切削油；硫化油。

② 精加工时：10%～20%极压乳化液；极压切削油；硫化油；90%机械油+10%CCl_4。

③ 拉削、攻螺纹、铰孔时：10%～15%极压乳化液；极压切削油、硫化豆油或植物油；

硫化油＋10%～20% CCl_4；猪油＋20%～30% CCl_4；硫化油＋10%～15%煤油。

④ 滚齿或插齿时：20%～25%极压乳化液；极压切削油。

⑤ 钻孔时：10%～15%乳化液；10%～15%极压乳化液；极压切削油；硫化油；MoS_2 切削剂。

(2) 高温合金　除采用切削不锈钢所用的切削液外，在粗加工时，采用硫酸钾 2%、亚硝酸钾 1%、三乙醇胺 7%、硼酸 7%～10%、甘油 7%～10%、水余量，或采用葵二酸 7%～10%、亚硝酸钠 5%、三乙醇胺 7%～ 10%、硼酸 7%～10%、甘油 7%～10%、水余量。

(3) 钛合金

① 粗加工时：3%～5%乳化液；10%～15%极压乳化液。

② 精加工时：极压切削油；极压水溶液；CCl_4 加等量的酒精。

③ 拉削、攻螺纹和铰孔时：极压切削油；蓖麻油；硫化油；60%蓖麻油加 40%煤油。

④ 钻孔时：极压乳化液；极压切削油；硫化油；电解切削液。

(4) 高强度钢　除选用常用切削液和极压切削液外，用豆油或菜籽油作为攻螺纹切削液。

【案例】　根据常用刀具材料合理选用切削液。

【解】　不同刀具材料选用切削液如下。

(1) 工具钢　这种刀具耐热性能差，要求冷却液的冷却效果要好，一般采用乳化液为宜。

(2) 高速钢　使用高速钢刀具进行低速和中速切削时，建议采用油基切削液或乳化液。高速切削时，由于发热量大，以采用水基切削液为宜；若使用油基切削液，会产生较多油雾，污染环境，而且容易造成工件烧伤、加工质量下降、刀具磨损增大。

(3) 硬质合金　在加工一般材料时，可以采用干式切削。但在干式切削时，由于工件温升较高，工件易产生热变形，影响工件加工精度，而且在没有润滑的条件下进行切削，切削阻力大，功率消耗大，刀具磨损也快，加上硬质合金刀具价格较贵，所以从经济性考虑，干式切削也不经济。在选用切削液时，因油基切削液的热传导性能较差，使刀具产生骤冷的危险性要比水基切削液小，所以一般选用含有抗磨添加剂的油基切削液为宜。在使用冷却液进行切削时，要注意均匀地冷却刀具，在开始切削之前，最好预先用切削液冷却刀具。对于高速切削，要用大流量切削液喷淋切削区，以免造成刀具受热不均匀而产生崩刃，亦可减少由于温度过高产生蒸发而形成的油烟污染。

(4) 陶瓷　一般采用干式切削。考虑到均匀冷却和避免温度过高，常使用水基切削液。

(5) 金刚石　一般使用干式切削。为避免温度过高，多数情况下也采用水基切削液。

思 考 题

1. 什么是工件材料的切削加工性？如何衡量工件材料的切削加工性？
2. 简述影响工件材料切削加工性的因素及其影响规律？
3. 简述改善常见难加工材料切削加工性的途径？
4. 高锰钢和不锈钢的切削加工性有何特点？如何改善其切削加工性？
5. 简述前角和后角的作用及选择原则？

6. 简述主偏角和副偏角的作用及选择原则？

7. 简述刃倾角的作用及选择原则？

8. 如何合理选用切削用量三要素？选择顺序是怎样的？

9. 加工灰铸铁和碳钢时，如何合理选择刀具的几何参数？

10. 常用的切削液有哪些？如何在加工时合理选用切削液？

第五章 金属切削机床的基本知识

教学要求

掌握机床的分类方法和型号编制。

掌握工件表面的形成方法和机床的运动。

掌握机床的传动联系和传动原理图。

掌握机床的传动系统图及其计算。

第一节 机床的分类、型号和技术参数

金属切削机床是用金属切削的方法将金属毛坯加工成机器零件的机器。因为它是制造机器的机器，所以又称为工具机或工作母机，通常简称为机床。

一、机床的分类

机床的分类方法很多，最基本的是按照机床的加工方法和所用刀具及其用途进行分类。

1. 按加工方法和所用刀具及其用途分类

根据国家制订的机床型号编制方法 GB/T 15375—2008，将机床分为 11 大类：车床、钻床、镗床、磨床、齿轮加工机床、螺纹加工机床、铣床、刨插床、拉床、锯床和其他机床。在每一类机床中，又按工艺特点、布局形式和结构特性分为若干组，每一组又分为若干系列。

2. 按机床的应用程度分类

分为通用机床、专门化机床和专用机床三类。如卧式车床、升降台铣床、摇臂钻床、外圆磨床等属于通用机床；丝杠车床、凸轮轴车床属于专门化机床；加工机床主轴箱体孔的镗床和加工导轨的导轨磨床等属于专用机床。

3. 按机床的重量和尺寸分类

分为仪表机床、中型机床（一般机床）、大型机床（10～30t）、重型机床（30～100t）和超重型机床（大于 100t）。

4. 按加工精度分类

分为普通精度机床、精密级机床和高精度级机床。

5. 按自动化程度分类

分为手动、机动、半自动和自动机床。

6. 按机床主要工作部件的数目分类

分为单轴、多轴、单刀和多刀机床等。

随着机床的发展，其分类方法也将不断发展。如镗铣加工中心集中了镗、铣和钻多种机床的功能；某些加工中心的主轴集中了立式和卧式加工中心的功能等。

二、机床的型号编制

金属切削机床的型号是根据 GB/T 15375—2008《金属切削机床型号编制方法》编制

的。国标规定，机床的型号由汉语拼音字母和数字按一定规律组合而成，它适用于新设计的各类通用及专用金属切削机床、自动线，不包括组合机床和特种加工机床。

1. 通用机床型号

通用机床的型号由基本部分和辅助部分组成，中间用“/”（读作“之”）隔开，前者需统一管理，后者纳入型号与否由企业自定。型号构成如图 5-1 所示。

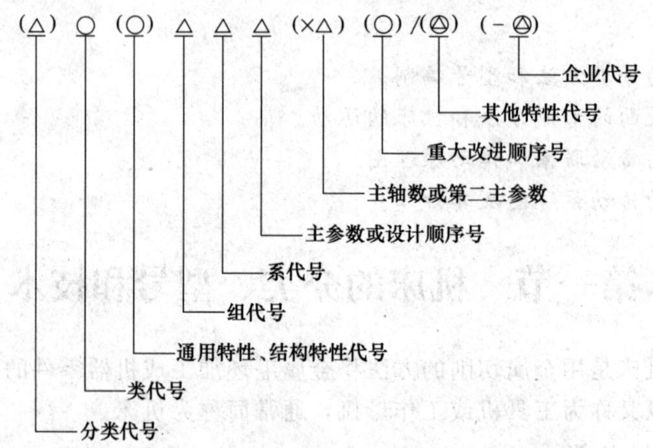

注: 1. 有“( )”的代号或数字,当无内容时,则不表示,若有内容则不带括号。
2. 有“○”符号者,为大写的汉语拼音字母。
3. 有“△”符号者,为阿拉伯数字。
4. 有“◎”符号者,为大写的汉语拼音字母,或阿拉伯数字,或两者兼有之。

图 5-1 机床的型号

（1）机床的类代号 机床的类代号用大写的汉语拼音字母表示，按其相对应的汉字字意读音。例如铣床类代号为“X”，读作“铣”。必要时，每一类又可分为若干分类，分类代号用数字表示，放在类代号之前，第一分类不予表示。如磨床类又分为 M、2M、3M 三个分类。机床的分类见表 5-1。

表 5-1 机床的分类代号

类别	车床	钻床	镗床	磨床			齿轮加工机床	螺纹加工机床	铣床	刨插床	拉床	锯床	其他机床
代号	C	Z	T	M	2M	3M	Y	S	X	B	L	G	Q
读音	车	钻	镗	磨	二磨	三磨	牙	丝	铣	刨	拉	割	其

（2）机床的特性代号 当某种类型机床除有普通型外，还有如表 5-2 所示的某种通用特性时，则在类代号之后加上相应的通用特性代号。如“CK”表示数控车床。如果同时具有两种通用特性时，则可按重要程度排列，用两个代号表示，如“MBG”表示半自动高精度磨床。通用特性代号位于类代号之后，用大写汉语拼音字母表示。

表 5-2 机床的通用特性代号

通用特性	高精度	精密	自动	半自动	数控	加工中心（自动换刀）	仿形	轻型	加重型	简式或经济型	柔性加工单元	数显	高速
代号	G	M	Z	B	K	H	F	Q	C	J	R	X	S
读音	高	密	自	半	控	换	仿	轻	重	简	柔	显	速

对于主参数相同，而结构和性能不同的机床，在型号中用结构特性区分。结构特性代号在型号中无统一含义，它只是在同类型机床中起区分结构、性能的作用。当机床具有通用特性代号时，结构特性代号位于通用特性代号之后，用大写汉语拼音字母表示。如“CA6140”中的“A”和“CY6140”中的“Y”均为结构特性代号，可理解为在结构上有别于“C6140”。为了避免混淆，通用特性代号已用的字母和“I”、“O”都不能作为结构特性代号使用。当单个字母不够用时，可将两个字母组合起来使用，如AD、AE等，或DA、EA等。

表 5-3 金属切削机床统一名称和类、组、系划分表

类		组		系		主参数	
代号	名称	代号	名称	代号	名称	折算系数	名称
C	车床	0	仪表车床	0	仪表台式精整车床	1/10	床身上最大回转直径
				3	仪表转塔车队	1	最大棒料直径
				4	仪表卡盘车床	1/10	床身上最大回转直径
				5	仪表精整车床	1/10	床身上最大回转直径
				6	仪表卧式车床	1/10	床身上最大回转直径
				7	仪表棒料车床	1	最大棒料直径
				8	仪表轴车床	1/10	车身上最大的回转直径
				9	仪表卡盘精整车床	1/10	床身上最大回转直径
		1	单轴自动车床	0	主轴箱固定型自动车床	1	最大棒料直径
				1	单轴纵切自动车床	1	最大棒料直径
				2	单轴横切自动车床	1	最大棒料直径
				3	单轴转塔自动车床	1	最大棒料直径
				4	单轴卡盘自动车床	1/10	床身上最大回转直径
				6	正面操作自动车床	1	最大车削直径
		2	多轴自动、半自动车床	0	多轴平行作业棒料自动车床	1	最大棒料直径
				1	多轴棒料自动车床	1	最大棒料直径
				2	多轴卡盘自动车床	1/10	卡盘直径
				4	多轴可调棒料自动车床	1	最大棒料直径
				5	多轴可调卡盘自动车床	1/10	卡盘直径
				6	立式多轴半自动车床	1/10	最大车削料直径
				7	立式多轴平行作业半自动车床	1/10	最大车削料直径
		3	回轮、转塔车床	0	回轮车床	1	最大棒料直径
				1	滑鞍转塔车床	1/10	卡盘直径
				2	棒料滑枕转塔车床	1	最大棒料直径
				3	滑枕转塔车床	1/10	卡盘直径
				4	组合式塔车床	1/10	最大车削直径
				5	横移转塔车床	1/10	最大车削直径
				6	立式双轴转塔车床	1/10	最大车削直径
				7	立式转塔车床	1/10	最大车削直径
				8	立式卡盘车床	1/10	卡盘直径
		4	曲轴及凸轮轴车床	0	旋风切削曲轴车床	1/100	转盘内孔直径
				1	曲轴车床	1/10	最大工件回转直径
				2	曲轴主轴颈车床	1/10	最大工件回转直径
				3	曲轴连杆轴颈车床	1/10	最大工件回转直径
				5	多刀凸轮轴车床	1/10	最大工件回转直径
				6	凸轮轴车床	1/10	最大工件回转直径
				7	凸轮轴中轴颈车床	1/10	最大工件回转直径
				8	凸轮轴瑞轴颈车床	1/10	最大工件回转直径
				9	凸轮轴凸轮车床	1/10	最大工件回转直径

续表

类		组		系		主参数	
代号	名称	代号	名称	代号	名称	折算系数	名称
C	车床	5	立式车床	1	单柱立式车床	1/100	最大车削直径
				2	双柱立式车床	1/100	最大车削直径
				3	单柱移动立式车床	1/100	最大车削直径
				4	双柱移动立式车床	1/100	最大车削直径
				5	工作台移动单柱立式车床	1/100	最大车削直径
				7	定梁单柱立式车床	1/100	最大车削直径
				8	定梁双柱立式车床	1/100	最大车削直径
		6	落地及卧式车床	0	落地车床	1/100	最大工件回转直径
				1	卧式车床	1/10	床身上最大回转直径
				2	马鞍车床	1/10	床身上最大回转直径
				3	轴车床	1/10	床身上最大回转直径
				4	卡盘车床	1/10	床身上最大回转直径
				5	球面车床	1/10	刀架上最大回转直径
		7	仿形及多刀车床	0	转塔仿形车床	1/10	刀架上最大车削直径
				1	仿形车床	1/10	刀架上最大车削直径
				2	卡盘仿形车床	1/10	刀架上最大车削直径
				3	立式仿形车床	1/10	最大车削直径
				4	转塔卡盘多刀车床	1/10	刀架上最大车削直径
				5	多刀车床	1/10	刀架上最大车削直径
				6	卡盘多刀车床	1/10	刀架上最大车削直径
				7	立式多刀车床	1/10	刀架上最大车削直径
				8	异形仿形车床	1/10	刀架上最大车削直径
		8	轮、轴、辊、锭及铲齿车床	0	车轮车床	1/100	最大工件直径
				1	车轴车床	1/10	最大工件直径
				2	动轮曲拐销车床	1/100	最大工件直径
				3	轴颈车床	1/100	最大工件直径
				4	轧辊车床	1/10	最大工件直径
				5	钢锭车床	1/10	最大工件直径
				7	立式车轮车床	1/100	最大工件直径
				9	铲齿车床	1/10	最大工件直径
		9	其他车床	0	落地镗车床	1/10	最大工件回转直径
				2	单能半自动车床	1/10	刀架上最大车削直径
				3	气缸套镗车床	1/10	床身上最大回转直径
				5	活塞车床	1/10	最大车削直径
				6	轴承车床	1/10	最大车削直径
				7	活塞环车床	1/10	最大车削直径
				8	钢锭模车床	1/10	最大车削直径
Z	钻床	1	坐标镗钻床	0	台式坐标镗钻床	1/10	工作台面宽度
				3	立式坐标镗钻床	1/10	工作台面宽度
				4	转塔坐标镗钻床	1/10	工作台面宽度
				6	定臂坐标镗钻床	1/10	工作台面宽度
		2	深孔钻床	1	深孔钻床	1/10	最大钻孔直径

续表

类		组		系		主参数	
代号	名称	代号	名称	代号	名称	折算系数	名称
Z	钻床	3	摇臂钻床	0	摇臂钻床	1	最大钻孔直径
				1	万向摇臂钻床	1	最大钻孔直径
				2	车式摇臂钻床	1	最大钻孔直径
				3	滑座摇臂钻床	1	最大钻孔直径
				4	坐标摇臂钻床	1	最大钻孔直径
				5	滑座万向摇臂钻床	1	最大钻孔直径
				6	无底座式万向摇臂钻床	1	最大钻孔直径
				7	移动万向摇臂钻床	1	最大钻孔直径
		4	台式钻床	0	台式钻床	1	最大钻孔直径
				1	工作台台式钻床	1	最大钻孔直径
				2	可调多轴台式钻床	1	最大钻孔直径
				3	转塔台式钻床	1	最大钻孔直径
				4	台式攻钻床	1	最大钻孔直径
				6	台式排钻床	1	最大钻孔直径
		5	立式钻床	0	圆柱立式钻床	1	最大钻孔直径
				1	方柱立式钻床	1	最大钻孔直径
				2	可调多轴立式钻床	1	最大钻孔直径
				3	转塔立式钻床	1	最大钻孔直径
				4	圆方柱立式钻床	1	最大钻孔直径
				6	立式排钻床	1	最大钻孔直径
				7	十字工作台立式钻床	1	最大钻孔直径
				9	升降十字工作台立式钻床	1	最大钻孔直径
		6	卧式钻床	2	卧式钻床	1	最大钻孔直径
		7	铣钻床	0	台式铣钻床	1	最大钻孔直径
				1	立式铣钻床	1	最大钻孔直径
				4	龙门式铣钻床	1	最大钻孔直径
				5	十字工作台立式铣钻床	1	最大钻孔直径
				6	镗铣钻床	1	最大钻孔直径
				7	磨铣钻床	1	最大钻孔直径
		8	中心孔钻床	1	中心孔钻床	1/10	最大工件直径
				2	平端面中心孔钻床	1/10	最大工件直径
		9	其他钻床	0	双面卧式玻璃钻床	1	最大钻孔直径
					数控印制板钻床		最大钻孔直径
					数控印制板铣钻床		最大钻孔直径
T	镗床	2	深孔镗床	1	深孔钻镗床	1/10	最大镗孔直径
				2	深孔镗床	1/10	最大镗孔直径
		4	坐标镗床	1	立式单柱坐标镗床	1/10	工作台面宽度
				2	正式双柱坐标镗床	1/10	工作台面宽度
				3	卧式单柱坐标镗床	1/10	工作台面宽度
				4	卧式双柱坐标镗床	1/10	工作台面宽度
				6	卧式坐标镗床	1/10	工作台面宽度
		5	立式镗床	1	立式镗床	1/10	最大孔直径
				6	立式铣镗床	1/10	镗轴直径
				7	转塔式铣镗床	1/10	最大镗孔直径

续表

类		组		系		主参数	
代号	名称	代号	名称	代号	名称	折算系数	名称
T	镗床	6	卧式铣镗床	1	卧式镗床	1/10	镗轴直径
				2	落地镗床	1/10	镗轴直径
				3	卧式铣镗床	1/10	镗轴直径
				4	短床身卧式铣镗床	1/10	镗轴直径
				5	刨台卧式铣镗床	1/10	镗轴直径
				6	立卧复合铣镗床	1/10	镗轴直径
				7	落地铣镗床	1/10	镗轴直径
		7	精镗床	0	单面卧式精镗床	1/10	工作台面宽度
				1	双面卧式精镗床	1/10	工作台面宽度
				2	双立精镗床	1/10	最大镗孔直径
				3	十字工作台立式精镗床	1/10	最大镗孔直径
				8	多工位立式梢镗床	1/10	最大镗孔直径
		8	汽车拖拉机修理用镗床	0	汽缸镗床	1/10	最大镗孔直径
				1	缸体轴瓦镗床	1/10	最大镗孔直径
				2	连杆瓦镗床	1/10	最大镗孔直径
				3	制动鼓镗床	1/10	最大镗孔直径
				4	卧式制动鼓镗床	1/10	最大镗孔直径
				5	气门座镗床	1	最大镗孔直径
				6	汽缸磨镗床	1/10	最大镗孔直径
		9	其他镗床	0	卧式电机座镗床		最大镗孔直径
M	磨床	0	仪表磨床	0	仪表无心磨床	1/10	最大磨削直径
				1	仪表内圆磨床	1/10	最大磨削孔径
				2	仪表平面磨床	1/10	工作台面宽度
				3	仪表外圆磨床	1/10	最大磨削直径
				4	抛光机		—
				5	仪表万能外圆磨床	1/10	最大磨削直径
				6	刀具磨床		—
				7	仪表成形磨床	1/10	工作台面宽度
				9	仪表齿轮磨床	1/10	最大工件直径
		1	外圆磨床	0	无心外圆磨床	1	最大磨削直径
				1	宽砂轮无心外圆磨床	1	最大磨削直径
				3	外圆磨床	1/10	最大磨削直径
				4	万能外圆磨床	1/10	最大磨削直径
				5	宽砂轮外圆磨床	1/10	最大磨削直径
				6	端面外圆磨床	1/10	最大回转直径
				7	多砂轮架外圆磨床	1/10	最大磨削直径
				8	多片砂轮外圆磨床	1/10	最大回转直径
		2	内圆磨床	1	内圆磨床	1/10	最大磨削孔径
				3	带端面内圆磨床	1/10	最大磨削孔径
				5	立式行星内圆磨床	1/10	最大磨削孔径
				6	深孔内圆磨床	1/10	最大磨削孔径
				7	内外圆磨床	1/10	最大磨削孔径
				8	立式内圆磨床	1/10	最大磨削孔径

续表

类		组		系		主参数	
代号	名称	代号	名称	代号	名称	折算系数	名称
M	磨床	3	砂轮机	0	落地砂轮机	1/10	最大砂轮直径
				1	悬挂砂轮机	1/10	最大砂轮直径
				2	台式砂轮机	1/10	最大砂轮直径
				3	陈尘砂轮机	1/10	最大砂轮直径
				4	软轴砂轮机	1/10	最大砂轮直径
				5	砂带砂轮机	1/10	最大砂轮直径
		4	坐标磨床	1	单柱坐标磨床	1/10	工作台面宽度
				2	双柱坐标磨床	1/10	工作台面宽度
		5	导轨磨床	0	落地导轨磨床	1/100	最大磨削宽度
				1	悬臂导轨磨床	1/100	最大磨削宽度
				2	龙门导轨磨床	1/100	最大磨削宽度
				3	定梁龙门导轨磨床	1/100	最大磨削宽度
		6	刀具磨床	0	万能工具磨床	1/10	最大回转直径
				1	拉刀刃磨床	1/10	最大刃磨拉刀长度
				3	钻头刃磨床	1	最大刃磨钻头直径
				4	滚刀刃磨床	1/10	最大刃磨滚刀直径
				5	铣刀盘刃磨床	1/10	最大刀磨铣刀直径
				6	圆锯片刃磨床	1/100	最大刃磨锯片直径
				7	弧齿锥齿轮铣刀盘刃磨床	1/10	最大刃磨铣刀盘直径
				8	插齿刀刃磨床	1/10	最大刃磨插齿刀直径
				9	矿井钻头刃磨床	1	最大工件直径
		7	平面及端面磨床	1	卧轴矩台平面磨床	1/10	工作台面宽度
				2	立轴矩太平面磨床	1/10	工作台面宽度
				3	卧轴圆台平面磨床	1/10	工作台面直径
				4	立轴圆台平面磨床	1/10	工作台面直径
				5	龙门平面磨床	1/10	工作台面宽度
				6	卧轴双端面磨床	1/10	最大砂轮直径
				7	立轴双端面磨床	1/10	最大砂轮直径
				8	龙门双端面磨床	1/10	最大砂轮直径
		8	曲轴、凸轮轴、花键轴及轧辊磨床	1	曲轴主轴颈磨床	1/10	最大回转直径
				2	曲轴磨床	1/10	最大回转直径
				3	凸轮轴磨床	1/10	最大回转直径
				4	轧辊磨床	1/10	最大磨削直径
				5	曲线磨床	1/10	最大磨削直径
				6	花键轴磨床	1/10	最大磨削直径
		9	工具磨床	0	曲线磨床	1/10	最大磨削长度
				1	模具工具磨床	1/10	工作台面宽度
				2	铣刀磨床	1/10	工作台面宽度
				3	钻头沟背磨床	1	最大钻头直径
				4	铲齿车刀成形磨床	1/10	最大磨削宽度
				5	丝锥铲槽磨床	1	最大丝锥直径
				6	丝锥沟槽磨床	1	最大丝锥直径
				7	丝锥方尾磨床	1	最大丝锥直径
				8	卡观磨床	1/10	最大磨削宽度
				9	圆板牙铲磨床	1	最大圆板牙螺纹直径

续表

类		组		系		主参数	
代号	名称	代号	名称	代号	名称	折算系数	名称
2M	磨床	1	超精机	2	内圆超精磨	1/10	最大磨削孔径
				3	外圆超精磨	1/10	最大磨削直径
				4	无心超精磨	1/10	最大磨削直径
				6	端面超精磨	1/10	最大磨削直径
				7	平面超精磨	1/10	最大磨削宽度
		2	内圆珩磨机	1	卧式内圆珩磨机	1/10	最大珩孔直径
				2	立式内圆珩磨机	1/10	最大珩孔直径
				3	摇臂式内圆珩磨机	1/10	最大珩孔直径
				4	龙门式内圆珩磨机	1/10	最大珩孔直径
				8	框架式内圆珩磨机	1/10	最大珩孔直径
				9	多轴立式顺序内圆珩磨机	1/10	最大珩孔直径
		3	外圆及其他珩磨机	1	外圆珩磨机	1/10	最大珩磨直径
				2	平面珩磨机	1/10	最大珩磨宽度
				5	球面珩磨机	1/10	最大珩磨直径
		4	抛光机	0	半导体抛光机	1/10	抛光轮直径
				2	内圆抛光机	1/10	抛光轮直径
				4	曲轴抛光机	1/10	最大回转直径
				5	薄板抛光机	1/10	最大抛光宽度
				6	落地抛光机	1/10	抛光轮直径
				7	台式抛光机	1/10	抛光轮直径
				8	钢带抛光机	1/10	最大抛光轮宽度
		5	砂带抛光及磨削机床	0	无心砂带抛光机	1/10	最大抛光直径
				1	外圆砂带抛光机	1/10	最大抛光直径
				3	平面砂带抛光机	1/10	最大抛光宽度
				4	砂带机	1/10	砂带宽度
				5	凸轮轴砂带抛光机	1/10	最大回转直径
				6	无心砂带磨床	1/10	最大磨削直径
				7	外圆砂带磨床	1/10	最大磨削直径
				8	平面砂带磨床	1/10	最大磨削宽度
				9	万能砂带磨床	1/10	最大磨削宽度
		6	刀具刃磨及研磨机床	0	万能刀具刃磨床	1/10	最大回转直径
				1	圆板牙刃磨床	1	最大圆板牙螺纹直径
				2	车刀刃研磨机	1	最大车刀宽度
				3	梳刀刃磨床	1	最大梳刀直径
				4	铰刀刃磨床	1	最大铰刀直径
				5	成形铣刀刃磨床	1	最大铣刀直径
				6	丝锥刃磨床	1	最大丝锥直径
				7	铰刀研磨机	1	最大铰刀直径
				8	锉丝板研磨机	1	最大磨削宽度
				9	剪切刀片刃磨床	1/100	最大磨削长度
		7	可转位刀片磨削机床	0	可转位刀片双端面研磨床	1/10	研磨盘直径
				1	可转位刀片周边磨床	1	最大刀片内切圆直径
				2	可转位刀片负倒刃磨床	1	最大刀片内切圆直径

续表

类		组		系		主参数	
代号	名称	代号	名称	代号	名称	折算系数	名称
2M	磨床	8	研磨机	1	平面研磨机	1/10	研磨盘直径
				2	内外圆研磨机	1	最大研磨直径
				3	立式内圆研磨机	1/10	最大研磨直径
				4	双盘研磨机	1/10	研磨盘直径
				6	曲面研磨机	1/10	最大研磨宽度
				7	中心孔研磨机	1/10	最大工件直径
				9	挤压研磨机	1	磨料挤出率
		9	其他磨床	0	螺旋面磨床	1/10	最大回转直径
				1	多用磨床	1/10	最大回转直径
				3	中心钻铲磨床	1	最大磨削直径
				4	中心孔磨床	1/10	最大工件直径
				5	立式万能磨床	1/10	最大磨削直径
				6	凸轮磨床	1/10	最大回转直径
3M	磨床	1	球轴承套圈沟磨床	0	轴承套圈端面沟磨床	1/10	最大工件孔径
				1	摆式轴承内圈沟磨床	1/10	最大工件孔径
				2	摆式轴承外圈沟磨床	1/10	最大工件直径
				3	轴承内圈沟磨床	1/10	最大工件孔径
				4	轴承外圈沟磨床	1/10	最大工件直径
				5	调心轴承内圈沟磨床	1/10	最大工件孔径
				6	调心轴承外圈沟磨床	1/10	最大工件直径
		2	滚子轴承套圈滚道磨床	0	轴承套圈内圆磨床	1/10	最大磨削孔径
				1	轴承内圈滚道磨床	1/10	最大工件孔径
				2	轴承内圆挡边磨床	1/10	最大工件孔径
				3	轴承外圆滚道磨床	1/10	最大工件直径
				4	轴承套圈端面磨床	1/10	最大工件直径
				5	调心轴承内圆滚道磨床	1/10	最大工件孔径
				6	轴承外圆滚道挡边磨床	1/10	最大工件直径
				7	轴承内圆滚道挡边磨床	1/10	最大工件孔径
				8	轴承外圆挡边磨床	1/10	最大工件直径
		3	轴承套圈超精机	1	轴承内圈沟超精机	1/10	最大工件孔径
				2	轴承外圈沟超精机	1/10	最大工件直径
				3	轴承内圈滚道超精机	1/10	最大工件孔径
				4	轴承外圈滚道超精机	1/10	最大工件直径
				5	调心轴承内圈滚道超精机	1/10	最大工件直径
				6	调心轴承外圈滚道超精机	1/10	最大工件直径
				9	轴承套圈端面超精机	1/10	最大工件孔径
		5	叶片磨削机床	1	横磨叶背仿形磨床	1/10	最大工件长度
				2	横磨叶盆仿形磨床	1/10	最大工件长度
				3	纵磨叶片仿形磨床	1/10	最大工件长度
				5	叶片前后缘倒角机	1/10	最大工件长度
				6	叶片根部仿形磨床	1/10	最大工件长度
				7	叶片榫头磨床	1/10	最大工件长度

续表

类		组		系		主参数	
代号	名称	代号	名称	代号	名称	折算系数	名称
3M	磨床	6	滚子加工机床	0	圆锥滚子无心磨床	1	最大工件直径
				1	圆锥滚子超精机	1	最大工件直径
				2	圆柱滚子超精机	1	最大工件直径
				3	圆柱滚子无心超精机	1	最大工件直径
				4	圆柱滚子端面研磨机	1	最大工件直径
				5	圆锥滚子球形端面磨床	1	最大工件直径
				6	圆锥滚子球形端面研磨机	1	最大工件直径
				7	滚子端面超精机	1	最大工件直径
				8	球面滚子无心磨床	1	最大工件直径
				9	球面滚子球形端面磨床	1	最大工件直径
		7	钢球加工机床	1	立式钢球磨球机	1/10	砂轮直径
				2	立式钢球研球机	1/10	研球板直径
				4	立式钢球光球机	1/10	光球板直径
				6	钢球磨球机	1/10	砂轮直径
				7	钢球研球机	1/10	研球板直径
				8	钢球无心磨床	1	最大钢球直径
				9	钢球光球机	1/10	光球板直径
		8	气门、活塞及活塞环磨削机床	0	气门座面斜棱磨床	1	最大磨削直径
				2	活塞环倒角磨床	1/10	最大磨削直径
				3	活塞环端面磨床	1/10	最大磨削直径
				5	活塞椭圆磨床	1/10	最大磨削直径
				7	活塞环外圆超精机	1/10	最大磨削直径
				8	活塞销超精机	1	最大磨削直径
		9	汽车、拖拉机修磨机床	2	曲轴修磨机	1/10	最大修磨直径
				3	气门磨床	1	最大磨削直径
				4	气门座修磨机	1	最大磨削直径
				5	气门座研磨机		—
				6	制动片修磨机		—
				7	汽缸平面修磨机	1/10	最大磨削宽度
				8	汽缸珩磨机	1/10	最大珩孔直径
Y	齿轮加工机床	0	仪表齿轮加工机	1	小模数齿轮滚齿机	1/10	最大工件直径
				2	小模数轴齿轮滚齿机	1/10	最大工件直径
				3	小模数齿轮铣齿机	1/10	最大工件直径
				4	小模数端面齿轮滚齿机	1/10	最大工件直径
				5	小模数齿轮插齿机	1/10	最大工件直径
				6	小模数齿轮刨齿机	1/10	最大工件直径
				8	小模数齿轮抛光机		—
		2	锥齿轮加工机	0	弧齿锥齿轮磨齿机	1/10	最大工件直径
				1	弧齿锥齿轮粗切机	1/10	最大工件直径
				2	弧齿锥齿轮铣齿机	1/10	最大工件直径
				3	直齿锥齿轮刨齿机	1/10	最大工件直径
				4	直齿锥齿轮粗切机	1/10	最大工件直径
				5	锥齿轮研齿机	1/10	最大工件直径
				6	直齿锥齿轮磨齿机	1/10	最大工件直径
				7	直齿锥齿轮铣齿机	1/10	最大工件直径
				8	直齿锥齿轮拉齿机	1/10	最大工件直径
				9	弧齿锥齿轮拉齿机	1/10	最大工件直径

续表

类		组		系		主参数	
代号	名称	代号	名称	代号	名称	折算系数	名称
Y	齿轮加工机床	3	滚齿及铣齿机	1	滚齿机	1/10	最大工件直径
				2	摆线齿轮铣齿机	1/10	最大工件直径
				3	非圆齿轮铣齿机	1/10	最大工件直径
				4	非圆齿轮滚齿机	1/10	最大工件回转直径
				5	双轴滚齿机	1/10	最大工件直径
				6	卧式滚齿机	1/10	最大工件直径
				7	蜗轮滚齿机	1/10	最大工件直径
				8	球面蜗轮滚齿机	1/10	最大工件直径
		4	剃齿及珩齿机	1	立式剃齿机	1/10	最大工件直径
				2	剃齿机	1/10	最大工件直径
				3	轴齿轮剃齿机	1/10	最大工件直径
				6	珩齿机	1/10	最大工件直径
				7	蜗杆珩轮珩齿机	1/10	最大工件直径
				8	内齿珩轮珩齿机	1/10	最大工件直径
		5	插齿机	1	插齿机	1/10	最大工件直径
				2	端面齿插齿机	1/10	最大工件直径
				3	非圆齿轮插齿机	1/10	最大工件回转直径
				4	万能斜齿插齿机	1/10	最大工件直径
				5	人字齿轮插齿机	1/10	最大工件直径
				6	扇形齿轮插齿机	1/10	最大工件直径
				8	齿条插齿机	1/10	最大工件长度
		6	花键轴铣床	0	花键轴铣床	1/10	最大铣削直径
				2	万能花键轴铣床	1/10	最大铣削直径
				4	瓦楞辊铣床	1/10	最大铣削直径
		7	齿轮磨齿机	0	碟形砂轮磨齿机	1/10	最大工件直径
				1	锥形砂轮磨齿机	1/10	最大工件直径
				2	蜗杆砂轮磨齿机	1/10	最大工件直径
				3	成形砂轮磨齿机	1/10	最大工件直径
				4	大平面砂轮磨齿机	1/10	最大工件直径
				5	内齿轮磨齿机	1/10	最大工件顶圆直径
				6	摆线齿轮磨齿机	1/10	最大工件直径
			其他齿轮加工机	0	车齿机	1/10	最大工件直径
				1	齿轮挤齿机	1/10	最大工件直径
				2	内齿轮挤齿机	1/10	最大工件直径
				5	齿条铣齿机	1/10	最大工件直径
				6	人字齿轮铣齿机	1/10	最大工件直径
				7	人字齿轮刨齿机	1/10	最大工件直径
				8	弧面锥链轮刨齿机	1/10	最大工件直径
				9	蜗杆珩轮修磨机	1/10	最大工件直径
		9	齿轮倒角及检查机	0	锥齿轮淬火机	1/10	最大工件直径
				1	轴锥齿轮淬火机	1/10	最大工件直径
				2	锥齿轮倒角机	1/10	最大工件直径
				3	齿轮倒角机	1/10	最大工件直径
				4	齿轮倒棱机	1/10	最大工件直径
				5	锥齿轮滚动检查机	1/10	最大工件直径
				8	弧齿锥齿轮铣刀盘检查机	1/10	最大刀盘直径
				9	齿轮噪声检查机	1/10	最大工件直径

续表

类		组		系		主参数	
代号	名称	代号	名称	代号	名称	折算系数	名称
S	螺纹加工机床	3	套丝机	0	套丝机	1	最大套丝直径
		4	攻丝机	0	台式攻丝机	1	最大套丝直径
				1	立式攻丝机	1	最大套丝直径
				2	螺母攻丝机	1	最大套丝直径
				4	柜式攻丝机	1	最大套丝直径
				6	卧式钻孔攻丝机	1	最大套丝直径
				7	板牙攻丝机	1	最大套丝直径
				8	卧式攻丝机	1/10	最大套丝直径
		6	螺纹铣床	0	丝杠铣床	1/10	最大铣削直径
				1	螺纹铣床	1/10	最大铣削直径
				2	短螺纹铣床	1/10	最大铣削直径
				3	万能螺纹铣床	1/10	最大铣削直径
				5	蜗杆铣床	1/10	最大工件直径
		7	螺纹磨床	2	丝锥磨床	1/10	最大磨削直径
				3	螺纹磨床	1/10	最大工件直径
				4	丝杠磨床	1/10	最大工件直径
				5	万能螺纹磨床	1/10	最大工件直径
				6	内螺纹磨床	1/10	最大磨削直径
				7	蜗杆磨床	1/10	最大工件直径
				8	滚刀铲磨床	1/10	最大工件直径
				9	小模数滚刀铲磨床	1/10	最大工件直径
		8	螺纹车床	5	螺母车床	1	最大车削直径
				6	丝杠车床	1/100	最大工件长度
				7	螺纹车床	1/10	最大车削直径
				8	丝锥螺纹车床	1/10	最大车削直径
				9	多头螺纹车床	1/10	最大车削直径
X	铣床	0	仪表铣床	1	台式工具铣床	1/10	工作台面宽度
				2	台式车铣床	1/10	工作台面宽度
				3	台式仿形铣床	1/10	工作台面宽度
				4	台式超精铣床	1/10	工作台面宽度
				5	立式台铣床	1/10	工作台面宽度
				6	卧式台铣床	1/10	工作台面宽度
		1	悬臂及滑枕铣床	0	悬臂铣床	1/100	工作台面宽度
				1	悬臂镗铣床	1/100	工作台面宽度
				2	悬臂磨铣床	1/100	工作台面宽度
				3	定镗铣床	1/100	工作台面宽度
				6	卧式滑枕铣床	1/100	工作台面宽度
				7	立式滑枕铣床	1/100	工作台面宽度
		2	龙门铣床	0	龙门铣床	1/100	工作台面宽度
				1	龙门镗铣床	1/100	工作台面宽度
				2	龙门磨铣床	1/100	工作台面宽度
				3	定梁龙门铣床	1/100	工作台面宽度
				4	定梁龙门镗铣床	1/100	工作台面宽度
				6	龙门移动铣床	1/100	工作台面宽度
				7	定梁龙门移动铣床	1/100	工作台面宽度
				8	落地龙门镗铣床	1/100	工作台面宽度

续表

类		组		系		主参数	
代号	名称	代号	名称	代号	名称	折算系数	名称
X	铣床	3	平面铣床	0	圆台铣床	1/100	工作台面直径
				1	立式子面铣床	1/100	工作台面宽度
				3	单柱平面铣床	1/100	工作台面宽度
				4	双柱平面铣床	1/100	工作台面宽度
				5	端面铣床	1/100	工作台面宽度
				6	双端面铣床	1/100	工作台面宽度
				8	落地端面铣床	1/100	最大铣轴垂直移动距离
		4	仿形铣床	1	平面刻模铣床	1/10	缩放仪中心距
				2	立替刻模铣床	1/10	缩放仪中心距
				3	平面仿形铣床	1/10	最大铣削宽度
				4	立体仿形铣床	1/10	最大铣削宽度
				5	立式立体仿形铣床	1/10	最大铣削宽度
				6	叶片仿形铣床	1/10	最大铣削宽度
				7	立式叶片仿形铣床	1/10	最大铣削宽度
		5	立式升降台铣床	0	立式升降台铣床	1/10	工作台面宽度
				1	立式升降台镗铣床	1/10	工作台面宽度
				2	摇臂铣床	1/10	工作台面宽度
				3	万能摇臂铣床	1/10	工作台面宽度
				4	摇臂镗铣床	1/10	工作台面宽度
				5	转塔升降台铣床	1/10	工作台面宽度
				6	立式滑枕升降台铣床	1/10	工作台面宽度
				7	万能滑枕升降台铣床	1/10	工作台面宽度
				8	圆弧铣床	1/10	工作台面宽度
		6	卧式升降台铣床	0	卧式升降台铣床	1/10	工作台面宽度
				1	万能升降台铣床	1/10	工作台面宽度
				2	万能回转头铣床	1/10	工作台面宽度
				3	万能摇臂铣床	1/10	工作台面宽度
				4	卧式回转头铣床	1/10	工作台面宽度
				5	广用万能铣床	1/10	工作台面宽度
				6	卧式滑枕升降台铣床	1/10	工作台面宽度
		7	床身铣床	1	床身铣床	1/100	工作台面宽度
				2	转塔床身铣床	1/100	工作台面宽度
				3	立柱移动床身铣床	1/100	工作台面宽度
				4	立柱移动转塔床身铣床	1/100	工作台面宽度
				5	卧式回转头铣床	1/100	工作台面宽度
				6	立柱移动卧式床身铣床	1/100	工作台面宽度
				7	滑枕床身铣床	1/100	工作台面宽度
				9	立柱移动卧式床身铣床	1/100	工作台面宽度
		8	工具铣床	1	万能工具铣床	1/10	工作台面宽度
				3	钻头铣床	1	最大钻头直径
				5	立铣刀槽铣床	1	最大铣刀直径
		9	其他铣床	0	六角螺母槽铣床	1	最大六角螺母对边宽度
				1	曲轴铣床	1/10	刀盘直径
				2	键槽铣床	1	最大键槽宽度
				4	轧辊轴颈铣床	1/100	最大铣削直径
				7	转子槽铣床	1/100	最大转子本体直径
				8	螺旋桨铣床	1/100	最大工作直径

续表

类		组		系		主参数	
代号	名称	代号	名称	代号	名称	折算系数	名称
B	刨插床	1	悬臂刨床	0	悬臂刨床	1/100	最大刨削宽度
				1	仿形悬臂刨床	1/100	最大刨削宽度
				2	悬臂铣磨刨床	1/100	最大刨削宽度
				3	悬臂铣刨床	1/100	最大刨削宽度
				5	悬臂磨刨床	1/100	最大刨削宽度
				7	单柱刨床	1/100	最大刨削宽度
		2	龙门刨床	0	龙门刨床	1/100	最大刨削宽度
				1	仿形龙门刨床	1/100	最大刨削宽度
				2	龙门铣磨刨床	1/100	最大刨削宽度
				3	龙门铣刨床	1/100	最大刨削宽度
				4	定梁龙门刨床	1/100	最大刨削宽度
				5	龙门磨刨床	1/100	最大刨削宽度
				7	双柱刨床	1/100	最大刨削宽度
		5	插床	0	插床	1/10	最大插削长度
				2	键槽插床	1/10	最大插削长度
				8	剃齿刀插床	1/10	最大插削长度
		6	牛头刨床	0	牛头刨床	1/10	最大刨削长度
				2	水平移动牛头刨床	1/10	最大刨削长度
				6	落地牛头铣刨床	1/100	最大刨削长度
		8	边缘及模具刨床	1	板料边缘刨床	1/100	最大刨削长度
				8	模具刨床	1/10	最大刨削长度
		9	其他刨床	1	钢轨道岔刨床	1/100	最大刨削长度
				2	电梯导轨刨床	1/100	最大刨削长度
G	拉床	2	侧拉床	1	侧拉床	1/10	额定拉力
				2	双工位侧拉床	1/10	额定拉力
		3	卧式外拉床		卧式外拉床	1/10	额定拉力
		4	连续拉床	1	连续拉床	1/10	额定拉力
		5	立式内拉床	1	立式内拉床	1/10	额定拉力
				2	双滑板立式内拉床	1/10	额定拉力
				5	双缸立式内拉床	1/10	额定拉力
				7	上拉式立式内拉床	1/10	额定拉力
		6	卧式内拉床	1	卧式内拉床	1/10	额定拉力
				8	卧式深孔螺旋内拉床	1/10	额定拉力
		7	立式外拉床	1	立式外拉床	1/10	额定拉力
				2	双滑板立式外拉床	1/10	额定拉力
		8	键槽、轴瓦及螺纹拉床	1	卧式轴瓦平面拉床	1/10	额定拉力
				2	卧式轴瓦圆弧拉床	1/10	额定拉力
				3	立式轴瓦圆弧拉床	1/10	额定拉力
				4	立式轴瓦平面拉床	1/10	额定拉力
				5	键槽拉床	1/10	额定拉力
				7	卧式内螺纹拉床	1/100	额定扭矩
				8	立式内螺纹拉床	1/100	额定扭矩
		9	其他拉床	1	气缸体平面拉床	1/10	额定拉力

续表

类		组		系			主参数
代号	名称	代号	名称	代号	名称	折算系数	名称
G	锯床	2	砂轮片锯床	2	卧式砂轮片锯床	1/10	最大锯削直径
				3	悬挂式砂轮片锯床	1/10	最大锯削直径
				4	摆动式砂轮片锯床	1/10	最大锯削直径
		4	卧式带锯床	0	卧式带锯床	1/10	最大锯削直径
				2	立柱卧式带锯床	1/10	最大锯削直径
				5	立卧两用带锯床	1/10	最大锯削直径
		5	力式带锯床	1	立式带锯床	1/10	最大锯削厚度
				2	可倾立式带锯床	1/10	最大锯削厚度
				4	大喉深立式带锯床	1/10	最大锯削厚度
				6	砂线锯床	1/10	最大锯削厚度
				7	砂带锯床	1/10	最大锯削厚度
		6	圆锯床	0	卧式圆锯床	1/100	最大圆锯片直径
				2	摆式圆锯床	1/100	最大圆锯片直径
				5	立式圆锯床	1/100	最大圆锯片直径
		7	弓锯床	0	滑枕卧式弓锯床	1/10	最大锯削直径
				1	夹板卧式弓锯床	1/10	最大锯削直径
				2	立朴卧式弓锯床	1/10	最大锯削直径
		8	锉锯床	0	锉锯床	1/10	工作台面宽度或直径
Q	其他机床	0	其他仪表机床	4	光学玻璃加工机床		—
				5	凸轮加工机		—
				7	电表轴尖加工机床		—
				8	宝石玛瑙加工机床		—
		1	管子加工机床	0	管子内螺纹加工机	1/10	最大加工直径
				1	管子切断机	1/10	最大加工直径
				2	管端螺纹加工机	1/10	最大加工直径
				3	管子车丝机	1/10	最大加工直径
				4	管接头切断机	1/10	最大加工直径
				5	管接头锥孔镗床	1/10	最大加工直径
				6	管接头车丝机	1/10	最大加工直径
				7	管接头拧接机	1/10	最大加工直径
				8	管接头外螺纹加工机	1/10	最大加工直径
				9	管端倒角机	1/10	最大加工直径
		2	木螺钉加工机	0	木螺钉切口机	1	最大工件直径
				1	木螺钉螺纹加工机	1	最大工件直径
		4	刻线机	0	圆刻线机	1/100	最大加工长度
				1	长刻线机	1/100	最大加工长度
				7	缩放刻字机	1/10	缩放仪中心距
				8	缩放刻线机	1/10	最大行程
				9	光栅刻线机	1/10	最大行程
		5	切断机	0	矫正切断机	1	最大切料直径
				1	立式车刀切断机	1	最大切料直径
		6	多功能机床	0	多功能机床	1/10	床身上最大车削直径
				2	小型多功能机床	1/10	床身上最大车削直径
				4	组合式多功能机床	1/10	刀架上最大回转直径

(3) 机床的组、系代号　机床的组、系代号用两位阿拉伯数字表示，前一位表示组别，后一位表示系别。每类机床按其结构性能及使用范围分为10组，在同一组机床中，又按主参数相同、主要结构及布局形式相同分为10个系，分别用数字0～9表示。机床的组、系代号见表5-3。

(4) 机床主参数、设计顺序号和第二主参数　机床主参数是表示机床规格大小的一种尺寸参数。在机床型号中，用阿拉伯数字给出主参数的折算值，位于机床组、系代号之后。折算系数一般是1/10或1/100，也有少数是1。例如，CA6140型卧式机床中主参数的折算值为40（折算系数是1/10），其主参数表示在床身导轨面上能车削工件的最大回转直径为400mm。某些通用机床，当无法用一个主参数表示时，则用设计顺序号来表示。第二主参数是对主参数的补充，如最大工件长度、最大跨距、工作台工作面长度等，第二主参数一般不予给出。各类主要机床的主参数及折算系数见表5-4。

表5-4　各类主要机床的主参数及折算系数

机床	主参数名称	折算系数
卧式车床	床身上最大回转直径	1/10
立式车床	最大车削直径	1/100
摇臂钻床	最大钻孔直径	1/1
卧式镗床	镗轴直径	1/10
坐标镗床	工作台面宽度	1/10
外圆磨床	最大磨削直径	1/10
内圆磨床	最大磨削孔径	1/10
矩台平面磨床	工作台面宽度	1/10
齿轮加工机床	最大工件直径	1/10
龙门铣床	工作台面宽度	1/100
升降台铣床	工作台面宽度	1/10
龙门刨床	最大刨削宽度	1/100
插床及牛头刨床	最大插削及刨削长度	1/10
拉床	额定拉力(吨)	1/1

(5) 机床的重大改进顺序号　当机床的性能及结构有重大改进，并按新产品重新设计、试制和鉴定时，在原机床型号尾部加重大改进顺序号，按汉语拼音字母A、B、C……顺序选用。

(6) 其他特性代号　其他特性代号用以反映各类机床的特性。如对数控机床，可用来反映不同的数控系统；对于一般机床，可用来反映同一型号机床的变型等。其他特性代号可用汉语拼音字母或阿拉伯数字或二者的组合来表示。

(7) 企业代号　企业代号与其他特性代号表示方法相同，位于机床型号尾部，用“-”与其他特性代号分开，读作“至”。若机床型号中无其他特性代号，仅有企业代号时，则不加“-”，企业代号直接写在“/”后面。

【案例】　介绍下列机床型号字母和数字的含义：MG1432A，Z3040×16/S2，CKM1116。

【解】　机床型号字母和数字代表含义如下。

MG1432A：表示高精度万能外圆磨床，最大磨削直径为320mm，经过第一次重大改进，无企业代号。

Z3040×16/S2：表示摇臂钻床，最大钻孔直径为40mm，最大跨距为1600mm，沈阳第二机床厂生产。

CKM1116：表示数控精密单轴纵切自动车床，最大车削棒料直径为1600mm。

2. 专用机床型号

专用机床型号一般由设计单位代号和设计顺序号组成，如图5-2所示。设计单位代号同通用机床型号中的企业代号，设计顺序号按各单位设计制造专用机床的先后顺序排列，由001开始，位于设计单位代号之后，用“-”隔开。例如B1-015，表示北京第一机床厂设计制造的第15种专用机床。

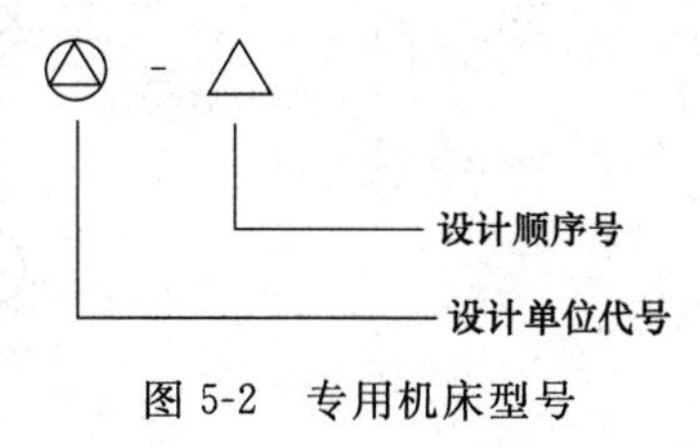

图5-2　专用机床型号

三、机床的技术参数

（1）尺寸参数　表示机床加工范围，包括主参数、第二主参数和其他参数。

（2）运动参数　指机床加工工件时所能提供的运动速度，包括主运动的速度范围、速度数列等。如主轴最高、最低转速，最大、最小进给量等。

（3）动力参数　指机床电动机的额定功率。

（4）精度参数　表示机床精度的参数，如主轴回转精度、工作台定位精度、重复定位精度等。

（5）刚度参数　表示机床刚度的参数，包括静刚度和动刚度。

第二节　零件表面的成形方法

一、零件表面的形状

机床在切削加工过程中，利用刀具和工件按一定规律做相对运动，通过刀具切除毛坯上多余的金属，从而得到所要求的零件表面形状。图5-3所示为机器零件上常见的各种表面。

机械零件的任何表面都可以看作是一条线（称为母线）沿另一条线（称为导线）运动的轨迹。如图5-4所示，平面是由一条直线（母线）沿另一条直线（导线）运动而形成的；圆柱面和圆锥面是由一条直线（母线）沿着一个圆（导线）运动而形成的；普通螺纹的螺旋面是由“∧”形线（母线）沿螺旋线（导线）运动而形成的；直齿圆柱齿轮的渐开线齿廓表面是渐开线（母线）沿直线（导线）运动而形成的。

母线和导线统称为发生线，切削加工中发生线是由刀具的切削刃与工件间的相对运动得到的。一般情况下，由切削刃本身或与工件相对运动配合形成一条发生线（一般是母线），而另一条发生线则完全是由刀具和工件之间的相对运动得到的。这里，刀具和工件之间的相对运动都是由机床来提供。

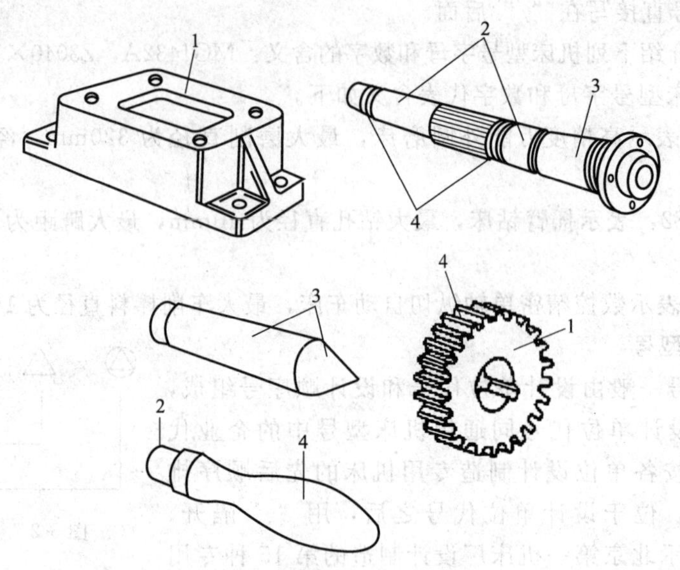

图 5-3 机械零件的常见表面

1—平面；2—圆柱面；3—圆锥面；4—成形表面

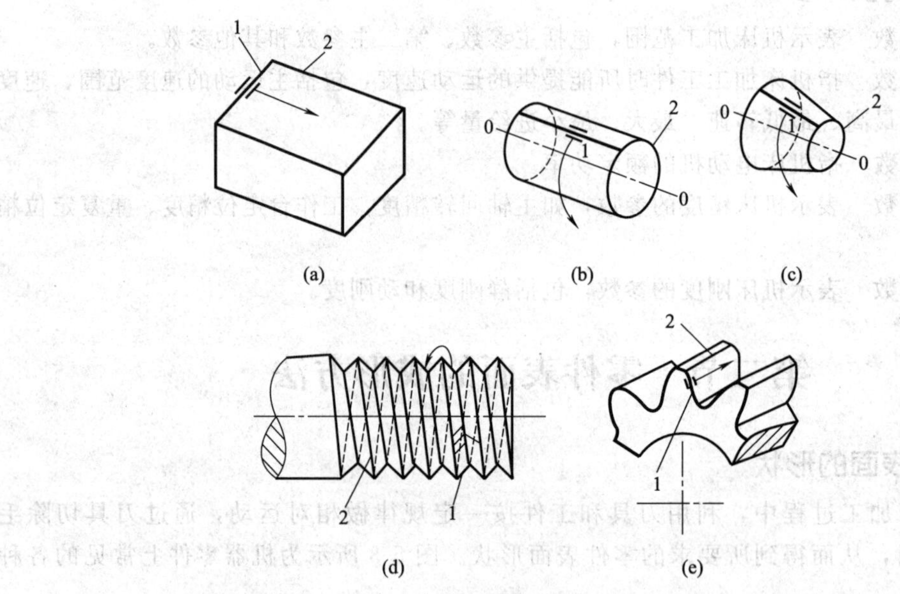

图 5-4 零件表面的成形

1—母线；2—导线

二、零件表面的成形方法

1. 轨迹法

它是利用刀具做一定规律的轨迹运动对工件进行加工的方法。切削刃与被加工表面为点接触，发生线为接触点的轨迹线。图 5-5（a）中母线 A_1（直线）和导线 A_2（曲线）均由刨刀的轨迹运动形成。采用轨迹法形成发生线需要一个独立的成形运动。

2. 成形法

它是利用成形刀具对工件进行加工的方法。切削刃的形状和长度与所需形成的发生线

（母线）完全重合。图 5-5（b）中，曲线形母线由成形刨刀的切削刃直接形成，直线形的导线则由轨迹法形成。

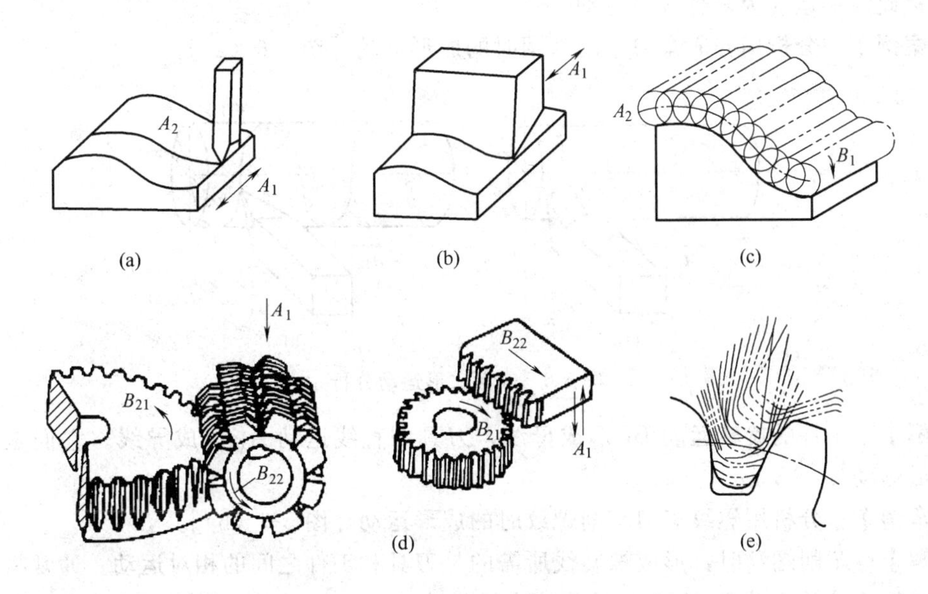

图 5-5　形成发生线的四种方法

3. 相切法

它是利用刀具边旋转边做轨迹运动对工件进行加工的方法。图 5-5（c）中，采用铣刀、砂轮等旋转刀具加工时，在垂直于刀具旋转轴线的截面内，切削刃可看作是点，当切削点绕着刀具轴线做旋转运动 B_1 同时刀具轴线沿着发生线的等距线做轨迹运动 A_2 时，切削点运动轨迹的包络线便是所需的发生线。为了用相切法得到发生线，需要两个独立的成形运动，即刀具的旋转运动和刀具中心按一定规律运动。

4. 展成法

它是利用工件和刀具做展成切削运动进行加工的方法。切削加工时，刀具与工件按确定的运动关系做相对运动（展成运动或称范成运动），切削刃与被加工表面相切（点接触），切削刃各瞬时位置的包络线，便是所需的发生线。如图 5-5（d）所示，用齿条形插齿刀加工圆柱齿轮，刀具沿箭头 A_1 方向所做的直线运动，形成直线形母线（轨迹法），而工件的旋转运动 B_{21} 和直线运动 B_{22}，使刀具能不断地对工件进行切削，其切削刃的一系列瞬时位置的包络线，便是所需要渐开线形导线，如图 5-5（e）所示。用展成法形成发生线需要一个独立的复合成形运动即展成运动。

第三节　表面成形运动和传动链

一、表面成形运动

1. 表面成形运动

表面成形运动是刀具和工件为形成发生线而做的相对运动。在机床上，就其性质而言，有直线运动和旋转运动两种，通常用符号 A 表示直线运动，用符号 B 表示旋转运动。

表面成形运动按组成情况不同，可分为简单成形运动和复合成形运动。如果一个独立的成形运动是由独立的旋转运动或直线运动构成的，则此成形运动称为简单成形运动；如果一个独立的成形运动是由两个或两个以上旋转运动或直线运动按照某种确定的运动关系组合而成，则称此成形运动为复合成形运动。

【案例】 分析用普通车刀车削外圆时的成形运动［图 5-6（a)］。

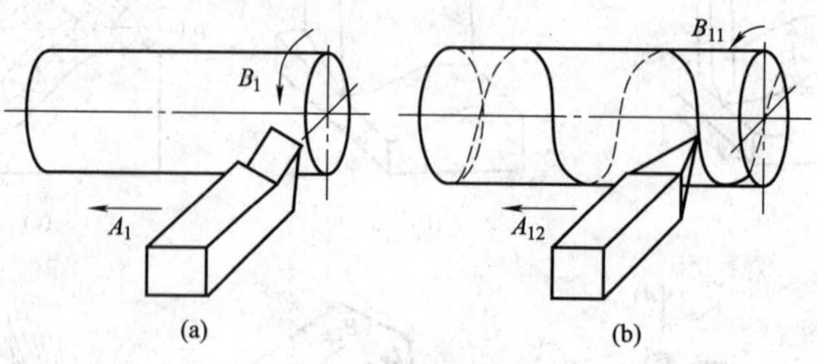

图 5-6 表面成形运动分析

【解】 工件的旋转运动 B_1 形成母线，刀具的直线运动 A_1 形成导线。它们是两个独立的成形运动。

【案例】 分析用螺纹车刀车削螺纹时的成形运动［图 5-6（b)］。

【解】 车削螺纹时，形成螺旋线所需的是刀具和工件之间的相对运动。通常将其分解为工件的等速旋转运动 B_{11} 和刀具的等速直线移动 A_{12}。B_{11} 和 A_{12} 不能彼此独立，它们之间必须保持严格的运动关系，即工件每转一转时，刀具就均匀地移动一个螺旋线导程。表面成形运动的总数为 1 个（$B_{11}A_{12}$），是复合成形运动。复合运动标注符号的下标含义为：第一位数字表示成形运动的序号（第一个、第二个……成形运动）；第二位数字表示构成同一个复合运动的单独运动的序号。

【案例】 分析用齿轮滚刀加工直齿圆柱齿轮时的成形运动（图 5-7）。

【解】 母线为渐开线，由展成法形成，需要一个复合成形运动，可分解为滚刀旋转 B_{11} 和工件旋转 B_{12}。B_{11} 和 B_{12} 之间必须保持严格的相对运动关系。导线为直线，由相切法形成，需要两个简单的成形运动，滚刀旋转和滚刀沿工件的轴向移动 A_2。表面成形运动的总数为 2 个，即 1 个复合成形运动 $B_{11}B_{12}$ 和一个简单的成形运动 A_2。

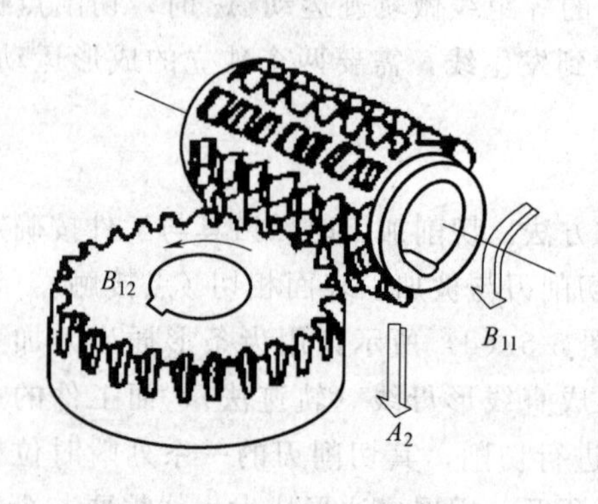

图 5-7 表面成形运动分析

2. 辅助运动

机床的运动除表面成形运动外，还需要一些辅助运动，以实现机床的各种辅助动作，完成零件的切削加工。机床的辅助运动主要有：空行程运动、切入运动、分度运动、操纵及控制运动、校正运动等。

二、机床的传动链

为了实现加工过程中的各种运动，机床必须具有执行件、动力源和传动装置三个基本部分。

执行件是机床上最终实现所需运动的部件。如主轴、刀架及工作台等，其主要任务是带动工件或刀具完成相应的运动并保持准确的运动轨迹。

动力源是为执行件提供运动和动力的装置。如交流异步电动机、直流或交流调速电动机或伺服电动机。

传动装置是传递运动和动力的装置。通过传动装置可以把动力和运动传递给执行件，也可以把有关的执行件联系起来，使执行件之间保持某种确定的相对运动关系。

为得到所需的运动，通常把动力源和执行件或把执行件和执行件联系起来，构成传动联系。

构成传动联系的一系列按顺序排列的传动件称为传动链。传动链分为外联系传动链和内联系传动链两种。

① 外联系传动链　动力源和执行件之间的传动联系称为外联系传动链。外联系传动链的作用是使执行件按预定的速度运动，并传递一定的动力。外联系传动链传动比的变化只影响执行件的速度，不影响发生线的性质，所以，外联系传动链不要求动力源和执行件之间保持严格的比例关系。

② 内联系传动链　执行件和执行件之间的传动联系称为内联系传动链。内联系传动链的作用是将两个或两个以上的独立运动组成复合成形运动，它决定着复合成形运动的轨迹，影响发生线的形状，所以，内联系传动链要求执行件和执行件之间保持严格的比例关系。

【案例】　举例说明常见的外联系传动链和内联系传动链。

【解】　在车床上用轨迹法车削外圆柱面属于外联系传动链；在车床上用螺纹车刀车削螺纹时，要求主轴每转一转，车刀必须移动一个导程，属于内联系传动链。

第四节　机床的传动原理图和传动系统

一、机床的传动原理图

在传动链中，通常包含两类传动机构：一类是定比传动机构，如定比齿轮副、蜗杆副、丝杠副等，其传动比大小和传动方向不变；另一类是换置机构，如滑移齿轮机构、挂轮机构和离合器换向机构等，它可以根据加工要求改变传动比大小和传动方向。

为便于研究机床的传动联系，通常采用简明符号把传动原理和传动路线表示出来，这就是传动原理图。传动原理图仅表示形成某一表面所需的成形运动和与表面成形运动有直接关系的运动及其传动联系。图 5-8 为常用的传动元件符号，图 5-9 为卧式车床的传动原理图。

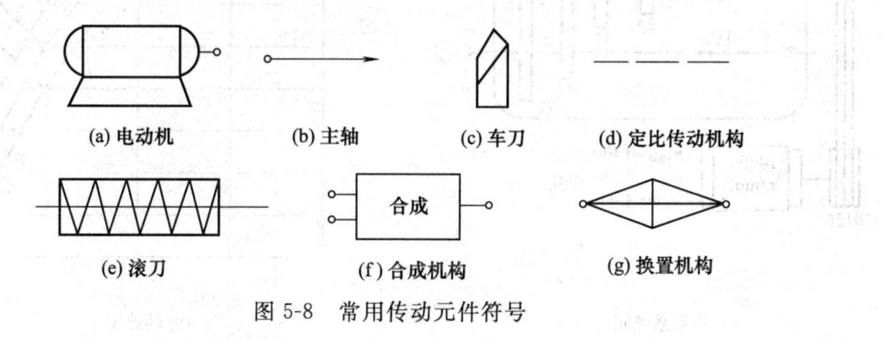

图 5-8　常用传动元件符号

【案例】　分析图 5-9 所示的卧式车床的传动原理。

【解】　图 5-9 中，外联系传动链为 $n_{电动机}$—1—2—u_v—3—4—$n_{主轴}$，u_v 为主轴变速和换向的换置机构；内联系传动链为 $n_{主轴}$—4—5—u_f—6—7—丝杠—刀具，调整 u_f 可以得到

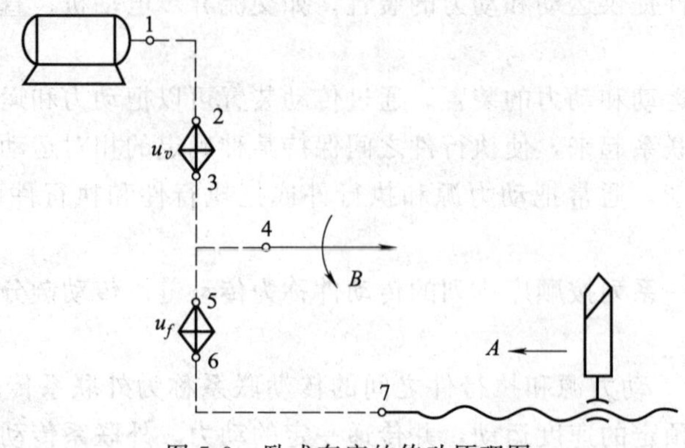

图 5-9 卧式车床的传动原理图

不同的螺纹导程。

二、机床的传动系统

1. 机床的传动系统图

机床的传动系统图是表示机床全部运动传动关系的示意图，它比传动原理图更准确、更清楚、更全面地反映了机床的传动关系。在图中用简单的规定符号代表各种传动元件（GB 4460—84）。机床的传动系统画在一个能反映机床外形和各主要部件相互位置的投影面上，并尽可能绘制在机床外形的轮廓线内。图中的各传动元件是按照运动传递的先后顺序，以展开图的形式画出来的。该图只表示传动关系，并不代表各传动元件的实际尺寸和空间位置。在图中通常注明齿轮及蜗轮的齿数、带轮直径、丝杠的导程和头数、电动机功率和转数、传动轴的编号等。传动轴的编号通常从动力源开始，按运动传递顺序，依次用罗马数字Ⅰ、Ⅱ、Ⅲ、Ⅳ……表示。图 5-10 所示为中型卧式车床的传动系统图和转速图。

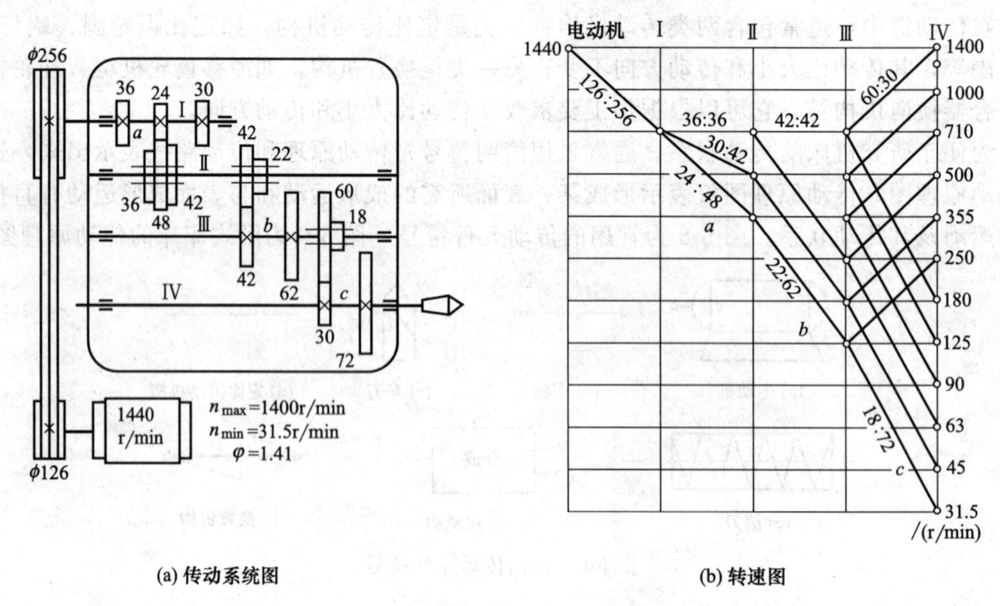

(a) 传动系统图 (b) 转速图

图 5-10 中型卧式车床的传动系统图和转速图

2. 机床转速图

机床转速图用来表达传动系统中各轴的转速变化规律及传动副的速比关系。图 5-10

(b) 所示为车床传动系统转速图。主轴转速共 12 级：31.5、45、63、90、125、180、250、355、500、710、1000、1400。公比 $\varphi=1.41$，转速级数为 12。

【案例】 对图 5-10 (b) 所示转速图进行分析。

【解】 转速图分析如下。

① 距离相等的一组竖线代表各轴，轴号写在竖线上面，从左往右依次标注电动机、Ⅰ、Ⅱ、Ⅲ、Ⅳ轴。

② 距离相等的一组横线代表各级转速，相交点代表各轴的转速。由于分级变速机构的转速一般按等比数列排列，所以转速采取对数坐标，相邻横线之间的距离为 $\lg\varphi$，φ 为公比。

③ 各轴之间的连线的倾斜方式表示传动副的传动比，向上倾斜表示升速传动，向下倾斜表示降速传动，水平表示等速传动。

④ 倾斜的格数代表公比的指数。例如，轴Ⅰ和轴Ⅱ间的传动比 $24/48=1/2\approx\varphi^{-2}$，表现在转速图上为降两格；轴Ⅰ和轴Ⅱ间的传动比 $30/42=1/1.4=\varphi^{-1}$，表现在转速图上为降一格；轴Ⅲ和轴Ⅳ间的传动比 $60/30=2/1\approx\varphi^{2}$，表现在转速图上为升两格。

3. 机床的传动分析

机床传动分析步骤如下。

① 确定传动链两端元件，找出传动链的始端元件和末端元件。

② 根据两端元件的相对运动要求确定计算位移。

③ 列出传动路线表达式。

④ 列出运动平衡方程式。

【案例】 根据图 5-10 所示的传动系统图，回答以下问题。

① 列出传动路线表达式。

② 计算主轴转速的级数。

③ 计算主轴转速的最大和最小速度。

【解】 ① 传动路线如下。

$$n_{电动机}-\frac{\phi126}{\phi256}-\text{Ⅰ}-\begin{bmatrix}\frac{36}{36}\\ \frac{24}{48}\\ \frac{30}{42}\end{bmatrix}-\text{Ⅱ}-\begin{bmatrix}\frac{42}{42}\\ \frac{22}{62}\end{bmatrix}-\text{Ⅲ}-\begin{bmatrix}\frac{60}{30}\\ \frac{18}{72}\end{bmatrix}-\text{Ⅳ}(n_{主轴})$$

② 主轴转速的级数为：3×2×2=12 级，通过电动机实现主轴的正反转。

③ 主轴的最大和最小转速分别为

$$n_{\max}=1440\times\frac{\phi126}{\phi256}\times\frac{36}{36}\times\frac{42}{42}\times\frac{60}{30}=1417.5$$

$$n_{\min}=1440\times\frac{\phi126}{\phi256}\times\frac{24}{48}\times\frac{22}{62}\times\frac{18}{72}=31.4$$

【案例】 图 5-11 所示为车螺纹的进给传动链，试确定挂轮的齿数。

【解】 根据螺纹进给传动链列出工件导程 P 和主轴之间的运动平衡方程式

$$P_{工件}=1\times\frac{60}{60}\times\frac{30}{45}\times\frac{a}{b}\times\frac{c}{d}\times12(丝杆导程)$$

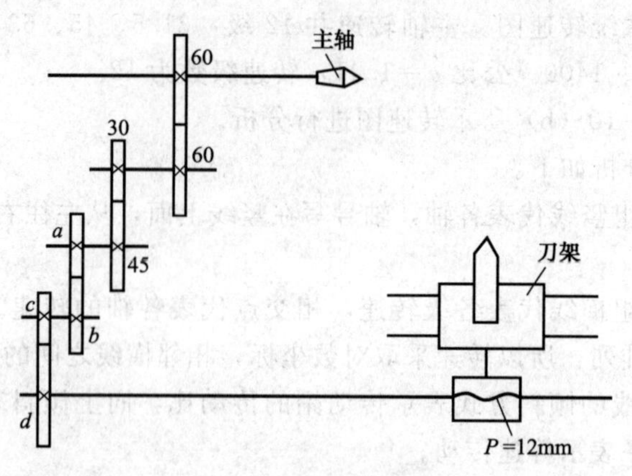

图 5-11 螺纹进给传动链

整理后，可得$\frac{a}{b}\times\frac{c}{d}=\frac{P_{工件}}{8}$，将要车削的工件导程代入式中，可以计算挂轮机构的传动比以及各齿轮的齿数。若取$P_{工件}=9$，可得各配换齿轮的齿数为

$$\frac{a}{b}\times\frac{c}{d}=\frac{P_{工件}}{8}=\frac{9}{8}=\frac{45}{30}\times\frac{60}{80}$$

则配换齿轮的齿数分别为$a=45$、$b=30$、$c=60$、$d=80$。

思 考 题

1. 解释机床型号的含义：CK7520、CG6125B、X6132、XK5040、Z3040、Y3150E。
2. 常见的工件表面成形方法有哪些？简要说明其原理。
3. 什么是表面成形运动？什么是简单成形运动和复合成形运动？
4. 什么是传动链？外联系传动链和内联系传动链有何不同？
5. 什么是传动原理图和传动系统图？各有何作用？
6. 简述机床的转速图及其意义？

第六章　车削加工

教学要求

掌握车削加工的工艺特征及应用范围。

掌握 CA6140 卧式车床的主传动系统。

理解 CA6140 卧式车床的进给传动系统。

掌握 CA6140 卧式车床的主要部件及其功能。

掌握车刀的类型及其用途。

第一节　CA6140 卧式车床概述

一、CA6140 卧式车床的工艺范围

CA6140 卧式车床工艺范围很广，适用于加工各种轴类、套筒类和盘类零件上回转表面，如车削内外圆柱面、圆锥面、环槽及成形回转面，车削端面及各种常用螺纹，还可以进行钻孔、扩孔、铰孔、滚花、攻螺纹和套螺纹等。图 6-1 所示为 CA6140 卧式车床的工艺范围。CA6140 卧式车床适用范围较大，但结构复杂、自动化程度低，加工形状复杂的工件时，加工过程中辅助时间较长，生产效率低，适用于单件小批量生产。

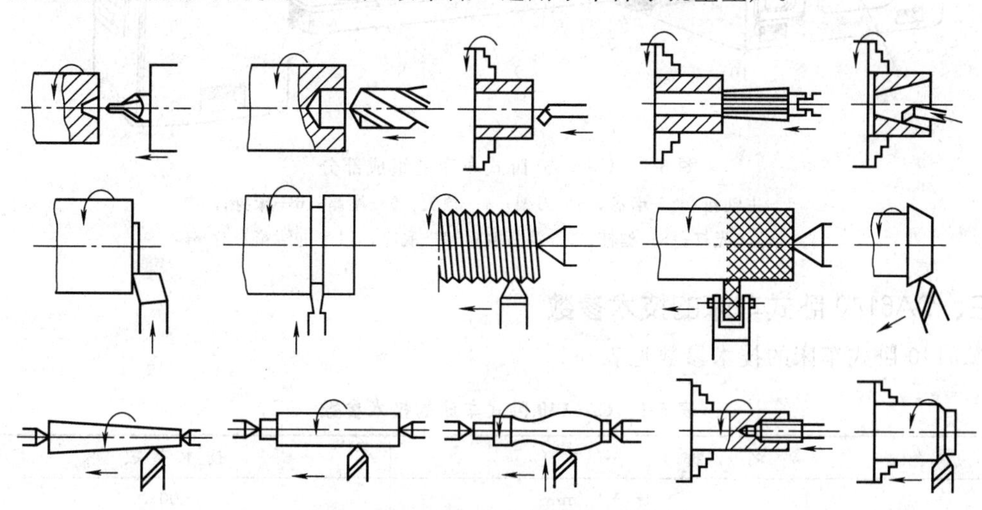

图 6-1　CA6140 卧式车床的工艺范围

二、CA6140 卧式车床的主要部件及功用（图 6.2）

（1）主轴箱　主轴箱 1 固定在床身 6 的左端，内部装有主轴和传动轴及变速、换向和润滑等机构。电动机经变速机构带动主轴旋转，实现主运动，并获得需要的转速及转向。主轴前端可安装三爪卡盘、四爪卡盘等附件，用以装夹工件。

（2）进给箱　进给箱 11 固定在床身 6 的左前侧面。进给箱 11 内装有进给运动的变速机

构。进给箱的功用是用来改变被加工螺纹的导程或机床的进给量。

(3) 溜板箱　溜板箱9固定在床鞍的底部，其功用是将进给箱通过光杠7或丝杠8传来的运动传递给刀架3，使刀架3进行纵向进给、横向进给或车螺纹运动。另外，通过操纵溜板箱上的手柄和按钮，可启动装在溜板箱中的快速电动机，实现刀架3的纵、横向快速移动。

(4) 床鞍　床鞍位于床身6的上部，并可沿床身6上的导轨做纵向移动，其上装有中溜板、回转盘、小溜板和刀架3，可使刀具做纵、横向或斜向进给运动。

(5) 尾座　尾座5安装于床身的尾座导轨上，可沿导轨做纵向调整移动，然后固定在需要的位置，以适应不同长度的工件。尾座上的套筒可安装顶尖4以及各种孔加工刀具，用来支承工件或对工件进行孔加工，摇动手轮使套筒移动可实现刀具的纵向进给。

(6) 床身　床身6固定在床腿上。床身是车床的基本支承件，车床的各主要部件均安装于床身上，它保证了各部件间具有准确的相对位置，并且承受了切削力和各部件的重量。

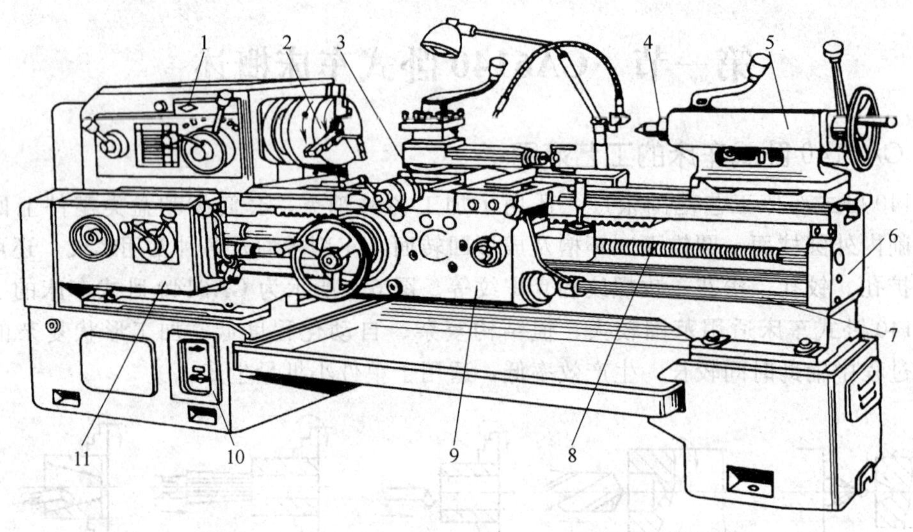

图 6-2　CA6140 卧式车床的组成部分

1—主轴箱；2—卡盘；3—刀架；4—顶尖；5—尾座；6—床身；
7—光杠；8—丝杠；9—溜板箱；10—底座；11—进给箱

三、CA6140 卧式车床的技术参数

CA6140 卧式车床的技术参数见表 6-1。

表 6-1　CA6140 卧式车床的技术参数

名　称		技术参数
工件最大直径	床身上/mm	400
	工件上/mm	210
顶尖间最大距离/mm		650、900、1400、1900
加工螺纹范围	公制螺纹/mm	1～12(20 种)
	英制螺纹/(牙/in㊀)	2～24(20 种)
	模数螺纹/mm	0.25～3(11 种)
	径节螺纹(*DP*)/(牙/in)	7～96(24 种)

续表

名　称		技术参数
主轴	通孔直径/mm	48
	孔锥度	莫氏 6#
	正转转速级数	24
	正转转速范围/(r/min)	10～1400
	反转转速级数	12
	反转转速范围/(r/min)	14～1580

第二节　CA6140 卧式车床的传动系统

为了完成工件所需表面的加工，车床的传动系统必须具备以下传动链：实现主轴旋转的主运动传动链；实现纵向和横向进给运动的进给传动链；实现螺纹进给运动的螺纹进给传动链；实现快速空行程运动的快速移动传动链。图 6-3 所示为 CA6140 卧式车床的传动系统图。

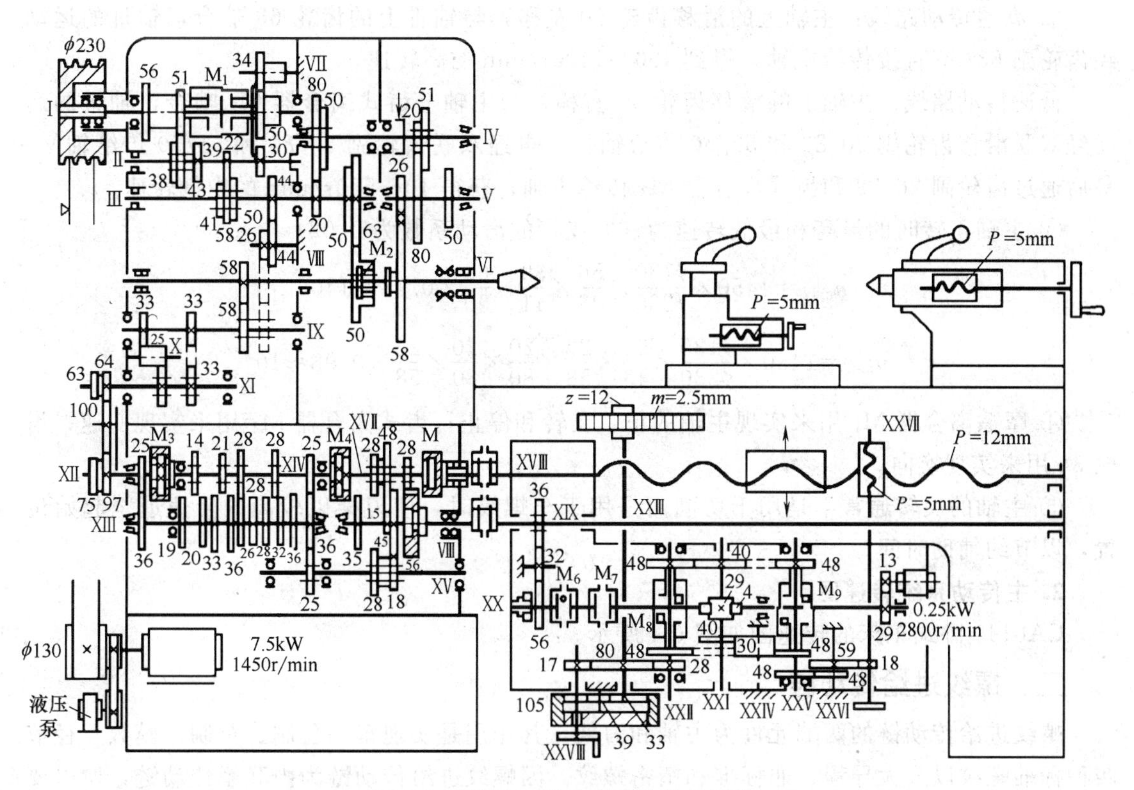

图 6-3　CA6140 卧式车床的传动系统

一、主运动传动链

1. 主运动传动路线

主运动传动链的两端元件是主电动机和主轴，它的功用是把动力源的运动或动力传递给主轴，使主轴带动工件旋转实现主运动。电动机的旋转运动经 V 带传动传到主轴箱的Ⅰ轴，

通过Ⅰ轴上的双向多片摩擦离合器 M_1 实现主轴的正、反转或停止。主运动传动链的传动路线为

$$n_{电动机}-\frac{\phi130}{\phi230}-\begin{bmatrix} M_{1左}-\begin{bmatrix}\frac{56}{38}\\ \\ \frac{51}{43}\end{bmatrix} \\ \\ M_{1右}-\frac{50}{34}-\mathrm{VII}-\frac{34}{30} \end{bmatrix}-\mathrm{II}-\begin{bmatrix}\frac{39}{41}\\ \\ \frac{22}{58}\\ \\ \frac{30}{50}\end{bmatrix}-\mathrm{III}-\begin{bmatrix}\begin{bmatrix}\frac{20}{80}\\ \\ \frac{50}{50}\end{bmatrix}-\mathrm{IV}-\begin{bmatrix}\frac{20}{80}\\ \\ \frac{51}{50}\end{bmatrix}-\mathrm{V}-\frac{26}{58}-M_2 \\ \\ \frac{63}{50}\end{bmatrix}-\mathrm{VI}$$

【案例】 根据 CA6140 的主运动传动链，回答以下问题。

① 计算该传动链主轴的转速级数？

② 指出其高速传动路线和低速传动路线？

③ 计算主传动链的最高转速和最低转速？

④ 指出摩擦离合器 M_1、齿式离合器 M_2 和齿轮 34 的作用？

⑤ 为什么反转的转速要高于正转转速？

【解】 ① CA6140 主轴的转速级数共 36 级，其中正转 24 级，反转 12 级。

② 高速传动路线：主轴上的滑移齿轮 50 左移，与轴Ⅲ上的齿轮 63 啮合，轴Ⅲ的运动经齿轮副 63/50 直接传给主轴，得到 450～1400r/min 的高转速。

低速传动路线：主轴上的滑移齿轮 50 右移，与主轴上齿式离合器 M_2 啮合，轴Ⅲ的运动经双联滑移齿轮副 20/80 和 50/50 传给轴Ⅳ，再经双联齿轮副 20/80 和 51/50 传给轴Ⅴ，最后通过齿轮副 26/58 和齿式离合器 M_2 传给主轴，获得 10～500r/min 的中低转速。

③ 主轴正转时的最高和最低转速为（取皮带的滑动系数为 0.02）

$$n_{\max}=1450\times\frac{\phi130}{\phi230}\times\frac{56}{38}\times\frac{39}{41}\times\frac{63}{50}\times0.98\approx1400$$

$$n_{\min}=1450\times\frac{\phi130}{\phi230}\times\frac{51}{43}\times\frac{22}{58}\times\frac{20}{80}\times\frac{20}{80}\times\frac{26}{58}\times0.98\approx10$$

④ 摩擦离合器 M_1 用来实现主轴的正、反转和停止；齿式离合器 M_2 用来实现变速；齿轮 34 用来实现换向。

⑤ 主轴的反转通常不是用于切削而是用于车螺纹时，使刀架以较高的转速退至起始位置，以节约辅助时间。

2. 主传动系统转速图

CA6140 卧式车床的转速图如图 6-4 所示。

二、螺纹进给传动链

螺纹进给传动链的两端元件为主轴和刀架，其作用是实现车削公制、英制、模数、径节四种标准螺纹以及大导程、非标准和精密螺纹。因螺纹进给传动链为内联系传动链，所以要求主轴每转 1 转，刀架准确地运动一个导程 P 的距离。

1. 车公制螺纹

（1）车公制螺纹的传动路线　车削公制螺纹时，主轴Ⅵ的运动经齿轮副 58/58、换向机构、挂轮机构传至进给箱，进给箱中的离合器 M_3、M_4 脱开，M_5 接合，再经齿轮副 25/36、换向机构、基本组 $u_{基}$、增倍组 $u_{倍}$ 和离合器 M_5，将运动传给丝杆ⅩⅧ，从而带动刀架完成

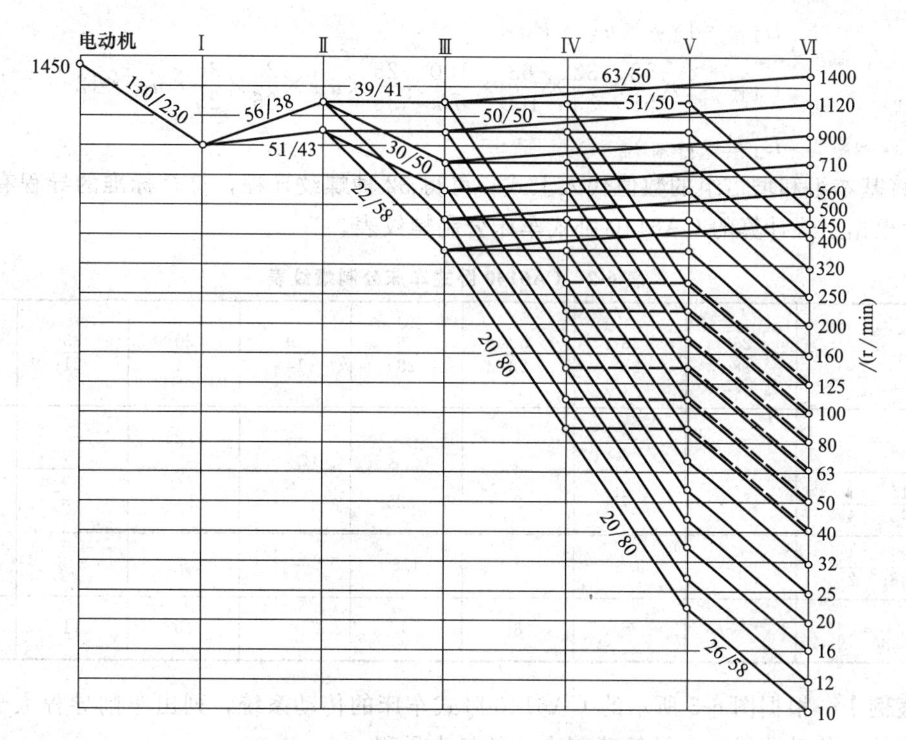

图 6-4　CA6140 卧式车床的转速图

公制螺纹的车削加工。车公制螺纹的传动路线为

$$主轴Ⅵ-\frac{58}{58}-Ⅸ-\begin{bmatrix}\frac{33}{33}(右旋)\\ \frac{33}{25}\times\frac{25}{33}(左旋)\end{bmatrix}-Ⅺ-\frac{63}{100}\times\frac{100}{75}-Ⅻ-\frac{25}{36}-ⅩⅢ-u_{基}-ⅩⅣ-$$

$$-\frac{25}{36}\times\frac{36}{25}-ⅩⅤ-u_{倍}-ⅩⅦ-M_5-ⅩⅧ(丝杠)-刀架$$

(2) 基本螺距机构　进给箱中轴ⅩⅢ和ⅩⅣ之间的滑移变速机构，是由轴ⅩⅢ上的 8 个固定齿轮和轴ⅩⅣ上的 4 个滑移齿轮组成，共有 8 种传动比。它们近似按等差数列规律排列，这种变速机构是获得各种螺纹导程的基本机构，称为基本螺距机构，也叫基本组。基本组的传动比为

$$u_{基1}=26/28=6.5/7\quad u_{基2}=28/28=7/7\quad u_{基3}=32/28=8/7\quad u_{基4}=36/28=9/7$$

$$u_{基5}=19/14=9.5/7\quad u_{基6}=20/14=10/7\quad u_{基7}=33/21=11/7\quad u_{基8}=36/21=12/7$$

(3) 增倍机构　轴ⅩⅤ和ⅩⅦ之间的变速机构可变换 4 种传动比，它们依次相差 2 倍。此变速机构的目的是将基本组的传动比成倍增加或缩小，用于扩大机床车削螺纹的导程，称为增倍机构或增倍组。增倍组的传动比为

$$u_{倍1}=\frac{28}{35}\times\frac{35}{28}=\frac{1}{1}\quad u_{倍2}=\frac{18}{45}\times\frac{35}{28}=\frac{1}{2}\quad u_{倍3}=\frac{28}{35}\times\frac{15}{48}=\frac{1}{4}\quad u_{倍4}=\frac{18}{45}\times\frac{15}{48}=\frac{1}{8}$$

(4) 运动平衡方程式　车削公制螺纹的运动平衡方程式为

$$L_{工件}=1_{主轴}\times u_{总}\times P_{丝杠}$$

【案例】　根据车公制螺纹的传动路线，计算被加工工件的导程，用表格表示。

【解】　① 列出车削螺纹时的运动平衡方程式。

$$L_{工件}=1_{主轴}\times u_{总}\times P_{丝杠}$$

$$L_{工件}=1\times\frac{58}{58}\times\frac{33}{33}\times\frac{63}{100}\times\frac{100}{75}\times\frac{25}{36}\times u_{基}\times\frac{25}{36}\times\frac{36}{25}\times u_{倍}\times 12$$

$$L_{工件}=7u_{基}u_{倍}$$

② 将基本组和增倍组的数值代入上式，可得 32 种螺纹导程，符合标准的导程有 20 种。表 6-2 为根据上式计算的 CA6140 卧式车床公制螺纹表。

表 6-2　CA6140 卧式车床公制螺纹表

$u_{倍}$ \ L/mm \ $u_{基}$	$\frac{26}{28}$	$\frac{28}{28}$	$\frac{32}{28}$	$\frac{36}{28}$	$\frac{19}{14}$	$\frac{20}{14}$	$\frac{33}{21}$	$\frac{36}{21}$
$\frac{18}{45}\times\frac{15}{48}=\frac{1}{8}$	—	—	1	—	—	1.25	—	1.5
$\frac{28}{35}\times\frac{15}{48}=\frac{1}{4}$	—	1.75	2	2.25	—	2.5	—	3
$\frac{18}{45}\times\frac{35}{28}=\frac{1}{2}$	—	3.5	4	4.5	—	5	5.5	6
$\frac{28}{35}\times\frac{35}{28}=1$	—	7	8	9	—	10	11	12

【案例】　根据图 6-3 所示的 CA6140 卧式车床的传动系统，列出车削导程大于 12mm 的公制螺纹的传动路线，并计算公制螺纹的最大导程。

【解】　当需要车削导程大于 12mm 的公制螺纹时，应采用扩大导程的传动路线。首先，应将离合器 M_2 接合，主轴Ⅵ的运动经齿轮副 58/26 传至轴Ⅴ，经齿轮副 80/20 和滑移齿轮变速机构传至轴Ⅲ，再经齿轮副 44/44、26/58 传至轴Ⅸ，后面的传动路线和车正常导程螺纹的传动路线相同。

① 车扩大导程螺纹的传动路线为

$$主轴\text{Ⅵ}-\left[\frac{58}{26}-\text{Ⅴ}-\frac{80}{20}-\text{Ⅳ}-\begin{bmatrix}\frac{50}{50}\\\frac{80}{20}\end{bmatrix}-\text{Ⅲ}-\frac{44}{44}-\text{Ⅷ}-\frac{26}{58}\right]-\text{Ⅸ}$$

$$-\begin{bmatrix}\frac{33}{33}(右旋)\\\frac{33}{25}\times\frac{25}{33}(左旋)\end{bmatrix}-\text{Ⅺ}-\frac{63}{100}\times\frac{100}{75}-\text{Ⅻ}-\frac{25}{36}-\text{XIII}-u_{基}-\text{XIV}$$

$$-\frac{25}{36}\times\frac{36}{25}-\text{XV}-u_{倍}-\text{XVII}-M_5-\text{XVIII}(丝杠)-刀架$$

② 使用扩大导程的传动路线时，主轴Ⅵ和轴Ⅸ之间的传动比为

$$u_{扩1}=\frac{58}{26}\times\frac{80}{20}\times\frac{50}{50}\times\frac{44}{44}\times\frac{26}{58}=4$$

$$u_{扩2}=\frac{58}{26}\times\frac{80}{20}\times\frac{80}{20}\times\frac{44}{44}\times\frac{26}{58}=16$$

当主轴转速为 10～32r/min 时，可将正常螺纹导程扩大 16 倍；当主轴转速为 40～125r/min 时，可将正常螺纹导程扩大 4 倍。CA6140 车床车削公制螺纹的最大导程为 192mm。

2. 车英制螺纹

英制螺纹在英、美等英寸制国家中广泛应用，我国的部分管螺纹也采用英制螺纹。英制

螺纹的螺距参数以每英寸长度上的螺纹牙数（牙/in）表示。由于CA6140卧式车床的丝杠是公制螺纹，所以应将被加工的英制螺纹导程换算为以毫米为单位的公制螺纹相应导程，即

$$L_{\alpha}=\frac{1}{\alpha}(\text{in})=\frac{25.4}{\alpha}(\text{mm})$$

车英制螺纹时，需要进行以下变动：将车公制螺纹的基本组的主动和从动传动关系对调；将离合器M_3和M_5接合，M_4脱开，同时要求轴ⅩⅤ上的齿轮25左移，和轴ⅩⅢ上的齿轮36啮合。

（1）车英制螺纹的传动路线

$$\text{主轴Ⅵ}-\frac{58}{58}-\text{Ⅸ}-\begin{bmatrix}\frac{33}{33}(\text{右旋})\\ \frac{33}{25}\times\frac{25}{33}(\text{左旋})\end{bmatrix}-\text{Ⅺ}-\frac{63}{100}\times\frac{100}{75}-\text{Ⅻ}-M_3-$$

$$\text{ⅩⅣ}-\frac{1}{u_{基}}-\text{ⅩⅢ}-\frac{36}{25}-\text{ⅩⅤ}-u_{倍}-\text{ⅩⅦ}-M_5-\text{ⅩⅧ(丝杠)}-\text{刀架}$$

（2）运动平衡方程式

$$L_{\alpha}=1/\alpha(\text{in})=25.4/\alpha(\text{mm})$$

$$L_{\alpha}=1\times\frac{58}{58}\times\frac{33}{33}\times\frac{63}{100}\times\frac{100}{75}\times\frac{1}{u_{基}}\times\frac{36}{25}\times u_{倍}\times12=\frac{4}{7}\times25.4\times\frac{u_{倍}}{u_{基}}$$

将L_{α}代入运动平衡方程式，可以求出英制螺纹的牙数$\alpha=\frac{7}{4}\times\frac{u_{基}}{u_{倍}}$。变换基本组和增倍组的传动比，即可得到各种标准的英制螺纹。表6-3为CA6140卧式车床英制螺纹表。

表6-3　CA6140卧式车床英制螺纹表

α/(牙/in)　$u_{基}$ / $u_{倍}$	$\frac{26}{28}$	$\frac{28}{28}$	$\frac{32}{28}$	$\frac{36}{28}$	$\frac{19}{14}$	$\frac{20}{14}$	$\frac{33}{21}$	$\frac{36}{21}$
$\frac{18}{45}\times\frac{15}{48}=\frac{1}{8}$	—	14	16	18	19	20	—	24
$\frac{28}{35}\times\frac{15}{48}=\frac{1}{4}$	—	7	8	9	—	10	11	12
$\frac{18}{45}\times\frac{35}{28}=\frac{1}{2}$	$3\frac{1}{4}$	$3\frac{1}{2}$	4	$4\frac{1}{2}$	—	5	—	6
$\frac{28}{35}\times\frac{35}{28}=1$	—	—	2	—	—	—	—	3

【案例】　在CA6140卧式车床上车削英制螺纹，已知$\alpha=4\frac{1}{2}$牙/in，试选择基本组和增倍组的传动比，并写出车削英制螺纹的传动路线。

【解】　根据表6-2所示，基本组的传动比为36/28；增倍组的传动比为$\frac{18}{45}\times\frac{35}{28}$。传动路线请自行列出。

3. 车模数螺纹

模数螺纹主要用在公制蜗杆中，用模数m表示螺距的大小。模数螺纹的导程为$L_m=k\pi m$。

（1）车模数螺纹的传动路线

$$主轴Ⅵ-\frac{58}{58}-Ⅸ-\begin{bmatrix}\frac{33}{33}(右旋)\\ \frac{33}{25}\times\frac{25}{33}(左旋)\end{bmatrix}-Ⅺ-\frac{64}{100}\times\frac{100}{97}-Ⅻ-\frac{25}{36}-ⅩⅢ-u_{基}-ⅩⅣ-$$

$$-\frac{25}{36}\times\frac{36}{25}-ⅩⅤ-u_{倍}-ⅩⅦ-M_5-ⅩⅧ(丝杠)-刀架$$

（2）运动平衡方程式

$$L_m=k\pi m$$

$$L_m=1\times\frac{58}{58}\times\frac{33}{33}\times\frac{64}{100}\times\frac{100}{97}\times\frac{25}{36}\times u_{基}\times\frac{25}{36}\times\frac{36}{25}\times u_{倍}\times12$$

$$L_m\approx\frac{7\pi}{4}u_{基}u_{倍}=k\pi m$$

根据运动平衡方程式，可以求出模数螺纹的模数 $m=\frac{7}{4k}u_{基}u_{倍}$（k 为螺纹的头数）。变换基本组和增倍组的传动比，即可得到各种标准的模数螺纹。表 6-4 为 CA6140 卧式车床模数螺纹表。

表 6-4 CA6140 卧式车床模数螺纹表

m/mm $u_{基}$ $u_{倍}$	$\frac{26}{28}$	$\frac{28}{28}$	$\frac{32}{28}$	$\frac{36}{28}$	$\frac{19}{14}$	$\frac{20}{14}$	$\frac{33}{21}$	$\frac{36}{21}$
$\frac{18}{45}\times\frac{15}{48}=\frac{1}{8}$	—	—	0.25	—	—	—	—	—
$\frac{28}{35}\times\frac{15}{48}=\frac{1}{4}$	—	—	0.5	—	—	—	—	—
$\frac{18}{45}\times\frac{35}{28}=\frac{1}{2}$	—	—	1	—	—	1.25	—	1.5
$\frac{28}{35}\times\frac{35}{28}=1$	—	1.75	2	2.25	—	2.5	2.75	3

4. 车径节螺纹

径节螺纹主要用在英制蜗杆中，其标准值用径节（DP）表示。径节代表齿轮或蜗轮折算到每英寸分度圆上的齿数，所以，英制蜗杆的轴向齿距为 $L_{DP}=\frac{k\pi}{DP}(\text{in})=\frac{25.4k\pi}{DP}$（mm）。

标准径节也按分段等差数列排列，径节螺纹导程的排列规律与英制螺纹相同，只是含有特殊因子 25.4π。车削径节螺纹时，可采用车削英制螺纹的传动路线，但挂轮机构需更换为 $\frac{64}{100}\times\frac{100}{97}$。

（1）径节螺纹的传动路线

$$主轴Ⅵ-\frac{58}{58}-Ⅸ-\begin{bmatrix}\frac{33}{33}(右旋)\\ \frac{33}{25}\times\frac{25}{33}(左旋)\end{bmatrix}-Ⅺ-\frac{64}{100}\times\frac{100}{97}-Ⅻ-M_3-$$

$$ⅩⅣ-\frac{1}{u_{基}}-ⅩⅢ-\frac{36}{25}-ⅩⅤ-u_{倍}-ⅩⅦ-M_5-ⅩⅧ(丝杠)-刀架$$

（2）运动平衡方程式

$$L_{DP}=k\pi/DP(\text{in})=25.4k\pi/DP(\text{mm})$$

$$L_{DP}=1\times\frac{58}{58}\times\frac{33}{33}\times\frac{64}{100}\times\frac{100}{97}\times\frac{1}{u_{基}}\times\frac{36}{25}\times u_{倍}\times 12$$

根据等式，化简后可以求得 $DP=7k\dfrac{u_{基}}{u_{倍}}$。变换基本组和增倍组的传动比，可得到常用的 24 种径节螺纹。表 6-5 为 CA6140 卧式车床径节螺纹表。

表 6-5　CA6140 卧式车床径节螺纹表

DP/(牙/in) $u_{基}$ / $u_{倍}$	$\frac{26}{28}$	$\frac{28}{28}$	$\frac{32}{28}$	$\frac{36}{28}$	$\frac{19}{14}$	$\frac{20}{14}$	$\frac{33}{21}$	$\frac{36}{21}$
$\frac{18}{45}\times\frac{15}{48}=\frac{1}{8}$	—	56	64	72	—	80	88	96
$\frac{28}{35}\times\frac{15}{48}=\frac{1}{4}$	—	28	32	36	—	40	44	48
$\frac{18}{45}\times\frac{35}{28}=\frac{1}{2}$	—	14	16	18	—	20	22	24
$\frac{28}{35}\times\frac{35}{28}=1$	—	7	8	9	—	10	11	12

5. 车非标准螺纹和精密螺纹

将进给箱中的齿式离合器 M_3、M_4、M_5 全部接合，被加工工件的导程依靠挂轮机构的传动比来实现，其运动平衡方程式为

$$L_{工件}=1\times\frac{58}{58}\times\frac{33}{33}\times u_{挂}\times 12$$

$$u_{挂}=\frac{a}{b}\times\frac{c}{d}=\frac{L_{工件}}{12}$$

只要给出被加工螺纹的导程，适当地选择挂轮的齿数，就可车出所需的非标准螺纹。同时，由于螺纹传动链不经过进给箱中的任何齿轮传动，减少了传动件制造误差和装配误差对非标准螺纹导程的影响，如果提高挂轮的制造精度，则可加工精密螺纹。

综上可见，CA6140 卧式车床通过改变挂轮机构、基本组、增倍组以及轴XII和轴XV之间移换机构的传动比，可以车削四种不同的标准螺纹。

【案例】　比较 CA6140 卧式车床车削四种标准螺纹的传动特征。

【解】　CA6140 卧式车床车削四种标准螺纹的传动特征见表 6-6。

表 6-6　CA6140 卧式车床车削四种标准螺纹的传动特征

螺纹种类	螺距/mm	挂轮机构	离合器状态	移换机构	基本组传动方向
公制螺纹	$L_{工件}$	$\frac{63}{100}\times\frac{100}{75}$	M_3、M_4 脱开，M_5 接合	轴XV 齿轮 25 右移	轴XIII-轴XIV
模数螺纹	$L_m=k\pi m$	$\frac{64}{100}\times\frac{100}{97}$			
英制螺纹	$L_a=\frac{25.4}{a}$	$\frac{63}{100}\times\frac{100}{75}$	M_3、M_5 接合 M_4 脱开	轴XV 齿轮 25 左移	轴XIV-轴XIII
径节螺纹	$L_{DP}=\frac{k\pi}{DP}$	$\frac{64}{100}\times\frac{100}{97}$			

三、纵向和横向进给传动链

为了减少丝杠的磨损和便于操纵，实现一般车削时刀架的机动进给，是由光杠经溜板箱传动。传动路线由主轴Ⅵ到进给箱ⅩⅦ的路线和车削公制、英制螺纹的传动路线相同，将离合器 M_5 脱开，再经齿轮副 28/56 传动至光杠，最后经溜板箱中的传动机构传至齿轮齿条机构和横向进给丝杠，实现刀架的纵向和横向机动进给。

1. 纵向进给传动链

$$\text{主轴Ⅵ}-\begin{bmatrix}\text{公制螺纹路线}\\\text{英制螺纹路线}\end{bmatrix}-\text{ⅩⅦ}-\frac{28}{56}-\text{ⅩⅨ}-\frac{36}{32}\times\frac{32}{56}-M_6-M_7-\text{ⅩⅩ}-\frac{4}{29}-$$

$$\text{ⅩⅩⅠ}-\begin{bmatrix}\frac{40}{48}-M_8\\\frac{40}{30}\times\frac{30}{48}-M_8\end{bmatrix}-\text{ⅩⅩⅡ}-\frac{28}{80}-\text{ⅩⅩⅢ}-\text{齿轮齿条机构}(z=12)-\text{刀架}$$

2. 横向进给传动链

$$\text{主轴Ⅵ}-\begin{bmatrix}\text{公制螺纹路线}\\\text{英制螺纹路线}\end{bmatrix}-\text{ⅩⅦ}-\frac{28}{56}-\text{ⅩⅨ}-\frac{36}{32}\times\frac{32}{56}-M_6-M_7-\text{ⅩⅩ}-\frac{4}{29}-$$

$$\text{ⅩⅩⅠ}-\begin{bmatrix}\frac{40}{48}-M_9\\\frac{40}{30}\times\frac{30}{48}-M_9\end{bmatrix}-\text{ⅩⅩⅤ}-\frac{48}{48}\times\frac{59}{18}-\text{ⅩⅩⅦ(丝杠)}-\text{刀架}$$

四、刀架的快速移动

刀架的纵向和横向快速移动是由快速移动电动机带动实现的。其传动路线为

$$n_{\text{快移电动机}}-\frac{13}{29}-\text{ⅩⅩ}-\frac{4}{29}-\text{ⅩⅩⅠ}-\begin{bmatrix}\frac{40}{48}-M_8\\\frac{40}{30}\times\frac{30}{48}-M_8\end{bmatrix}-\text{ⅩⅩⅡ}-\frac{28}{80}-\text{ⅩⅩⅢ}-\text{齿轮齿条机构}(z=12)-\text{刀架}$$

刀架快速纵向右移的速度为

$$v_{\text{纵右}}=2800\times\frac{13}{29}\times\frac{4}{29}\times\frac{40}{30}\times\frac{30}{48}\times\frac{28}{80}\times12\times\pi\times2.5=4.76\text{m/min}$$

第三节　CA6140 卧式车床的主要机构

一、主轴箱的主要机构

图 6-5 所示为 CA6140 卧式车床主轴箱的展开图。

展开图是按照传动轴的传动顺序，沿其轴心线剖切，并展开在一个平面上的装配图。展开图主要表示各传动件的传动关系，各传动轴及主轴上相关零件的结构形状、装配关系和尺寸，与箱体有关部分的轴向尺寸和结构。要完整地表示主轴箱的全部结构，仅有展开图是不够的，还需要加上若干剖面图、向视图和外形图。图 6-6 所示为 CA6140 卧式车床主轴箱展开图的剖面图。

1. 主轴组件

图 6-7 所示为 CA6140 卧式车床的主轴组件结构图，主轴前端锥孔用于安装顶尖或心

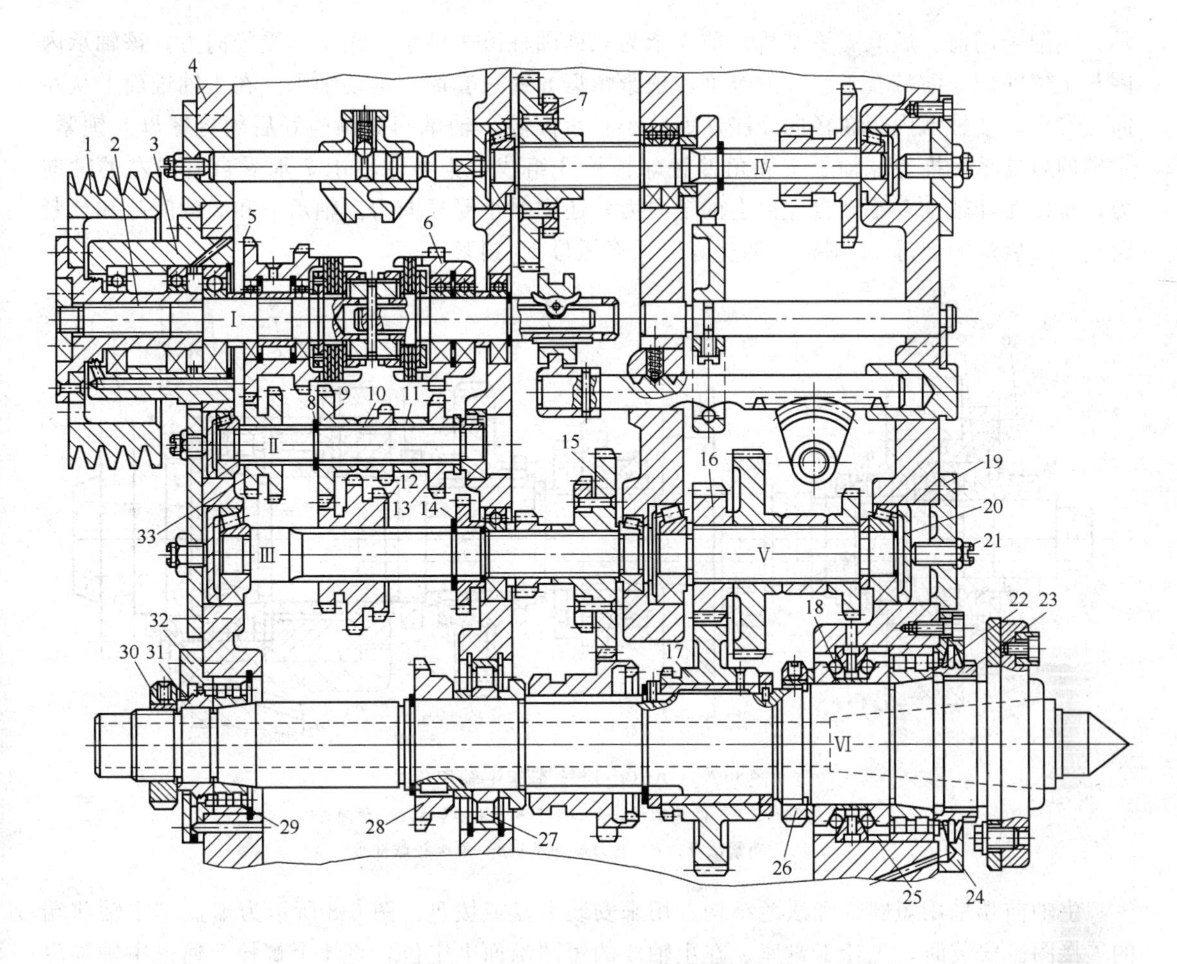

图 6-5　CA6140 卧式车床主轴箱展开图

1—带轮；2—花键套；3—法兰；4—主轴箱体；5—双联空套齿轮；6—空套齿轮；7,33—双联滑移齿轮；8—半圆环；9,10,13,14,28—固定齿轮；11,25—隔套；12—三联滑移齿轮；15—双联固定齿轮；16,17—斜齿轮；18—双向推力角接触球轴承；19—盖板；20—轴承压盖；21—调整螺钉；22,29—双列圆柱滚子轴承；23,26,30—螺母；24,32—轴承端盖；27—圆柱滚子轴承；31—套筒

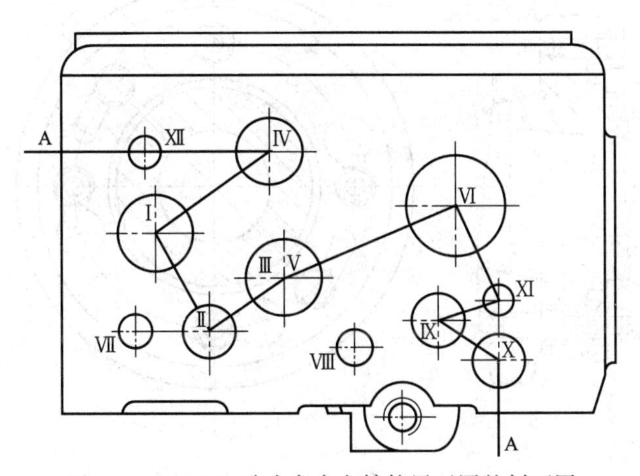

图 6-6　CA6140 卧式车床主轴箱展开图的剖面图

轴。主轴采用前、后双支承结构，前支承为双列圆柱滚子轴承，用于承受径向力。该轴承内圈与主轴的配合面带有1∶12的锥度，锁紧螺母5通过套筒4推动轴承3在主轴锥面上从左向右移动，使轴承内圈在径向膨胀从而减小轴承间隙，轴承间隙调整好后须将螺母5锁紧。主轴的后支承由推力球轴承7和角接触球轴承8组成，推力球轴承7承受自右向左的轴向力，角接触球轴承8承受自左向右的轴向力，还同时承受径向力。轴承7和8的间隙和预紧通过主轴后端的螺母10调整，调整好后须将螺母10锁紧。

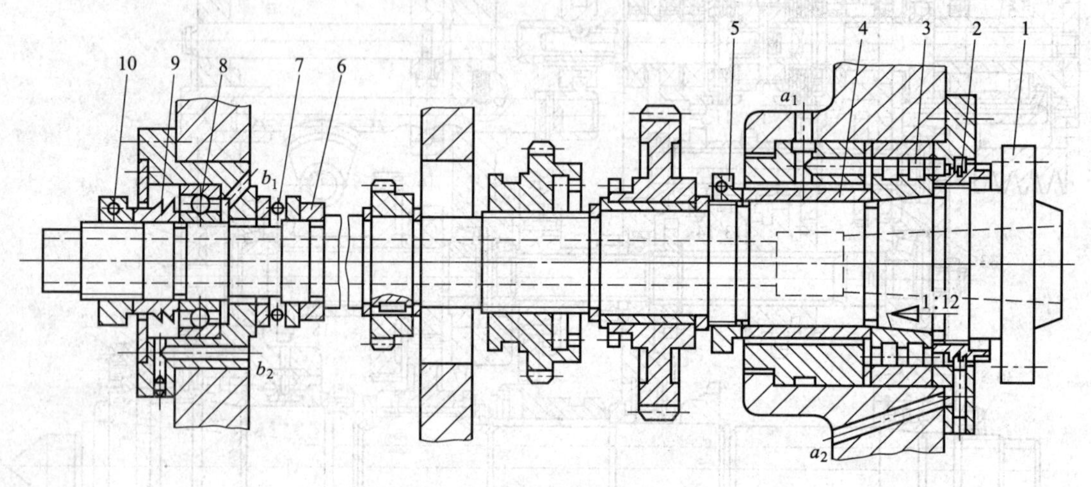

图 6-7 CA6140卧式车床主轴组件

1—主轴；2,9—调整螺母；3—圆柱滚子轴承；4,6—套筒；5,10—锁紧螺母；7—推力球轴承；8—角接触球轴承

主轴前端采用短圆锥和法兰结构，用来安装卡盘或拨盘。图6-8所示为卡盘与主轴前端的连接图。安装时，先让卡盘座4在主轴3的短圆锥面上定位，将4个螺栓5通过主轴轴肩及锁紧盘2上的孔拧入卡盘座4的螺孔中，再将锁紧盘2沿顺时针方向相对主轴转过一个角度，使螺栓5进入锁紧盘2的沟槽内，然后拧紧螺钉1和螺母6，即可将卡盘牢牢地安装在

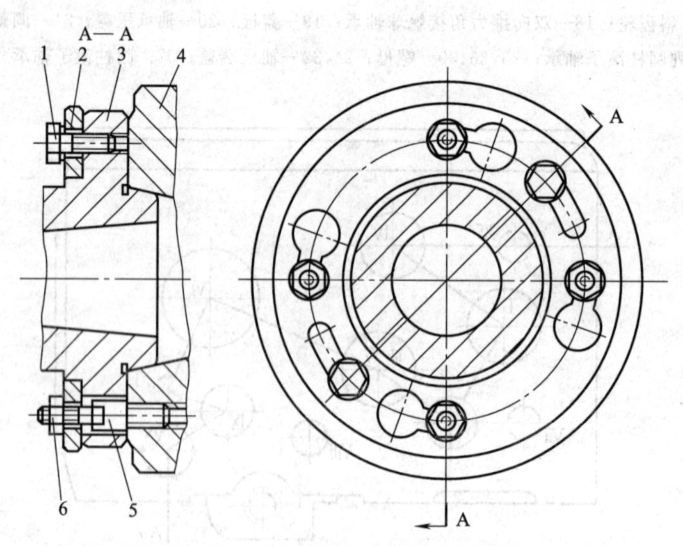

图 6-8 卡盘与主轴前端的连接图

1—螺钉；2—锁紧盘；3—主轴；4—卡盘座；5—螺栓；6—螺母

主轴的前端，主轴法兰前端面上的圆形拨块将主轴的扭矩传递给卡盘。这种结构因装卸卡盘方便、工作可靠、定心精度高，而且主轴前端悬伸长度较短，有利于提高主轴组件的刚度，故目前应用较广泛。

2. 卸荷带轮

电动机的运动经V带传至轴Ⅰ左端的带轮1（图6-5），带轮1与花键套2用螺钉固定在一起，由两个深沟球轴承支承在法兰3的内孔中，法兰3固定在主轴箱箱体上。带轮1通过花键套2带动轴Ⅰ旋转时，V带拉力产生的径向荷载通过轴承和法兰3直接传给箱体，轴Ⅰ不承受传动带拉力，只传递扭矩，故称带轮1为卸荷带轮。

3. 双向多片摩擦离合器及其操纵机构

图6-9（a）为双向多片摩擦离合器的结构。摩擦离合器装在轴Ⅰ上，其作用是控制主轴的正、反转或停止，它由内摩擦片2、外摩擦片3、压套5及双联齿轮1等组成。离合器的左、右部分结构相同，左离合器用来控制主轴正转，切削时传递扭矩较大，因此片数较多；右离合器用来控制主轴反转，主要用于退刀，故片数较少。内摩擦片2以花键和轴Ⅰ相连，外摩擦片3以四个凸齿与双联齿轮1相连，外片空套在轴Ⅰ上，内、外摩擦片相间排列安装。

当拨叉13拨动滑套10右移时，元宝形摆块12顺时针转动，其尾部推动拉杆9向左移动；拉杆9通过固定在其上的长销6，带动压套5和螺母4将左离合器的内、外摩擦片压紧，从而将轴Ⅰ的运动传给双联齿轮1，使主轴正传。

当拨叉13拨动滑套10左移时，元宝形摆块12逆时针转动，使尾部推动拉杆9向右移动；拉杆9通过固定在其上的长销6，带动压套5和螺母7将右离合器的内、外摩擦片压紧，从而将轴Ⅰ的运动传给空套齿轮8，使主轴反传。

当滑套10处于中间位置时，左、右离合器的内、外摩擦片均松开，主轴停止转动。

制动器安装在轴Ⅳ上，其作用是在离合器脱开时制动主轴，使主轴迅速停止转动，以缩

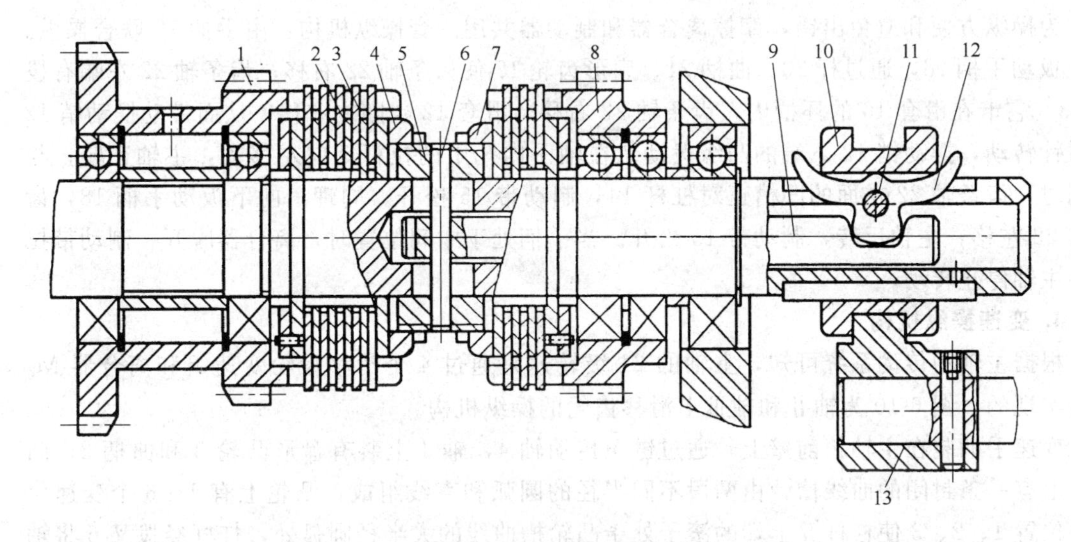

（a）双向式多片摩擦离合器

1—双联齿轮；2—内摩擦片；3—外摩擦片；4,7—螺母；5—压套；6—长销；
8—齿轮；9—拉杆；10—滑套；11—圆柱销；12—元宝形摆块；13—拨叉

图6-9

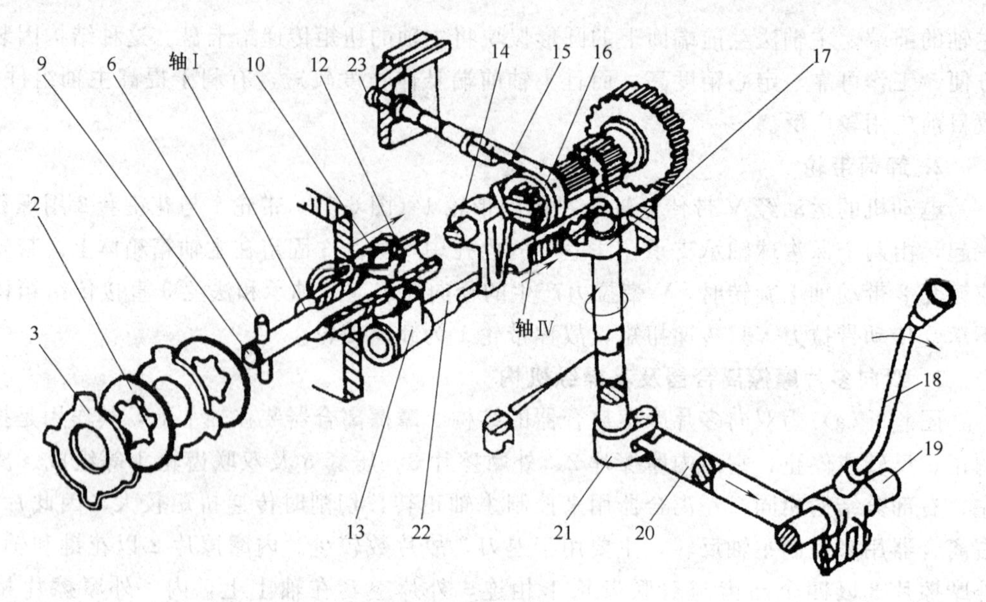

(b) 离合器和制动器操纵机构

2—内摩擦片；3—外摩擦片；6—长销；9—拉杆；10—滑套；12—元宝形摆块；13—拨叉；14—杠杆；15—制动带；16—制动轮；17—齿轮；18—手柄；19—转轴；20—拉杆；21—曲柄；22—齿条轴；23—调节螺钉

图 6-9 双向多片摩擦离合器及其操纵机构

短辅助时间并保证操作安全。图 6-9（b）所示为离合器和制动器操纵机构。制动轮 16 是一钢制圆盘，它与轴Ⅳ用花键连接。制动带 15 是一条钢带，内侧有一层酚醛石棉以增加摩擦。制动带的一端与杠杆 14 连接，另一端通过调节螺钉 23 与箱体相连。

当离合器接通，主轴正、反转时，制动轮 16 随轴Ⅳ一起转动；当离合器脱开时，齿条轴 22 的凸起部分使杠杆 14 逆时针摆动，制动带 15 被拉紧，制动器工作，轴Ⅳ迅速停止转动，主轴也就迅速停止转动。

为操纵方便和避免出错，摩擦离合器和制动器共用一套操纵机构，由手柄 18 联合操纵。向上扳动手柄 18，通过杆 20、曲柄 21、扇形齿轮 17 使齿条轴 22 右移；齿条轴 22 左端有拨叉 13，它卡在滑套 10 的环槽内，齿条轴 22 右移，滑套 12 也随之右移，从而带动摆动销 12 顺时针转动，摆动销 12 下端的凸缘拨动装在轴Ⅰ内孔中的拉杆 9 向左移动，主轴正转；与此同时，齿条轴 22 左面的凹槽正对杠杆 14，制动带 15 松开。同理，向下扳动手柄 18，齿条轴 22 左移，主轴反转，制动带 15 松开。当手柄处于中间位置时，离合器脱开，制动带拉紧，主轴停止转动。

4. 变速操纵机构

根据主轴的传动系统可知，主轴的 24 级转速是通过 4 个滑移齿轮变速组和离合器 M_2 组合实现的。图 6-10 为轴Ⅱ和轴Ⅲ上滑移齿轮的操纵机构。

变速手柄装在主轴箱前壁上，通过链条传动轴 4，轴 4 上装有盘形凸轮 3 和曲柄 2。凸轮 3 上有一条封闭的曲线槽，由两段不同半径的圆弧和直线组成，凸轮上有 1～6 个变速位置。位置 1、2、3 使杠杆 5 上端的滚子处于凸轮槽曲线的大半径圆弧处，杠杆经拨叉 6 将轴Ⅰ上的双联齿轮移向左端位置；位置 4、5、6 则将双联齿轮移向右端位置。曲柄 2 随轴 4 转动，带动拨叉 1 拨动轴Ⅲ上的三联齿轮，使其处于左、中、右三个位置。依次转动手柄，就可使两个滑移齿轮的位置实现 6 种组合，使轴Ⅲ得到 6 种转速。滑移齿轮到位后，通过拨叉

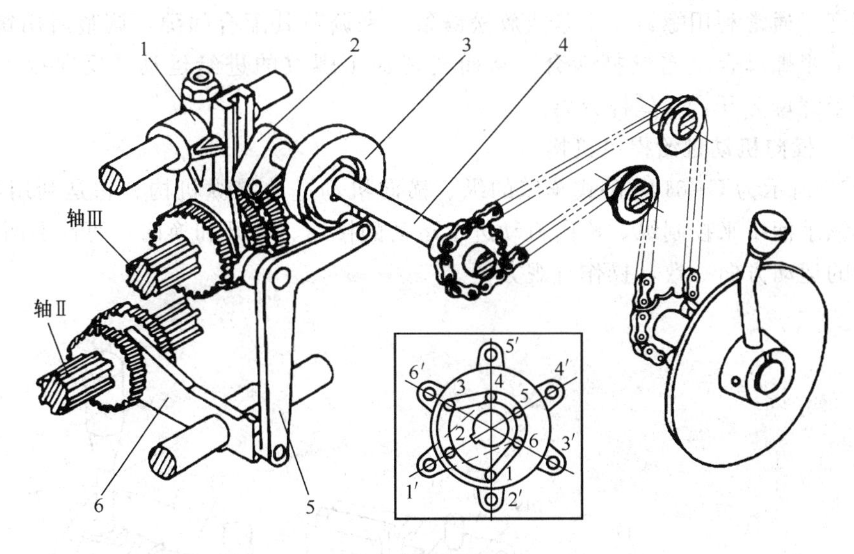

图 6-10　变速操纵机构

1,6—拨叉；2—曲柄；3—凸轮；4—传动轴；5—杠杆

的定位钢球实现定位。

二、溜板箱的主要机构

溜板箱的主要作用是将进给运动或快速移动由进给箱或快速移动电动机传给溜板或刀架，使刀架实现纵、横向和正、反向机动走刀或快速移动。溜板箱内的主要机构有接通丝杠传动的开合螺母机构、纵横向机动进给操纵机构、互锁机构、安全离合器机构和手动操纵机构等。

1. 开合螺母机构

图 6-11 为溜板箱中的开合螺母机构。开合螺母机构由上、下两半螺母 1 和 2 组成，装在箱壁的燕尾形导轨中，螺母导轨底面各装有一个圆销 3，圆销 3 的另一端嵌在槽盘 4 的曲线槽中，槽盘经轴 7 与手柄 6 相连。扳动手柄 6，经轴 7 使槽盘 4 逆时针转动时，槽盘 4 上的曲线将迫使两圆销 3 靠近，开合螺母与燕尾导轨的配合间隙要调整合适，否则会影响螺纹

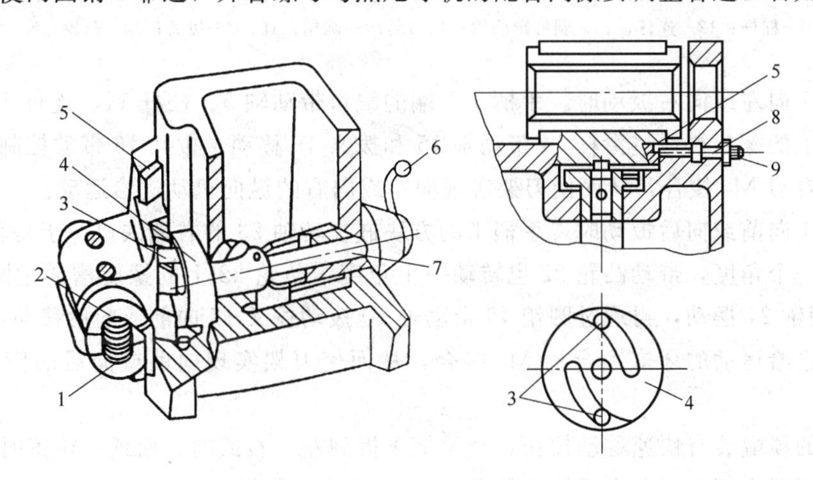

图 6-11　开合螺母机构

1,2—半螺母；3—圆柱销；4—槽盘；5—镶条；6—手柄；7—轴；8—螺钉；9—螺母

的加工精度，通常利用螺钉 8 支紧或放松镶条 5 来调节其配合间隙，调整后用螺母 9 锁紧，带动上、下半螺母合上与丝杠啮合，从而实现加工螺纹的进给运动。反向扳动手柄 6 时，上、下两半螺母分开，与丝杆分离。

2. 纵、横向机动进给操纵机构

图 6-12 所示为 CA6140 卧式车床的纵、横向机动进给操纵机构。它是利用溜板箱右侧的集中操纵手柄 1 来控制纵、横向机动进给运动的接通、断开和换向，而且手柄 1 的扳动方向和刀架的运动方向一致，操作直观方便。

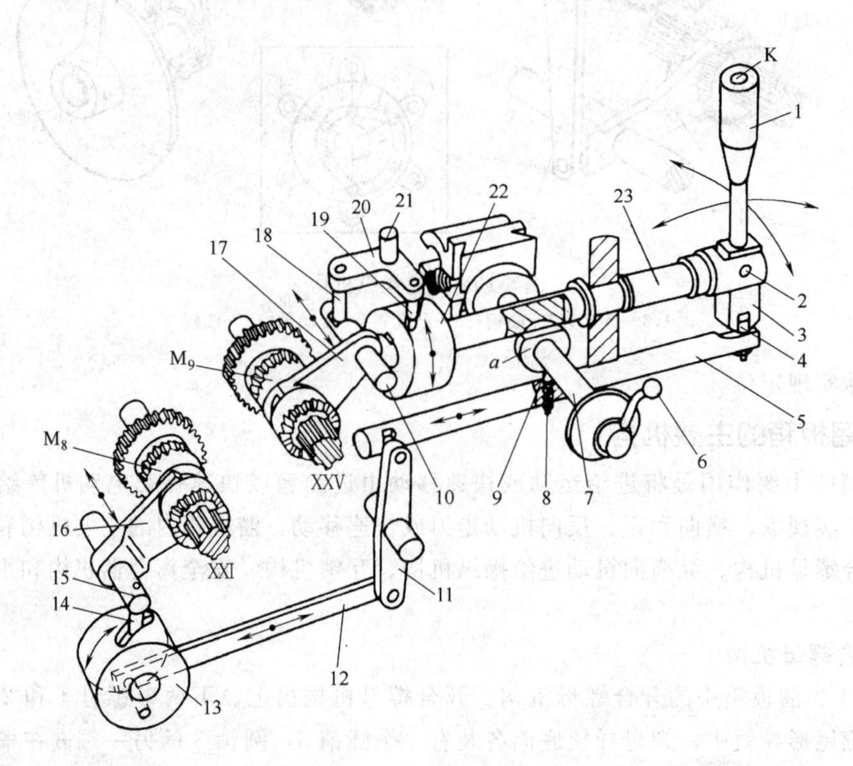

图 6-12 CA6140 卧式车床纵、横向机动进给操纵机构

1,6—手柄；2,21—销轴；3—手柄座；4,9—球头销；5,7,23—轴；8—弹簧销；10,15—拨叉轴；11,20—杠杆；12—连杆；13—圆柱形凸轮；14,18,19—圆销；16,17—拨叉；22—凸轮；K—按钮

当手柄 1 向左或向右扳动时，手柄 1 下端的缺口带动轴 5、杠杆 11、连杆 12 使凸轮 13 转动，凸轮上的螺旋槽通过滑杆 14 带动轴 15 和拨叉 16 移动，拨叉 16 带动控制纵向进给运动的牙嵌离合器 M_8 接合，从而使刀架实现向左或向右的纵向机动进给运动。

当手柄 1 向前或向后扳动时，手柄 1 的方块嵌在转轴 23 的右端缺口，于是转轴 23 向前或向后转动一个角度，带动凸轮 22 也转动一个角度，凸轮 22 上的螺旋槽通过圆销 19 带动杠杆 20 绕销轴 21 摆动，再通过圆销 18 带动轴 10 拨动拨叉 17 向前或向后移动，拨叉 17 带动控制横向进给运动的牙嵌离合器 M_9 接合，从而使刀架实现向前或向后的横向机动进给运动。

手柄 1 的顶端装有快速移动按钮，当手柄 1 扳到左、右或前、后任一位置时，点动快速电动机，刀架即在相应方向实现快速移动。

当手柄 1 处在中间位置时，离合器 M_8、M_9 脱开，此时机动进给运动和快速移动断开。

3. 互锁机构

CA6140 卧式车床的纵、横向机动进给运动是互锁的，也就是说离合器 M_8、M_9 不能同时接合。操纵手柄 1 上开有十字形槽，手柄每次只能处于一个位置，因此，手柄 1 的结构能够保证纵、横向机动进给运动互锁。机床工作时，纵、横向机动进给机构和丝杠传动不能同时接通。丝杠传动是由溜板箱的开合螺母机构来控制的，溜板箱中的互锁机构保证车螺纹的开合螺母合上时，机动进给运动不能接通；反之，当机动进给运动接通时，车螺纹的开合螺母不能合上。

图 6-13 所示为互锁机构的工作原理图。当互锁机构处于中间位置时［图 6-13（a）］，纵、横向机动进给和丝杠传动均未接通，此时操纵手柄可扳至左、右、前、后任意位置，以接通纵、横向机动进给，或者扳动开合螺母手柄使开合螺母合上实现丝杠进给。

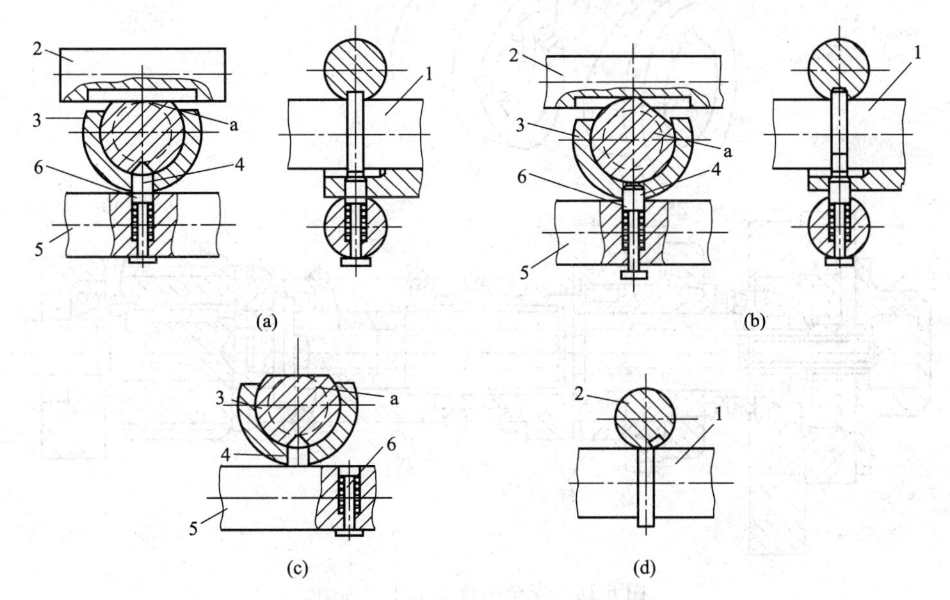

图 6-13　互锁机构的工作原理图

1—手柄轴；2,5—轴；3—支承套；4—球头销；6—弹簧销

当向下扳动手柄使开合螺母合上时，则轴 1 顺时针转过一个角度，其上面的凸肩 a 嵌入轴 2 的槽中，将轴 2 卡住使其不能转动；同时凸肩又将装在支承套 3 横向孔中的球头销 4 压下，使其下端插入轴 5 的孔中，将轴 5 锁住使其不能左、右移动［图 6-13（b）］。这时，纵、横向机动进给均不能接通。

当接通纵向机动进给时，因轴 5 沿轴线方向移动一定距离，其上的横孔与球头销 9 错位，球头销 9 不能向下移动，因而轴 1 被锁住无法转动［图 6-13（c）］。

当接通横线进给机构时，因轴 2 转动了位置，其上面的沟槽不再对准轴 1 的凸肩 a，故轴 1 无法转动［图 6-13（d）］。

因此，纵向或横向机动进给运动接通时，开合螺母不能合上，互锁是能保证的。

4. 安全离合器机构

为避免因进给力过大或刀架移动受阻导致机床损坏，CA6140 卧式机床安装了起过载保护作用的安全离合器，当过载消失后，机床可自动恢复正常工作。图 6-14 所示为安全离合器的结构图。它由端面带螺旋形齿爪的左、右两半部组成，其左半部 5 用键装在超越离合器

M_6 的星形轮上，与轴XX空套；右半部 6 与轴XX用花键连接。正常情况下，在弹簧 7 的压力作用下，离合器左、右两半部相互啮合，由光杠传来的运动经齿轮 Z56、超越离合器 M_6 和安全离合器 M_7 传至轴XX和蜗杆 10。

当进给系统过载时，离合器右半部 6 将压缩弹簧 7 向右移动，与左半部 5 脱开，导致安全离合器 M_7 打滑，于是机动进给运动传动链断开，刀架停止进给。过载现象消除后，弹簧 7 使安全离合器重新自动接合，机床恢复正常工作。机床允许的最大进给力由弹簧 7 的调定压力决定。通过调整螺母 3，带动装在轴XX内孔中的拉杆 1 和圆销 8 来调整弹簧座 9 的轴向位置，从而改变弹簧 7 的压缩量来调整安全离合器传递的扭矩大小。调整完毕，用锁紧螺母锁紧。

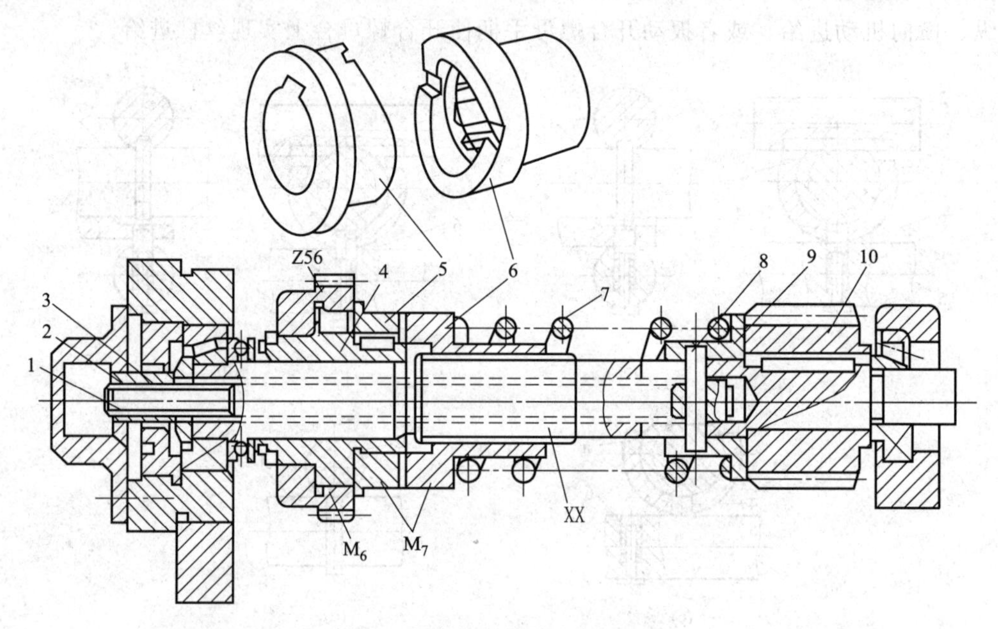

图 6-14 安全离合器工作原理图

1—拉杆；2—螺杆；3—螺母；4—星形轮；5—安全离合器左半部分；6—安全离合器右半部分；7—弹簧；8—圆销；9—弹簧座；10—蜗杆

第四节 车床附件

一、三爪卡盘

三爪卡盘的结构如图 6-15 所示，它是通过法兰盘安装在车床主轴上的。卡盘中的大锥齿轮 3 与三个均布且带有扳手孔 1 的小锥齿轮 2 啮合。使用时，将扳手插入孔 1 中使小锥齿轮转动，可带动大锥齿轮旋转，大锥齿轮背面的平面螺纹与三个卡爪背面的平面螺纹啮合。卡爪随着大锥齿轮的转动做同步径向移动，从而使工件夹紧或松开。

三爪卡盘能实现自动定心，夹紧工件无需找正，特别适合装夹圆形、正三角形、正六边形等工件。但三爪卡盘夹紧力小，传递扭矩不大，只适用于装夹中小型工件。

二、四爪单动卡盘

四爪单动卡盘的结构如图 6-16 所示。它有 4 个互不相关的卡爪，每个卡爪的背面有半瓣内螺纹与丝杠啮合，可独立进行调整。四爪单动卡盘不但能夹持圆形的工件，还能夹持矩形、椭圆形和其他不规则形状的工件。四爪单动卡盘夹紧力大，但校正和找正麻烦，对工人的技术水平要求较高，适用于单件、小批生产中安装较重或不规则的工件。

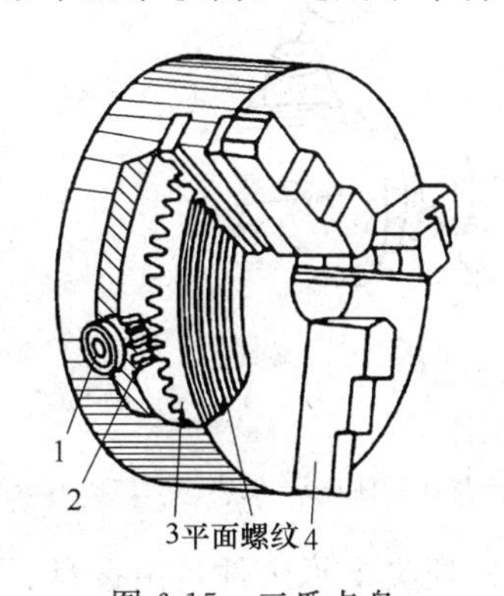

图 6-15　三爪卡盘

1—扳手孔；2—小锥齿轮；3—大锥齿轮；4—卡爪

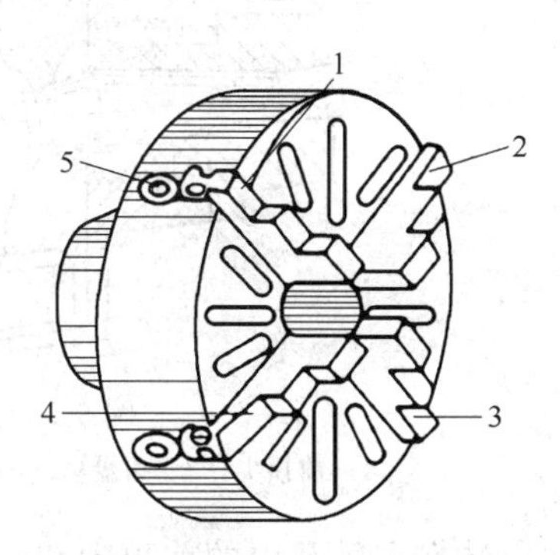

图 6-16　四爪单动卡盘

1,2,3,4—卡爪；5—丝杠

三、花盘

花盘的结构及其使用如图 6-17 所示。花盘是安装在车床主轴上的一个大圆盘，其端面有许多长槽，用以穿放螺栓压紧工件。花盘的端面应平整，且应与主轴中心线垂直。花盘适用于单件、小批生产中形状不规则或大而薄的工件。

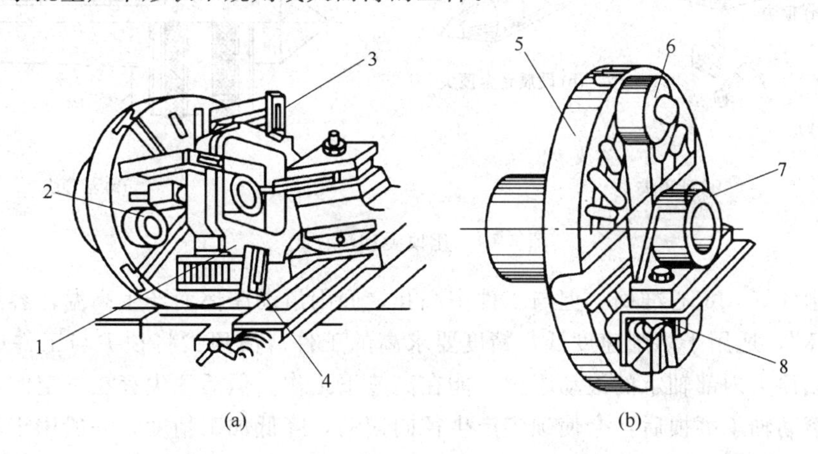

图 6-17　用花盘装夹工件

1,7—工件；2,6—平衡块；3—螺栓；4—压板；5—花盘；8—弯板

当零件上需加工的平面相对于安装平面有平行度要求或加工的孔和外圆的轴线相对于安装平面有垂直度要求时，则可以把工件用压板、螺栓安装在花盘上加工［图 6-17（a)］。当零件上需加工的平面相对于安装平面有垂直度要求或需加工的孔和外圆的轴线相对于安装平面有平行度要求时，则可以用花盘、角铁（弯板）安装工件［图 6-17（b)］。角铁要有一定的刚度，用于贴靠花盘及安放工件的两个平面，应有较高的垂直度。

当使用花盘安装工件时，往往重心偏向一边，因此需要在另一边安装平衡块，以减小旋转时的离心力，并且主轴的转速应选得低一些。

四、顶尖、鸡心夹头和拨盘

车削轴类工件时，常用顶尖和鸡心夹头装夹工件，如图 6-18 所示。

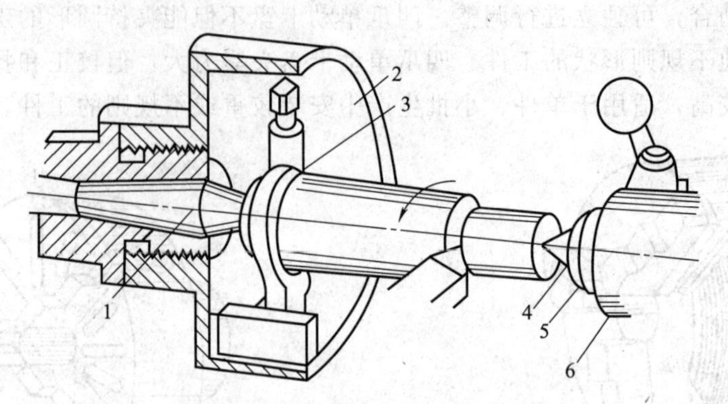

图 6-18　顶尖和鸡心夹头装夹工件

1—前顶尖；2—拨盘；3—鸡心夹头；4—尾顶尖；5—尾座套筒；6—尾座

工件由装在主轴孔内的前顶尖和装在尾座内的尾（后）顶尖支承工件，由拨盘、鸡心夹头带动工件旋转。前顶尖随主轴一起转动；尾顶尖不随工件一起转动或随工件一起转动。

顶尖分死顶尖（普通顶尖）和活顶尖两种。不随工件一起转动的顶尖称为死顶尖，随工件一起转动的顶尖称为活顶尖。死顶尖和活顶尖的结构如图 6-19 所示。

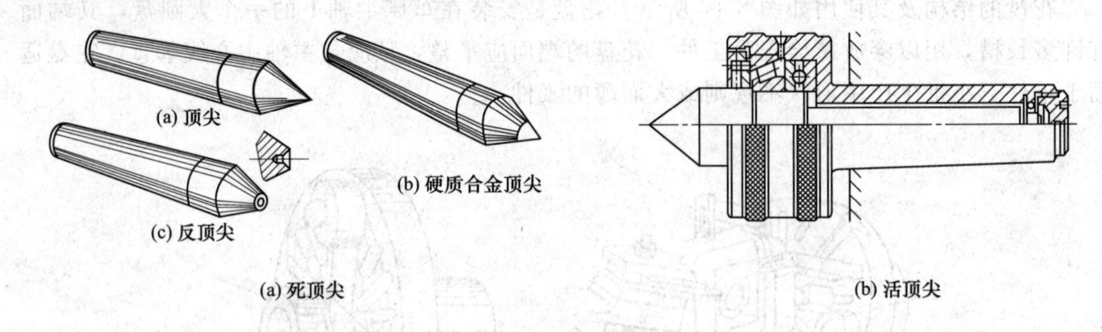

图 6-19　死顶尖和活顶尖

死顶尖刚性好，定心准确，但与工件中心孔之间因滑动摩擦而产生高温，容易将中心孔或顶尖“烧坏”，适用于切削速度低、精度要求高的工件。活顶尖将顶尖与工件中心孔间的滑动摩擦变成顶尖内部轴承的滚动摩擦，能在高速下工作。但活顶尖存在一定的装配累积误差，而且当滚动轴承磨损后，会使顶尖产生径向摆动，降低加工精度，一般用于轴的粗车或半精车。

顶尖尾端锥面的圆锥角较小，所以前、后顶尖是利用尾部锥面分别与主轴锥孔和尾架套筒锥孔的配合而装紧的。因此，安装顶尖时必须先擦净顶尖锥面和锥孔，然后用力推紧。

校正时，将尾架移向主轴箱，使前、后两顶尖接近，检查其轴线是否重合。如不重合，需将尾架体做横向调节，使之符合要求。否则，车削的外圆将成锥面。

在两顶尖上安装轴件，因两端是锥面定位，安装工件方便，不需校正，定位精度较高；经过多次调头或装卸，工件的旋转轴线不变，仍是两端 60°锥孔的连线，因此可保证在多次调头或安装中所加工的外圆有较高的同轴度。

五、中心架和跟刀架

加工细长轴（长径比 $L/D>10$）时，为了防止工件受径向切削力的作用而产生弯曲变形，常用中心架或跟刀架作为辅助支承，以增加工件刚性。

中心架固定在床身导轨上。中心架上有三个可独立调整的支承爪支承工件，并可用调节螺钉固定。使用时，将工件安装在前、后顶尖上，先在工件支承部位精车一段光滑表面，再将中心架紧固于导轨的适当位置，最后调整三个支承爪，使之与工件支承面接触，并调整至松紧适宜（图 6-20）。

跟刀架固定在车床的床鞍上，随刀架纵向运动。跟刀架有两个支承柱，紧跟在车刀后面起辅助支承作用。因此，跟刀架主要用于细长光轴的加工。使用跟刀架需先在工件右端车削一段外圆，根据外圆调整两支承爪的位置和松紧，然后就可以车削光轴的全长（图 6-21）。

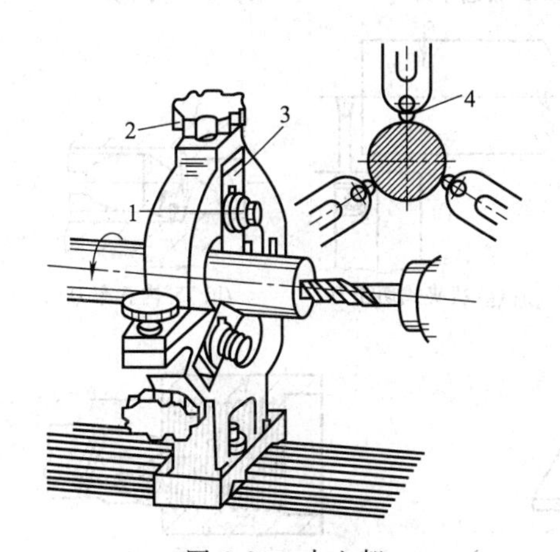

图 6-20　中心架

1—固定螺母；2—调节螺钉；3—支承爪；4—支承辊

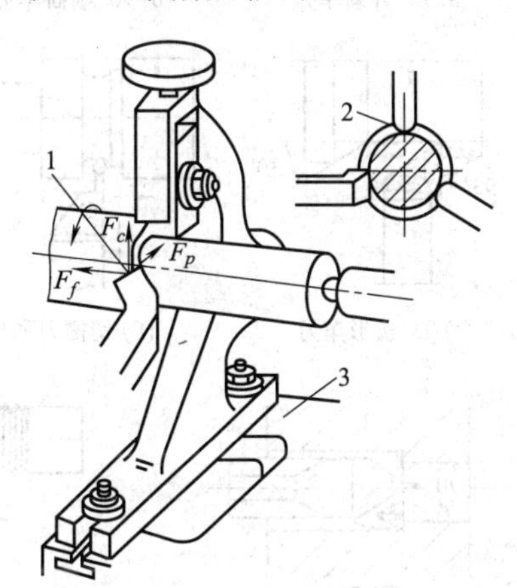

图 6-21　跟刀架

1—刀具对工件的作用力；2—硬质合金支承块；3—床鞍

使用中心架和跟刀架时，工件转速不宜过高，并需对支承爪处加注机油滑润。

第五节　车刀及其选用

一、车刀的类型和用途

车刀是指在车床上使用的刀具，它的应用广泛，按照加工表面特征可分为外圆车刀、端面车刀、切断刀、螺纹车刀和内孔车刀等，如图 6-22 所示。

1. 直头外圆车刀

这种车刀只用来车削外圆柱面，分左、右偏刀两种。一般直头外圆车刀的主偏角为 45°～75°，副偏角为 10°～15°。如图 6-23 所示为粗车用 75°硬质合金右偏刀。

2. 45°弯头车刀

这种车刀既可以车削圆柱面和端面，也可以内、外倒角。加工时，无需转刀架和换刀操作，生产效率高。它可分为左、右弯刀两种，常用于粗车和半精车，如图 6-24 所示。

3. 90°偏刀

这种车刀主要用来车削外圆柱面和阶梯轴的台阶端面。因主偏角大，切削时产生的背向力小，常用于车削细长的轴类工件。90°偏刀的结构如图 6-25 所示。

4. 螺纹车刀

螺纹车刀刀刃的廓形与被加工螺纹的廓形相同，其刀尖角等于螺纹的牙形角。螺纹车刀的角度根据工件材料、螺纹精度及刀具材料等因素确定。其结构如图 6-26 所示。

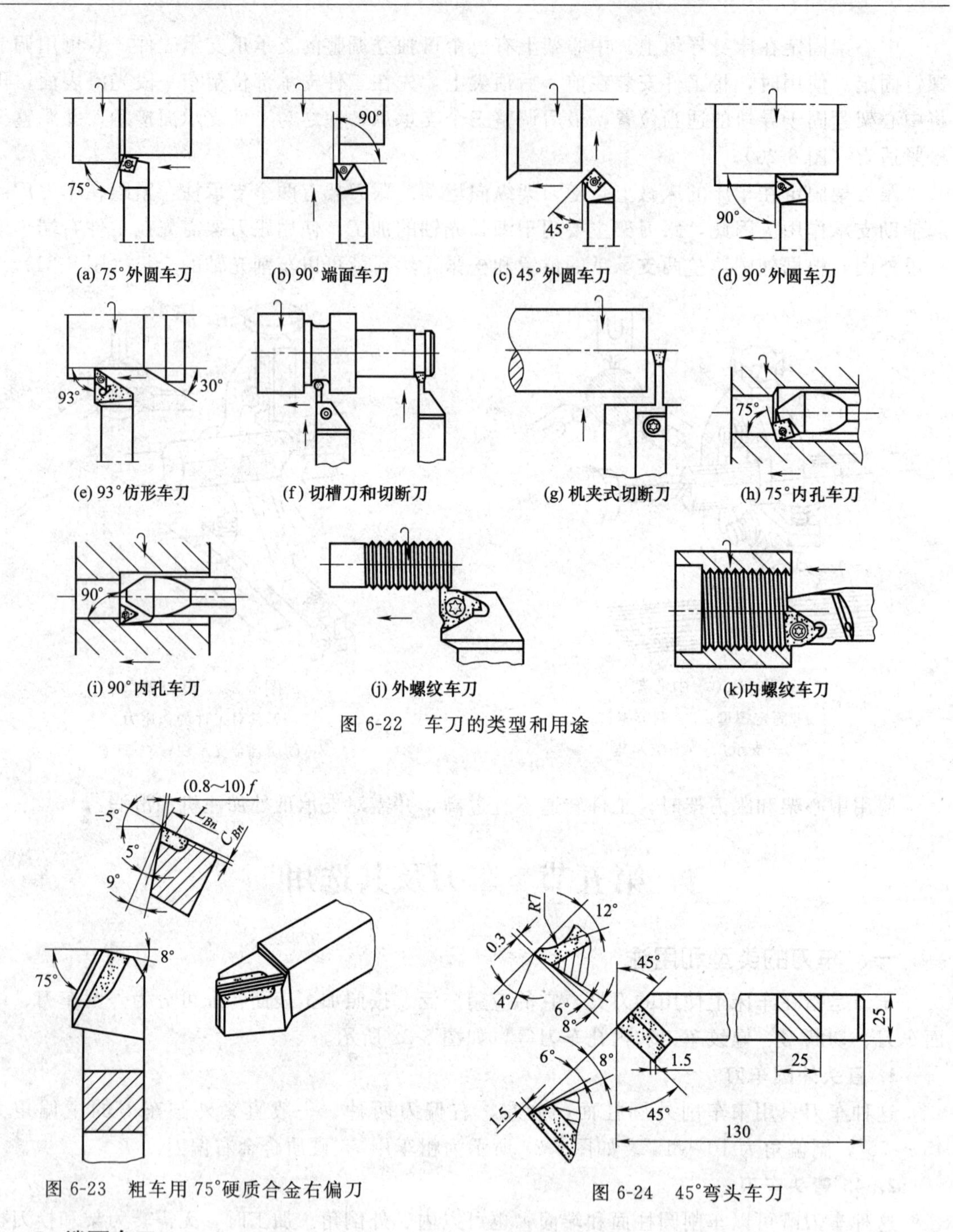

(a) 75°外圆车刀　(b) 90°端面车刀　(c) 45°外圆车刀　(d) 90°外圆车刀

(e) 93°仿形车刀　(f) 切槽刀和切断刀　(g) 机夹式切断刀　(h) 75°内孔车刀

(i) 90°内孔车刀　(j) 外螺纹车刀　(k)内螺纹车刀

图 6-22　车刀的类型和用途

图 6-23　粗车用 75°硬质合金右偏刀

图 6-24　45°弯头车刀

5. 端面车刀

这种车刀只用于车削端面，主切削刃与工件轴线成 5°角，副切削刃与工件端面成 15°～30°角。其结构如图 6-27 所示。

6. 内孔车刀

内孔车刀分为通孔车刀、盲孔车刀和内槽车刀三种。一般通孔车刀主偏角为 45°～75°，副偏角为 20°～45°；盲孔车刀的主偏角大于 90°。内孔车刀的后角要大于外圆车刀的后角。内孔车刀的结构如图 6-28 所示。

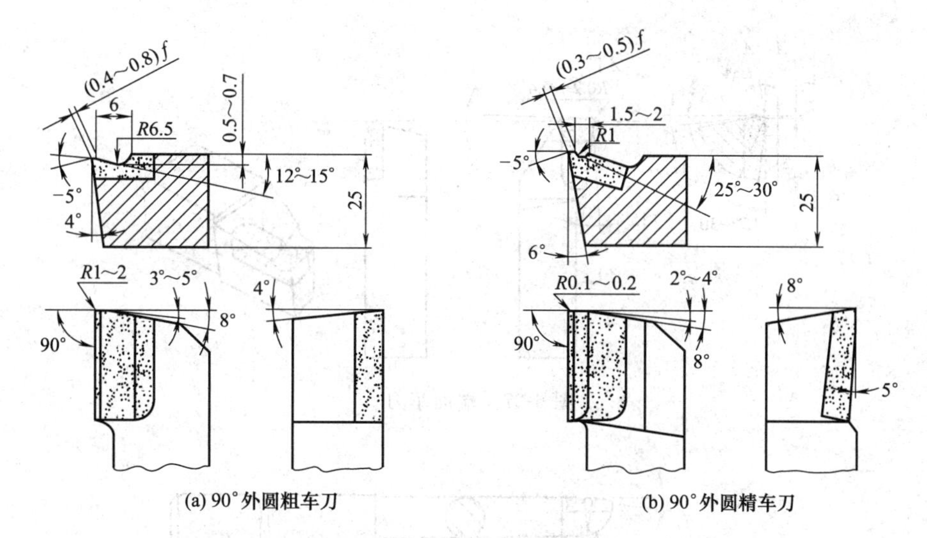

(a) 90°外圆粗车刀　　(b) 90°外圆精车刀

图 6-25　90°偏刀

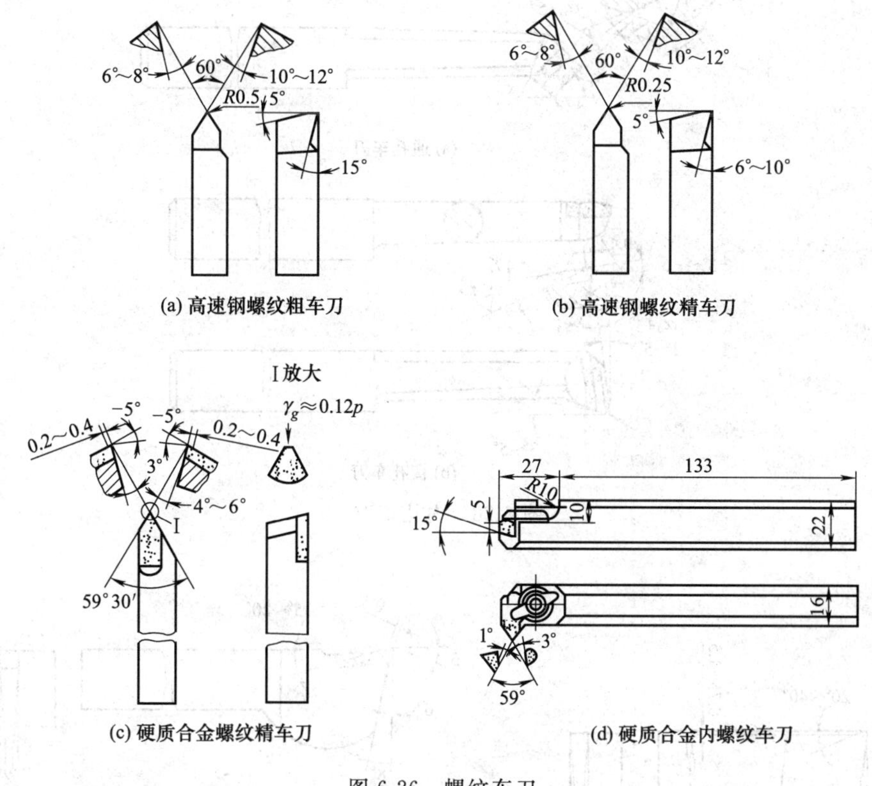

(a) 高速钢螺纹粗车刀　　(b) 高速钢螺纹精车刀

(c) 硬质合金螺纹精车刀　　(d) 硬质合金内螺纹车刀

图 6-26　螺纹车刀

7. 切断（切槽）刀

切断刀主要用来切断或车外圆表面上的环形沟槽。切断刀有一条主刃，两条副刃，其结构和主要几何角度如图 6-29 所示。

按照车刀的结构可分为整体式车刀、焊接式车刀、机夹式车刀和可转位车刀。如图6-30所示。

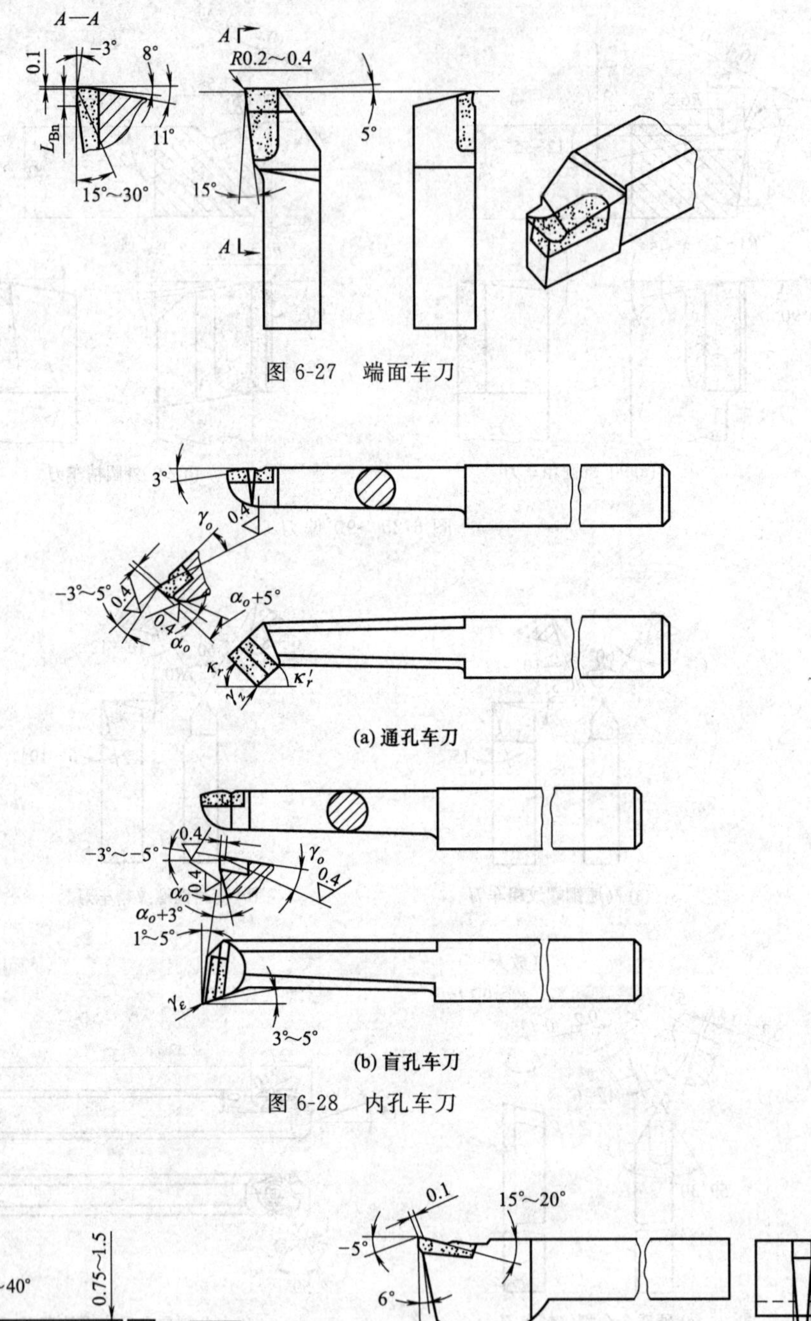

图 6-27 端面车刀

(a) 通孔车刀

(b) 盲孔车刀

图 6-28 内孔车刀

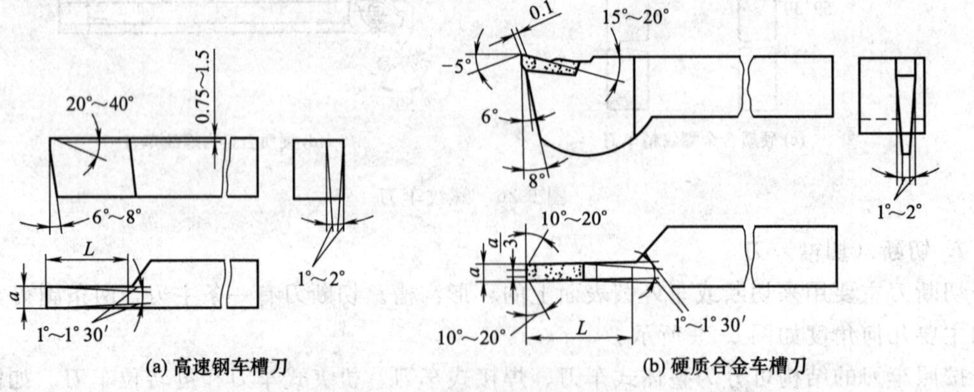

(a) 高速钢车槽刀

(b) 硬质合金车槽刀

图 6-29 切断（切槽）刀

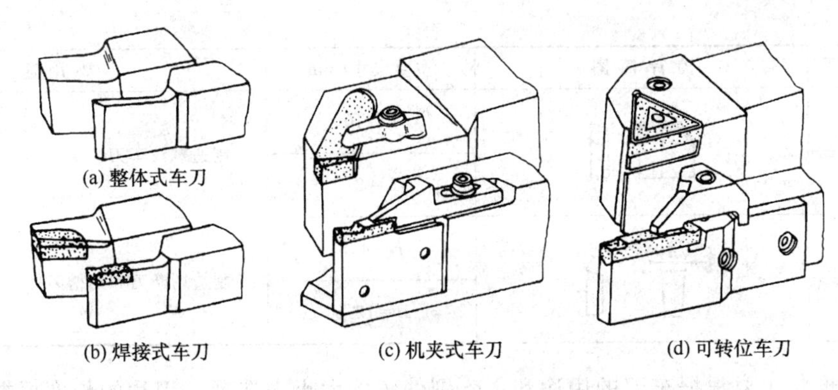

(a) 整体式车刀　(b) 焊接式车刀　(c) 机夹式车刀　(d) 可转位车刀

图 6-30　车刀的结构类型

二、焊接式车刀

焊接式车刀是将刀片钎焊在刀杆槽内后经刃磨而成的车刀。刀片通常选用硬质合金，刀杆一般选用 45 钢和 40Cr 合金钢。焊接车刀的使用寿命和质量取决于刀片选择、刀槽形式、刀具几何参数、焊接工艺和刃磨质量等因素。

1. 刀片的型号

合理地选择焊接式车刀的刀片，除正确选择刀片的材料外，还应合理选择刀片的型号。我国目前采用的硬质合金刀片分为 A、B、C、D、E 五种。刀片的型号由字母和数字组成，第一个字母和第一位数字表示刀片形状，第二、三位数字表示刀片的主要尺寸，数字后面的字母用来区别同一型号刀片的不同结构。常用硬质合金刀片的型号见表 6-7。

【案例】　解释刀片型号 A118、A430Z 的含义。

【解】　刀片型号 A118 中 A1 表示 A1 型刀片，18 表示长度为 18mm。A430Z 中 A4 表示 A4 型刀片，30 表示长度为 30mm，数字后面的字母 Z 表示左切刀片（表 6-7）。

表 6-7　常用硬质合金刀片的型号

型号示例	刀片简图	主要尺寸/mm	主要用途
A108	L	$L=8$	制造外圆车刀、镗刀和切槽刀
A116		$L=16$	
A208	L　Z	$L=8$	制造端面车刀、镗刀
A225Z		$L=25$(左)	
A312Z	L　Z	$L=12$(左)	制造外圆车刀、端面车刀
A340		$L=40$	
A406	L　Z	$L=6$	制造外圆车刀、镗刀和端面车刀
A430Z		$L=30$(左)	

续表

型号示例	刀片简图	主要尺寸/mm	主要用途
C110		$L=10$	制造螺纹车刀
C122		$L=22$	
C304		$B=4.5$	制造切断刀和切槽刀
C312		$B=12.5$	

刀片的形状主要根据车刀的用途和主、副偏角的大小来选择。刀片的长度根据背吃刀量和主偏角选择，其长度一般应为切削刃工作长度的 1.6～2 倍；切槽刀的宽度根据工件的槽宽选择，切断刀的宽度根据经验公式进行估算；刀片的厚度根据切削力的大小来确定，当工件材料的强度高、切削层横截面积大时，刀片厚度应大些。

2. 刀槽的选择

合理选择刀槽的原则是在保证焊接强度的条件下，尽量减少焊接面数及焊接面积，减小焊接应力。焊接式车刀刀槽的形式有开口槽、半封闭槽、封闭槽和嵌入槽几种形式。开口槽制造简单，选用刀片型号为 A1、C3 等，常用于外圆车刀、弯头车刀和切槽刀；半封闭槽刀片焊接牢固，制造复杂，选用刀片型号为 A2、A3 和 A4 等，常用于 90°外圆车刀、内孔车刀；封闭槽和嵌入槽刀片焊接牢靠，但制造困难，选用刀片型号为 E 型和 D 型。

常用刀槽的形式如图 6-31 所示。

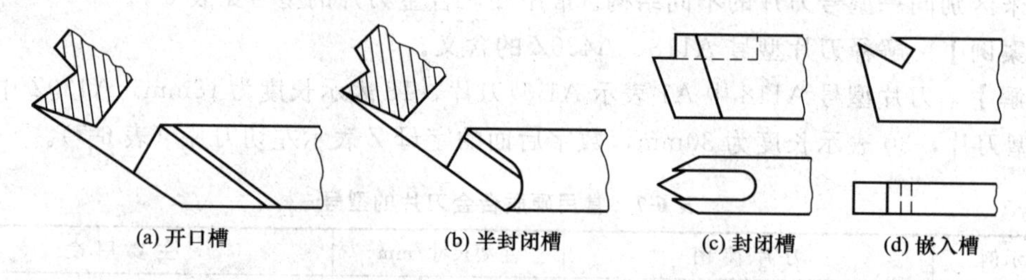

图 6-31 刀槽的形式

3. 刀杆截面形状和尺寸选择

车刀外形尺寸主要是高度、宽度和长度，刀杆的截面形状有矩形、正方形和圆形三种。矩形和正方形刀杆主要用于外圆车刀、端面车刀和切断刀，其高度 H 按机床中心高选取，见表 6-8。当刀杆高度受限制时，可加宽为正方形，以提高刚性，刀杆的长度一般为高度的 6 倍，并选用标准尺寸系列值。切断刀工作部分的长度应大于工件的半径。圆形刀杆主要用于内孔车刀，其截面形状一般制成圆形，长度大于工件孔深。

表 6-8 常用车刀刀杆的截面尺寸

单位：mm

机床中心高	150	180～200	260～300	350～400
正方形截面 $H\times H$	16×16	20×20	25×25	30×30
矩形截面 $B\times H$	12×20	16×25	20×30	25×40

三、机夹式车刀

机夹式车刀是采用机械夹固方法，将预先加工好的但不能转位使用的刀片夹紧在刀杆上的车刀。机夹式车刀刀刃磨损后可进行多次重磨继续使用。机夹式车刀主要用于加工外圆、端面和内孔，目前常用的机夹式车刀有切断刀、切槽刀、螺纹车刀、大型车刀和金刚石车刀等。

机夹式车刀要求刀片夹紧可靠，重磨后能调整刀刃位置，结构简单，断屑可靠。机夹式车刀的夹紧结构主要有上压式、自锁式和弹性压紧式三种（图 6-32）。

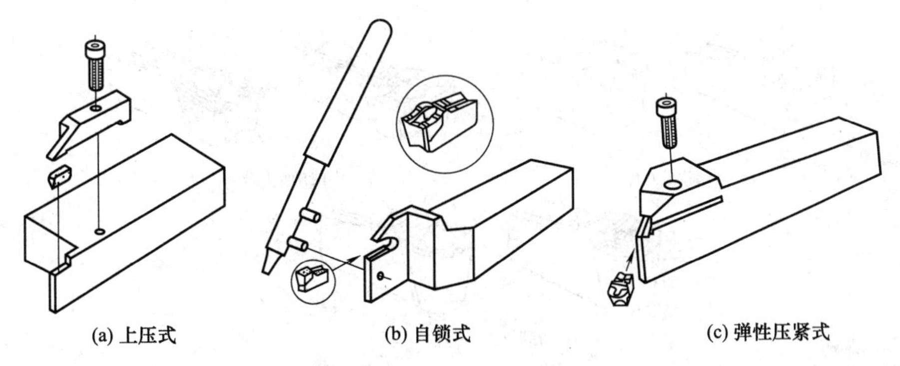

(a) 上压式　　(b) 自锁式　　(c) 弹性压紧式

图 6-32　机夹式车刀的夹紧结构

1. 上压式

图 6-33 所示为上压式机夹切断刀。它采用底面为 120°凸 V 形的 Q 型刀片，通过螺钉和压板从上往下压紧刀片，压板前端镶焊硬质合金作为断屑器。刀片重磨后，旋动螺钉 8 推动推杆 6 移动来调节刀刃位置。其缺点是刀刃是直的，前刀面为平面，不能使切屑横向产生收缩变形，容易和已加工表面产生摩擦，切屑卡在槽内而引起打刀。

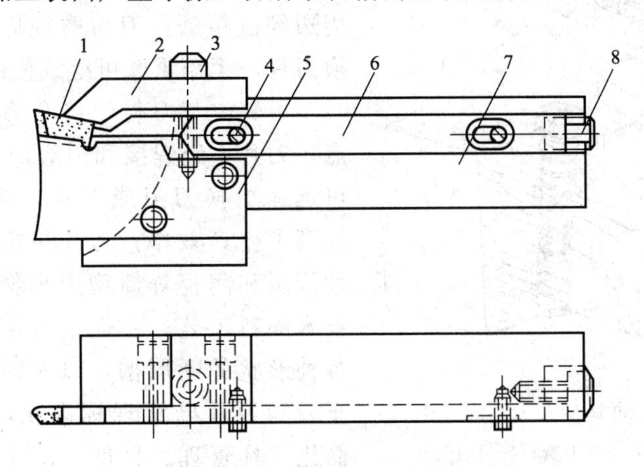

图 6-33　上压式机夹切断刀

1—刀片；2—压板；3,4,8—螺钉；5—刀板；6—推杆；7—刀杆

2. 自锁式

图 6-32（b）为自锁式切断车刀。刀片上定位面或上下定位面为 120°内凹 V 形面，上下定位面不平行，形成楔形，安装时用橡皮锤将刀片敲入刀槽内。切断时，在径向力作用下，可靠地楔紧在刀槽内，径向切削时推荐采用自锁式夹紧方式。

这种新型结构的切断车刀，刀片直接压制出断屑槽，它能使切屑横向产生收缩变形，不会将切屑卡在刀槽内引起打刀。同时，这种车刀切屑轻快，断屑可靠，其副偏角和副后角较大，产生的切削热少，刀具使用寿命较长。

3. 弹性压紧式

图 6-32（c）为弹性压紧式切槽车刀。它是利用螺钉向下旋入时弹性压板产生的变形将刀片夹紧在刀槽中。刀片定位面为 120°内凹 V 形面，可防止刀片受轴向力产生位移，轴向切削时推荐采用弹性压紧式车刀。加工时，可根据具体加工要求选择合适的刀片（图 6-34），以进行切断、切槽和仿形加工等。

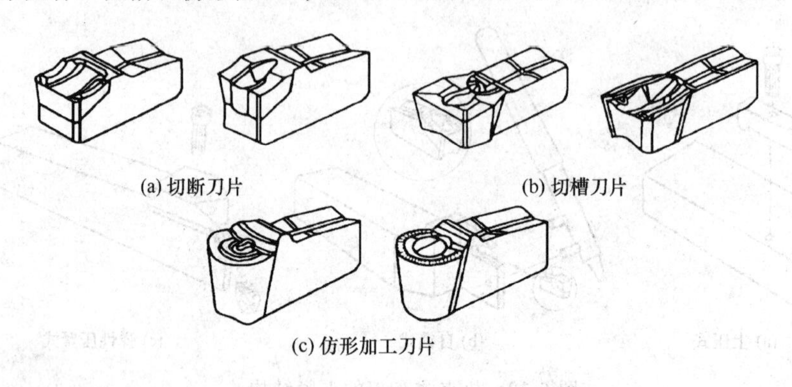

图 6-34　Q-C 系列刀片

四、可转位车刀

可转位车刀是用机械夹固的方法，将可转位刀片夹紧在刀杆上的车刀。如图 6-35 所示，可转位车刀主要由刀片、刀垫、杠杆、螺钉和刀柄等元件组成。可转位刀片上压制出断屑槽，周边经过精磨，刀刃磨钝后可方便地转位或更换刀片，无需重磨可继续使用。

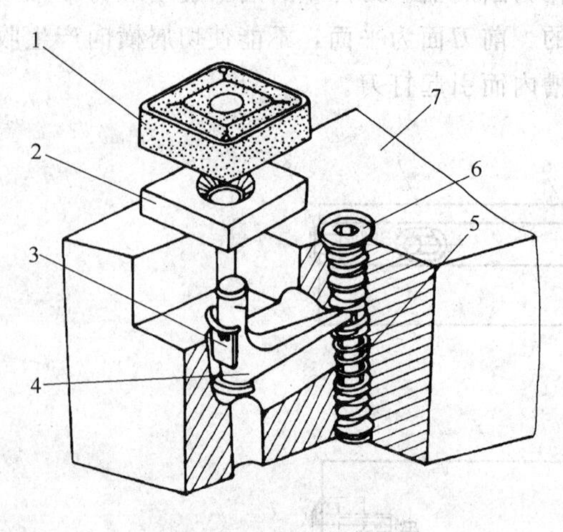

图 6-35　可转位车刀

1—刀片；2—刀垫；3—卡簧；4—杠杆；5—弹簧；6—螺钉；7—刀柄

可转位车刀与焊接车刀相比，具有以下特点：刀片不经焊接和刃磨，刀具的使用寿命高；可迅速更换刀刃或刀片，减少停机换刀时间，提高了生产效率；刀片更换方便，便于使用各种涂层和陶瓷等新型刀具材料，有利于推广新技术和新工艺；在烧结刀片前可在刀片上压制各种形状的断屑槽，以实现可靠断屑；可转位车刀和刀片已实现标准化，能实现一刀多用，简化刀具管理。目前，由于在刃形、几何参数方面还受到刀具结构和工艺的限制，可转位车刀尚不能完全取代焊接式和机夹式车刀。

1. 刀片形状、代号及其选择

可转位车刀刀片形状、尺寸、精度、结构等参数用 10 个代号来表示，其标注如图 6-36 所示。

1 号位：表示刀片形状，主要根据加工工件的廓形与刀具的寿命来选择。刀片的边数多，刀尖角大，耐冲击，且切削刃多，刀具的寿命长；但刀片边数多，切削刃短，切削时径向力大，易引起振动。在机床、工件刚度足够的情况下，粗加工时应尽量选用刀尖角大的刀片；反之，应选用刀尖角小的刀片。常用刀片的形状主要有以下几种。

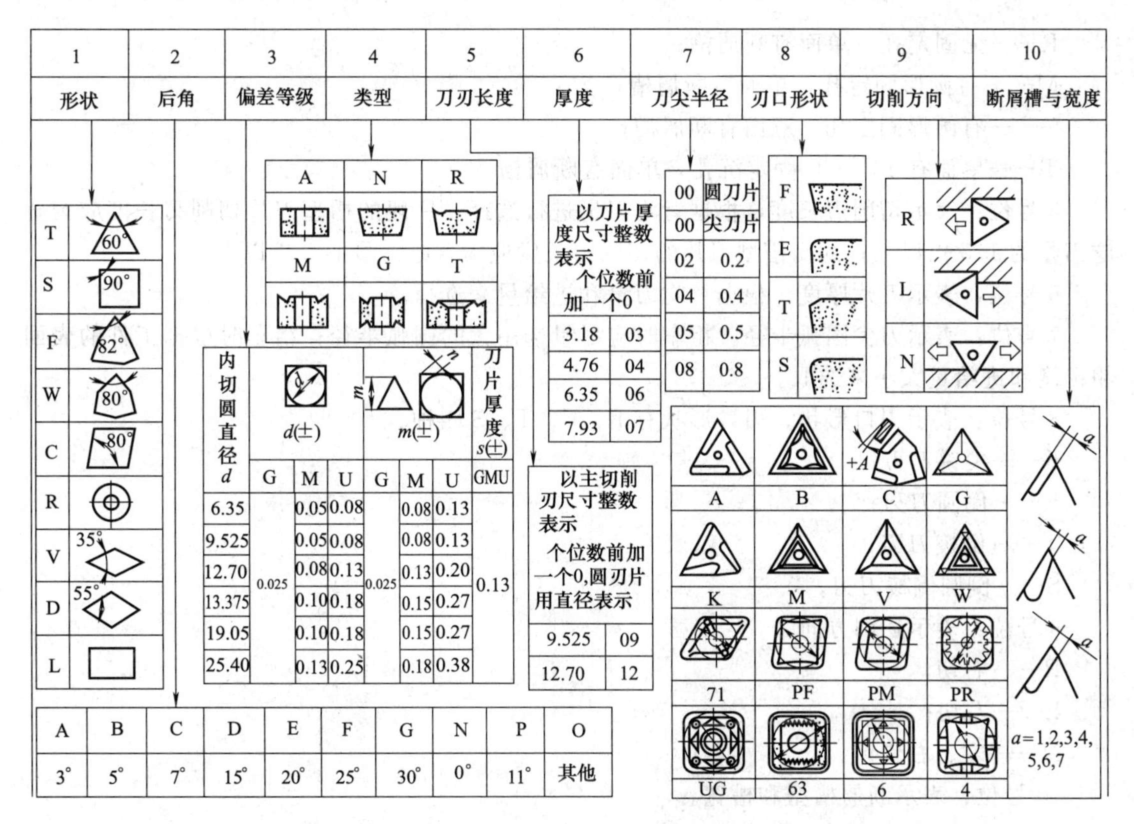

图 6-36　可转位车刀刀片的标记

① 正三角形（T）：刀尖强度差，宜选用较小的切削用量。常用于刀尖角小于 90°的外圆、端面车刀以及加工不通孔、台阶孔的内孔车刀。

② 正方形（S）：刀刃较短，刀尖强度高。主要用于 45°、75°车刀和加工通孔的内孔车刀。

③ 80°菱形（C）：100°刀尖角的刀尖强度高，一般用于粗车外圆和端面；80°刀尖角刀尖强度较高，用于加工外圆和端面，也可用于加工台阶孔的内孔车刀。

④ 凸三边形（W）：有三个刀刃较短的 80°刀尖角，刀尖强度高。主要用于加工外圆、台阶面的 93°外圆车刀以及加工台阶孔的内孔车刀。

⑤ 55°菱形（D）：刀尖强度较低，主要用于仿形加工。

⑥ 35°菱形（V）：刀尖强度低，用于仿形加工。

⑦ 圆形（R）：用于加工成形曲面或精车刀具，径向力大。

2 号位：表示刀片后角。其中 N 型刀片后角为 0°，一般用于粗车和半精车；B（5°）、C（7°）、P（11°）型刀片一般用于半精车、精车、仿形加工和内孔加工。

3 号位：表示刀片尺寸公差等级。可转位车刀共有 16 种精度等级，其中 6 种精度等级适用于车刀，代号为 H、E、G、M、N、U，H 级最高，U 级最低。普通车床粗车和半精车选用 U 级，对刀尖位置要求较高的或数控用车刀选用 M 级，要求更高时选用 G 级。

4 号位：表示刀片固定方式及有无断屑槽。刀片固定方式的选择实际上是对刀片夹紧结构的选择。

A——有圆形固定孔，无断屑槽；

N——无孔平面型；

R——无固定孔，单面有断屑槽；

M——有圆形固定孔，单面有断屑槽；

G——有圆形固定孔，双面有断屑槽；

T——单面有 40°～60°固定沉孔，单面有断屑槽。

5 号位：表示切削刃长度，根据背吃刀量进行选择。一般的槽型刀片切削刃长度应为背吃刀量的 1.5 倍以上；封闭槽型刀片的切削刃长度应为背吃刀量的 2 倍以上。

6 号位：表示刀片厚度。根据背吃刀量和进给量来选择。

7 号位：表示刀尖圆弧半径。粗车时应尽量选用大的圆弧半径；精车时根据工件的表面粗糙度和进给量大小来选取。

8 号位：表示刃口形状。刃口形状有 F、E、T、S 四种。

F——尖锐刀刃；

E——倒圆刀刃；

T——倒棱刀刃；

S——倒圆倒棱刀刃。

9 号位：表示切削方向。

R——右切；

L——左切；

N——左、右皆切。

10 号位：表示断屑槽型和槽宽。

国家标准规定：可转位车刀的型号由一组代表给定意义的字母和数字代号按一定顺序位置排列组成，共 10 位代号；不管哪一个型号的刀片，都必须使用前 7 位代号，后 3 位代号在必要时才使用，若第 8、9 位代号中只使用其中一位时，则无论是第 8 还是第 9 都写在第 8 位上；此外，无论有无第 8、9 位，第 10 位代号都必须用短横线“-”与前面的代号隔开，并且其字母不得使用第 8、9 位上已经使用的字母。

【案例】 解释可转位车刀 SNUM120612-V4 所表示的意义。

【解】 可转位车刀表示的意义：正方形、零后角、U 级精度、带孔单面 V 形槽刀片，刀刃长 12.7mm，厚度 6.35mm，刀尖圆弧半径 1.2mm，断屑槽宽 4mm。

2. 刀片断屑槽型与适用场合

刀片槽型一共有 16 种，其中常用的槽型为 A、K、V、W、C、B、G、M 型。常用断屑槽型的特点及适用场合见表 6-9。

表 6-9 常用断屑槽型特点及适用场合

槽型代号	槽型特点及适用场合	切削用量	
		f/(mm/r)	a_p/mm
A	槽宽前、后相等。断屑范围比较窄。用于切削用量变化不大的外圆，端面车削与内孔车削	0.15～0.6	1.0～6.0
K	槽前窄后宽，断屑范围较宽。主要用于半精车和精车	0.1～0.6	0.5～6.0
V	槽前后等宽，切削刃强度较好，断屑范围较宽。用于外圆、端面、内孔的精车、半精车和粗车	0.05～1.2	0.5～10.0
W	一级断屑槽型，断屑范围较宽，粗、精车都能断屑，但切削力较大。主要用于半精车和精车。要求系统刚性好	0.08～0.6	0.5～0.6
C	加大刃倾角，切削径向力小。用于系统刚性较差的情况	0.08～0.5	1.0～5.0

续表

槽型代号	槽型特点及适用场合	切削用量	
		f/(mm/r)	a_p/mm
B	圆弧变截面全封闭式槽形，断屑范围广。用于各种材料半精加工、精加工以及耐热钢的半精加工	0.1～0.6	1.0～6.0
G	无反屑面，前面呈内孔下凹的盆形，前角较小。用于车削铸铁等脆性材料	0.15～0.6	1.0～6.0
M	为两级封闭式断屑槽，刀尖角为82°，用于吃刀量变化较大的仿形车削	0.2～0.6	1.5～6.0
71	波状刀刃，切屑流向好，易离开工件。正切削作用产生小的切削力。用于粗加工	—	
PF	切削力小，刀刃强度高，精加工时可获得小的表面粗糙度	0.15～2.3	0.5～2.0
PM	具有宽的断屑范围。对于各种材料的加工，都具有优良性能，用于半精加工	0.2～0.6	1.0～7.0
PR	在功率不足时仍有较高生产率，有宽的应用范围，用于粗加工	0.4～1.5	3.0～12
UG	圆点凸台组合式断屑结构。大前角、曲线切削刃，是泛用型刀片。切削力小，适用于中小余量加工，通用性强，还可用来切削铝合金	—	
63	前面密布小凹坑，刀尖有一级断屑槽，直线切削刃，刀刃强度高。用于各种钢、铸件粗加工	(0.3～0.8)r_q	1.0～2L/3①
4	有11°刃倾角变槽宽、切削力小、三维槽型。正前角设计，切屑远离工件，断屑性能好。适用于钢材精加工	0.16～0.6	0.5～L/2
6	多用途槽型设计，双正前角，切削力小。适于a_p、f变化较大的轻、中、重型切削。用于加工合金钢、不锈钢、铸钢	0.2～1.0	1～3/4L

① L—切削刃长度；r_q—刀尖圆弧半径。

3. 可转位车刀几何角度的选择

如图6-37所示，可转位车刀的几何角度是由刀片角度和刀槽角度综合形成的。

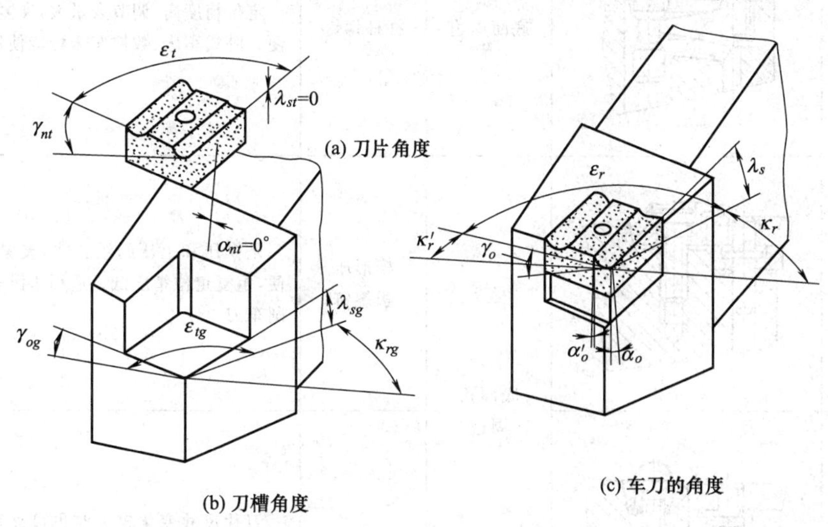

图6-37 可转位车刀的几何

刀片角度是以刀片底面为基准测量的，安装在车刀上相当于法平面参考系角度。刀片的独立角度有刀片法前角γ_{nt}、刀片法后角α_{nt}、刀片刃倾角λ_{st}、刀片刀尖角ε_t。常用刀片的法

后角 α_{nt} 和刃倾角 λ_{st} 为零。

刀槽角度是以刀杆底面为基准测量的，相当于正交平面参考系角度。刀槽的独立角度有刀槽前角 γ_{og}、刀槽刃倾角 λ_{sg}、刀槽主偏角 κ_{rg}、刀槽刀尖角 ε_{tg}。通常将刀柄设计成 $\varepsilon_{tg}=\varepsilon_t$、$\kappa_{rg}=\kappa_r$。

对于 $\alpha_{nt}=0$ 的刀片，要使刀片安装在刀槽上形成车刀后角 α_o，必须使刀槽前角 γ_{og} 小于0；同理，为保证车刀的副刃后角 α_o'，必须使刀槽刃倾角 λ_{sg} 小于0，其值在满足副刃后角 α_o' 的前提下，尽可能取小值，以减小背向力。对于 $\alpha_{nt}=0$ 的刀片，车刀的后角 $\alpha_o=-\gamma_{og}$。

选用可转位车刀时需按选定的刀片角度和刀槽角度来验算刀具几何角度的合理性。可转位车刀几何角度验算公式如下。

$$\gamma_o \approx \gamma_{og}+\gamma_{nt}, \alpha_o \approx -\gamma_{og}$$

$$\kappa_r \approx \kappa_{rg}, \lambda_s \approx \lambda_{sg}, \kappa_r' \approx 180° - \kappa_r - \varepsilon_t$$

$$\tan\alpha_o' \approx \tan\gamma_{og}\cos\varepsilon_r - \tan\lambda_{sg}\sin\varepsilon_r$$

【案例】 已知选用的刀片角度为 $\alpha_{nt}=\lambda_{st}=0°$、$\gamma_{nt}=20°$、$\varepsilon_t=60°$；刀槽角度为 $\kappa_{rg}=90°$、$\lambda_{sg}=-6°$、$\gamma_{og}=-6°$、$\varepsilon_{tg}=60°$。计算车刀的几何角度。

【解】 根据上式，车刀的几何角度为

$$\kappa_r=90°，\lambda_s=-6°，\gamma_o=14°，\alpha_o=6°，\kappa_r'=30°，\alpha_o'=2°12'$$

4. 可转位车刀夹紧结构的选择

可转位车刀刀片的夹紧结构很多，常用的夹紧结构及其特点表 6-10。

表 6-10 可转位车刀刀片的夹紧结构

名称	结构示意图	定位面	夹紧件	主要特点和使用场合
杠杆式	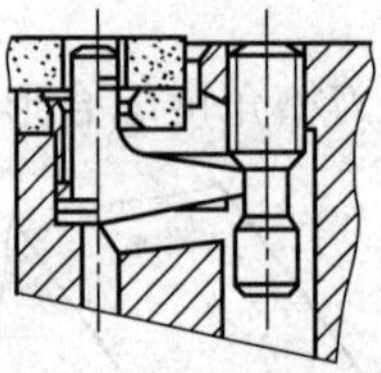	底面周边	杠杆螺钉	定位精度高，调节余量大，夹紧可靠，拆卸方便。卧式车床、数控车床均能使用
楔钩式	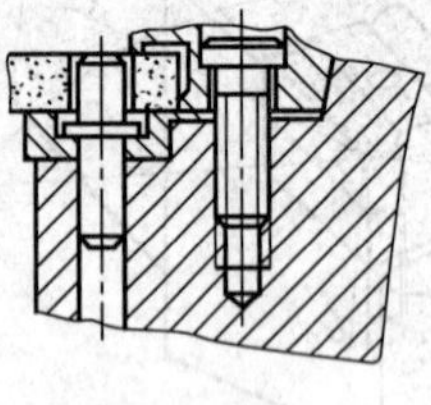	底面孔周边	楔形压板螺钉	是楔压和上压的组合式，夹紧可靠，装卸方便，重复定位精度低。适用于卧式车床断续切削车刀
楔销式	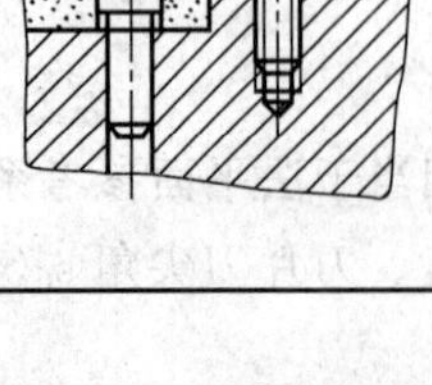		楔块螺钉	刀片尺寸变化较大时也可夹紧，装卸方便，适用于卧式车床进行连续车削车刀

续表

名称	结构示意图	定位面	夹紧件	主要特点和使用场合
上压式		底面周边	压板螺钉	夹紧元件小，夹紧可靠，装卸容易，排屑受一定影响。卧式车床、数控车床均能使用
偏心式			偏心螺钉	夹紧元件小，结构紧凑，刀片尺寸误差对夹紧影响较大，夹紧可靠性差。适用于轻、中型连续切削车刀
螺销上压式			压板螺钉，偏心螺销	是偏心和上压式的组合式。螺销旋入时上端圆柱将刀片推向定位面，压板从上面压紧刀片。夹紧可靠，重复定位精度高。用于数控车床用的车刀
压孔式			锥形螺钉	结构简单，零件少，定位精度高，容屑空间大，对螺钉质量要求高。适用于数控车床上使用的内孔车刀和仿形车刀

第六节　车削加工方法

一、车外圆

车外圆常用的基本刀具有90°偏刀、45°偏刀和75°直头外圆车刀。车削加工时，车刀在方刀架上伸出的长度应尽量短些，以提高刀具的刚度；车刀的刀尖应与机床主轴中心等高。

车削外圆时，工件的装夹通常有以下几种形式。

① 对于形状不规则、尺寸较大的单件或小批量毛坯工件，采用四爪卡盘装夹；四爪卡盘装夹不便时，可考虑在花盘上装夹；中批以上生产时，应采用专用夹具装夹。

② 对于车外圆后，需要磨削、铣削等工序加工较长的轴类或丝杠类零件时，应采用拨盘、鸡心夹头和双顶尖装夹。

③ 对于较重的长轴类工件，粗车外圆时应采用“一夹一顶”的装夹方式。

④ 对内孔已加工且内孔和外圆有同轴度要求的短轴类零件，可采用心轴进行装夹。

⑤ 对于长径比较大、需要掉头的轴类零件，可采用中心架装夹。

⑥ 对于精车切削余量小且不允许掉头的细长光轴零件，可采用跟刀架装夹。

二、车圆锥面

车床上车削圆锥面通常有以下三种方法。

1. 小滑板转位法

当内、外圆锥面的锥角为 α 时，将小刀架转位 $\alpha/2$ 即可车削锥面。这种方法操作简单，可加工任意锥角的内、外圆锥面，但只能手动进给，加工长度较短。小滑板转位法如图 6-38 所示。

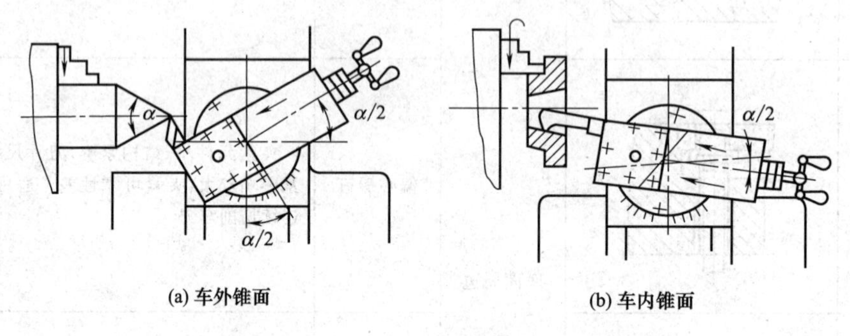

图 6-38　小滑板转位法

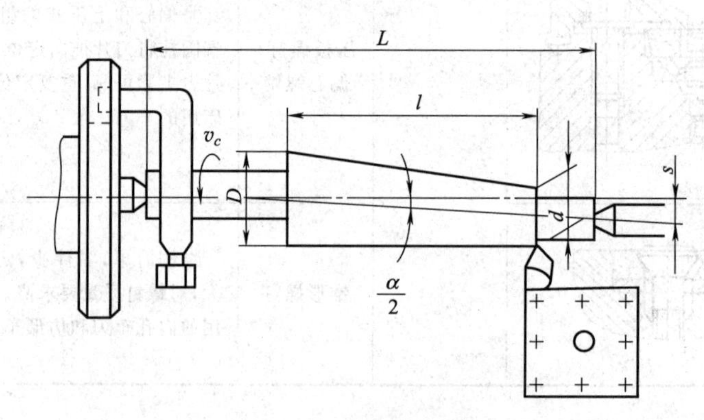

图 6-39　尾座偏移法

2. 尾座偏移法

尾座偏移法只能加工轴类工件或安装在心轴上的盘套类工件的锥面。如图 6-39 所示，将工件或心轴装夹在前、后顶尖之间，把后顶尖向前或向后偏移一定距离 s，使工件回转轴线与车床主轴回转轴线的夹角等于圆锥半角 $\alpha/2$，即可自动走刀车削圆锥面。这种方法适宜加工锥度较小、长度较长和精度要求不高的工件，但不能加工内锥面。

3. 靠模法

如图 6-40 所示为靠模法加工锥面的结构图，将靠模上的靠模板绕中心转到与工件成 $\alpha/2$ 角，用螺钉固定。当床鞍做纵向进给时，通过靠模装置使中滑板横向进给，即可车削锥面。

靠模法车削锥面的优点是准确方便，中心孔接触良好，质量较高。这种方法可实现机动进给车削外圆锥面，斜角一般在 12°以下，适合成批生产。

三、车螺纹

车削螺纹的主要方法有以下三种（图 6-41）。

1. 直进法

直进法是指车刀在每次纵向进给后再横向进刀，通过多次纵向进给和横向进给来完成螺

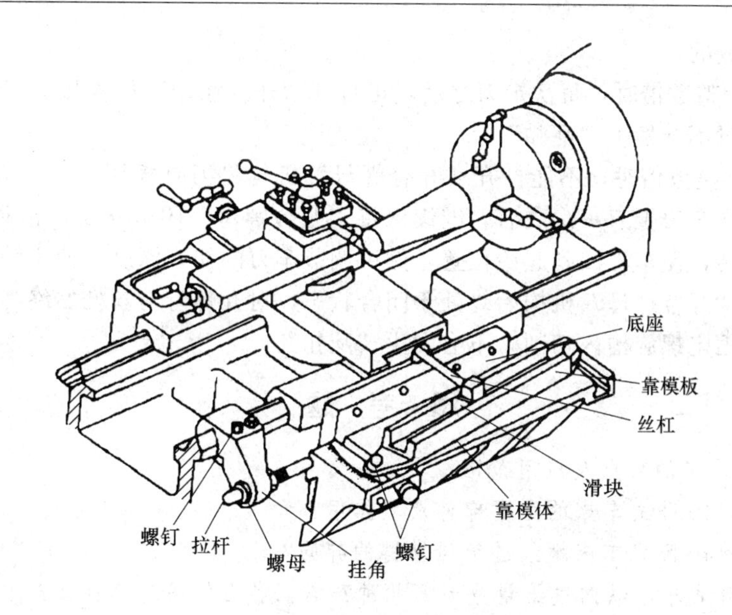

图 6-40　靠模的结构

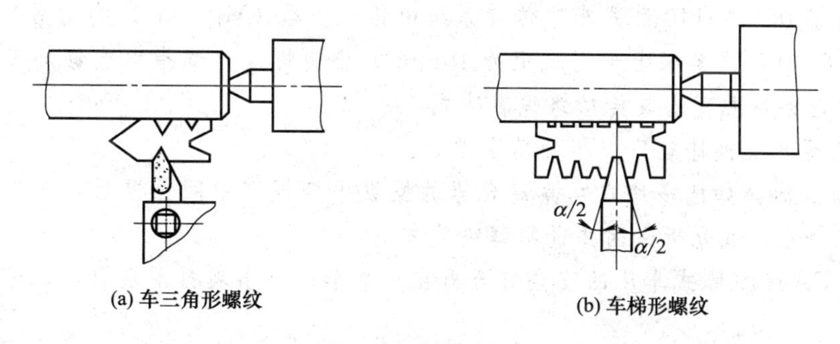

(a) 车三角形螺纹　　(b) 车梯形螺纹

图 6-41　车削外螺纹

纹的车削加工。直进法车削螺纹时，车刀两侧刃同时切削，容易产生扎刀现象，常用于小螺距三角形螺纹的车削。

2. 左、右车削法

左、右车削法是指车刀除横向进刀外，还利用小滑板把车刀向左或向右微量进给，重复几次后将螺纹车削完成。这种方法是利用车刀单刃切削，受力较好，螺纹的表面质量好。粗车时，小滑板可向一个方向移动；精车时，必须使小滑板向左和向右各移动一次以修光两侧面，精车最后 1～2 刀时可采用直进法以保证牙形正确。

3. 斜向切削法

将小刀架扳转一角度，使车刀沿平行于所车螺纹右侧方向进刀，使得车刀两刀刃中，基本上只有一个刀刃切削。这种方法切削力小，散热和排屑条件较好，切削用量大，生产效率较高，但牙形误差较大，一般适用于较大螺距螺纹的粗车。

四、乱扣及其预防措施

车螺纹时，车刀的移动是靠开合螺母与丝杠的啮合来带动的，一条螺纹需经过多次走刀才能完成。当车完一刀再车另一刀时，必须保证车刀总是落在已切出的螺纹槽中，否则就叫“乱扣”，导致工件报废。产生“乱扣”的主要原因是车床丝杠的螺距 $P_{丝}$ 与工件的螺距 $P_{工}$

不是整数倍而造成的。

当 $P_{丝}/P_{工}$ = 整数倍时，每次走刀之后，可打开“开合螺母”机构将车刀横向退出，纵向摇回刀架，此时不会发生“乱扣”。

若 $P_{丝}/P_{工} \neq$ 整数倍时，不能打开“开合螺母”机构将刀具摇回刀架，而是采用开正、反车的方法，即在车刀走刀一次之后，继续保持“开合螺母”闭合状态，沿径向退出车刀，开倒车将工件反转，使车刀回到起始位置，然后调节车刀的切入深度，使主轴正转，进行下一次走刀。由于“开合螺母”机构始终处于闭合状态，对开螺母与丝杠始终啮合，车刀刀尖也就会准确地在固定螺旋槽内切削，不会发生“乱扣”。

思考题

1. 简述车削加工的特点及应用范围？
2. 简述 CA6140 卧式车床的主要部件及其作用？
3. 简述 CA6140 卧式车床螺纹进给传动链的异同？
4. CA6140 卧式车床纵向进给量分为哪几种？它们各自的用途是什么？
5. 列出 CA6140 卧式车床传动系统图中细进给量的传动路线？
6. 请简要说明 CA6140 卧式车床传动系统中各离合器（$M_1 \sim M_9$）的功用？
7. 在 CA6140 卧式车床上车削螺距为 10mm 的公制螺纹，试指出能够加工这一螺纹的传动路线有哪几条？并列出其传动路线表达式？
8. 为什么通过配换挂轮可以车削精密螺纹？
9. 车削加工时，如把多片式摩擦离合器的操纵手柄扳到中间位置后，车床主轴要转一段时间后才能停止，试分析原因并说明解决的方法？
10. 如果 CA6140 卧式车床的安全离合器在正常车削时出现打滑现象，试分析原因并说明解决办法？
11. 如果 CA6140 卧式车床的横向进给丝杠螺母间隙过大，会给车削工作带来什么不良影响？如何解决？
12. 在 CA6140 卧式车床的传动系统中，主轴箱及溜板箱中都有换向机构，它们的作用是否相同？能否用主轴箱中的换向机构来变换纵横机动进给方向？为什么？
13. 在 CA6140 卧式车床传动系统中，为何既有光杠又有丝杠来实现刀架的直线运动？可否利用丝杠代替光杠作机动进给？为什么？
14. 溜板箱中为什么要设置互锁机构？
15. 简述车床上的常用附件及其用途？
16. 简述常用车刀的种类及用途？
17. 简述车圆锥面的方法及其特点？
18. 简述车螺纹时应如何预防乱扣？

第七章　铣 削 加 工

教学要求

掌握铣削加工的工艺特征及应用范围。

掌握 X6132 型万能升降台铣床的结构组成。

掌握 X6132 型万能升降台铣床的传动系统。

掌握 X6132 型万能升降台铣床的主要部件及功能。

掌握 X6132 型万能升降台铣床分度头的分度方法。

掌握常用尖齿铣刀的结构及其应用。

了解可转位面铣刀的种类及应用。

第一节　铣削加工概述

一、铣削加工方法

铣削加工是将工件用虎钳或夹具固定在铣床工作台上，将铣刀安装在主轴前端刀杆或主轴上，通过铣刀的旋转与工件或铣刀的进给运动相配合，实现平面或成形面加工的方法。

二、铣削加工范围

铣床的加工范围很广，使用不同规格的铣刀可以加工平面、键槽、V 形槽、T 形槽、燕尾槽、螺旋槽、齿轮、成形表面及切断工件等。铣削加工的工艺范围见图 7-1。

三、工件安装方式

在铣床上加工工件时，工件的安装方式主要有三种。

① 利用螺栓和压板直接将工件安装在铣床工作台上，并用百分表、划针等工具找正工件，常用于大型工件的安装。

② 采用平口钳、V 形架和分度头等通用夹具装夹工件，常用于形状简单的中、小型工件的安装。

③ 采用专用夹具进行装夹工件。常用于精度要求较高的表面和批量生产的情况。工件的安装方式如图 7-2 所示。

四、铣削加工运动

铣削加工的运动主要由主运动、进给运动和辅助运动组成。

铣削加工的主运动是铣床主轴带动刀具的旋转运动。

铣削加工的进给运动是铣床工作台带动工件的直线运动［图 7-1（a）～(f)］和铣床工作台带动工件的平面回转运动或曲线运动［图 7-1（o)、(p)］。

铣削加工的辅助运动是指铣床工作台带动工件快速接近铣刀的运动；对有螺旋槽和齿轮表面的零件的加工，还要将零件装夹在分度头等附件上实现螺旋进给和分齿运动［图 7-1（m)、(n)］。

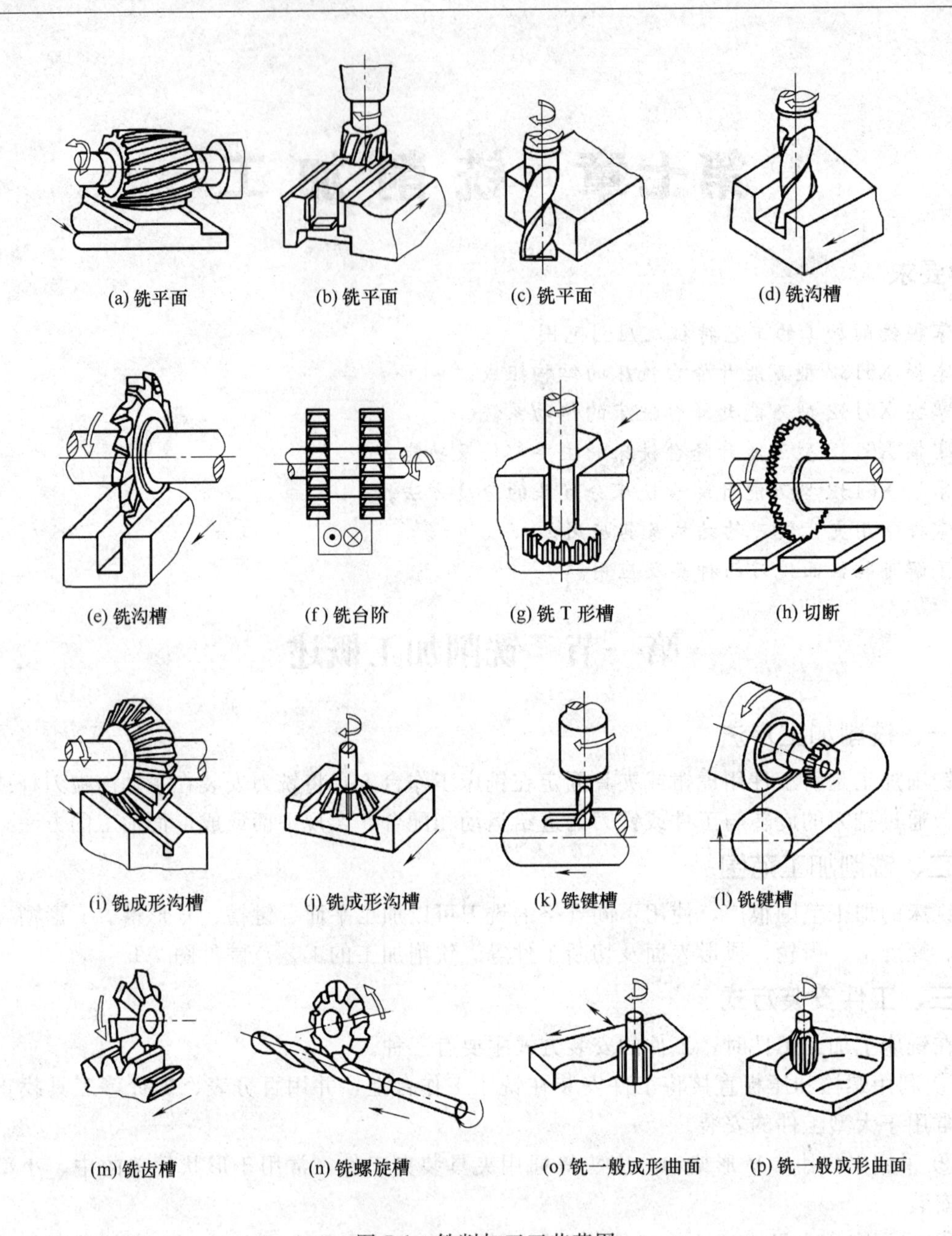

(a) 铣平面 (b) 铣平面 (c) 铣平面 (d) 铣沟槽

(e) 铣沟槽 (f) 铣台阶 (g) 铣 T 形槽 (h) 切断

(i) 铣成形沟槽 (j) 铣成形沟槽 (k) 铣键槽 (l) 铣键槽

(m) 铣齿槽 (n) 铣螺旋槽 (o) 铣一般成形曲面 (p) 铣一般成形曲面

图 7-1 铣削加工工艺范围

五、铣削运动方式

铣削运动方式分为圆周铣削（周铣）和端面铣削（端铣）两种方式（图 7-3）。利用铣刀圆周齿进行切削的铣削方式称为周铣；利用铣刀端部齿进行铣削的方式称为端铣。

1. 圆周铣削

圆周铣削包括逆铣和顺铣两种方式（图 7-4）。铣刀的旋转方向和工件的进给方向相反的称为逆铣，反之则称为顺铣。

（1）逆铣的特点 逆铣时，每齿切削厚度由零到最大；切削刃开始时不易切入工件，会在工件已加工表面上滑行一小段距离，故工件表面冷硬程度加重，表面粗糙度变大，刀具磨

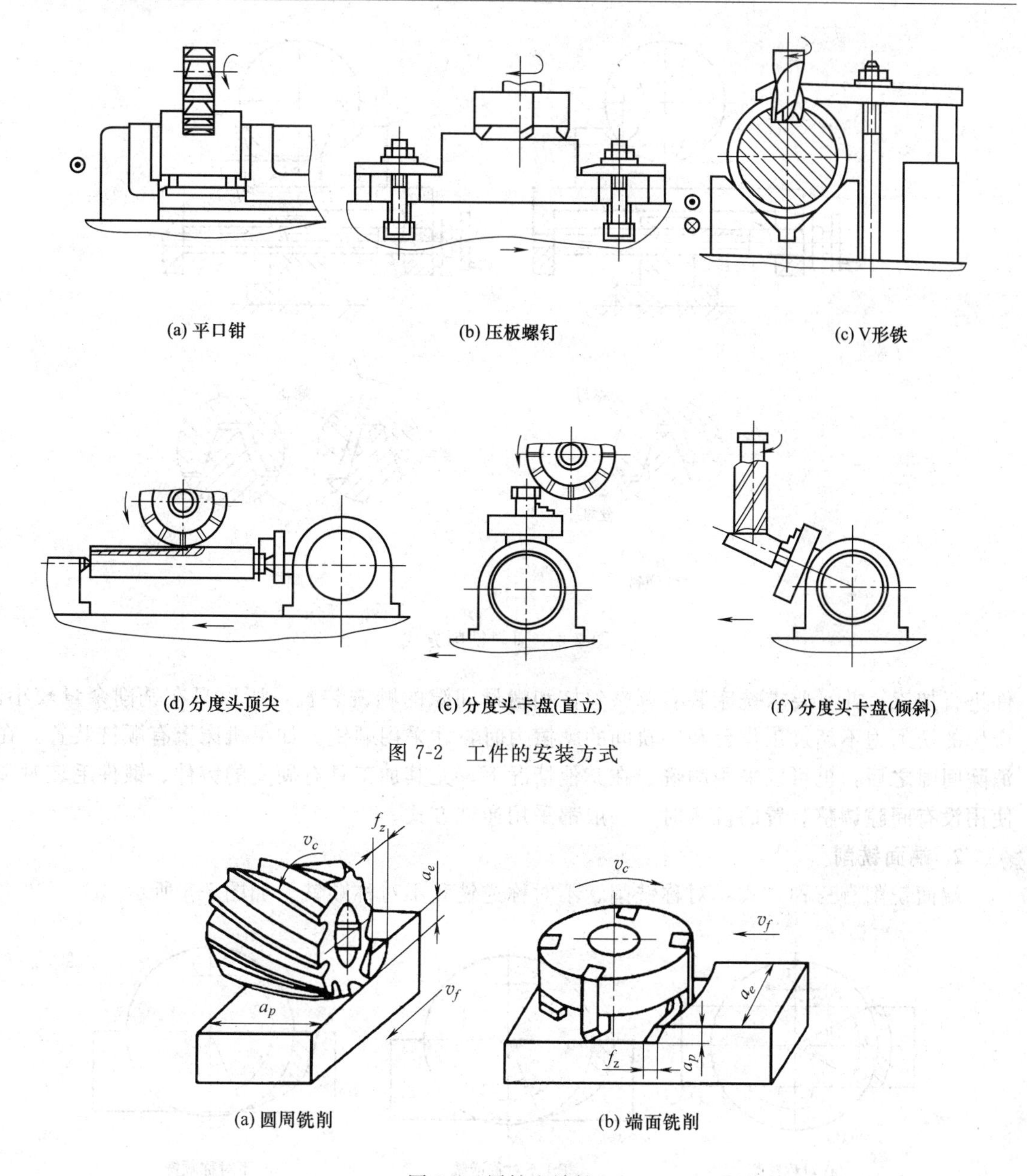

(a) 平口钳　(b) 压板螺钉　(c) V形铁

(d) 分度头顶尖　(e) 分度头卡盘(直立)　(f) 分度头卡盘(倾斜)

图 7-2　工件的安装方式

(a) 圆周铣削　(b) 端面铣削

图 7-3　周铣和端铣

损加剧；铣削力作用在垂直方向的分力方向上，不利于工件的夹紧；但水平分力的方向与进给方向相反，有利于工作台的平稳运动。

（2）顺铣的特点　顺铣时，每齿切削厚度由最大到零，刀齿和工件间无相对滑动，故加工面上没有因摩擦造成的硬化层，工件切削容易，表面粗糙度值小，刀具寿命长；顺铣时，铣削力在垂直方向的分力始终向下，有利于工件夹紧；但铣削力作用在水平分力的方向与进给方向相同，当其大于工作台和导轨之间的摩擦力时，就会把工作台连同丝杠向前拉动一段距离，这段距离等于丝杠和螺母间的间隙，因而将影响工件的表面质量，严重时还会损坏刀具，造成事故。

综上所述，尽管顺铣较逆铣有很多优点，但因其容易引起振动，仅能对表面无硬皮的工

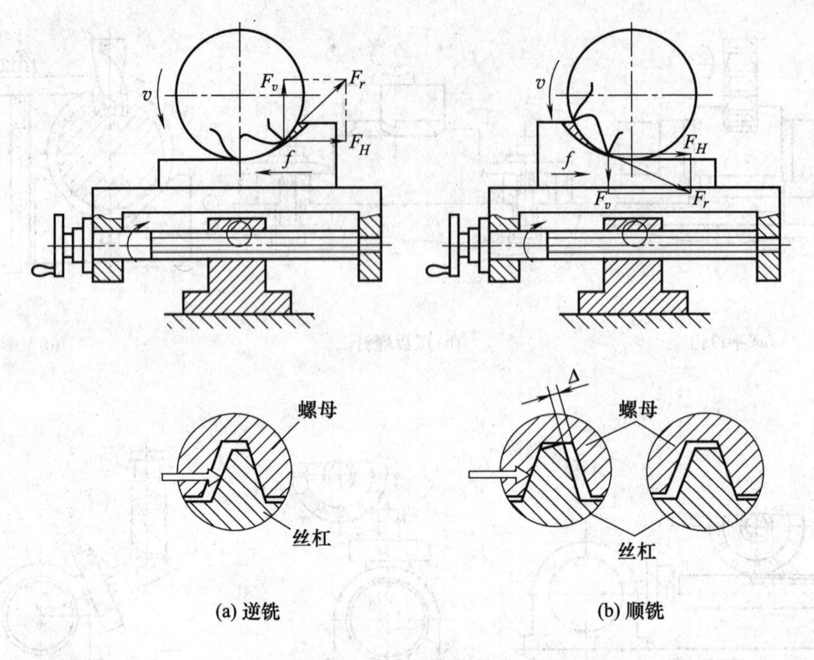

图 7-4 圆周铣削方式

件进行加工，并且要求铣床装有调整丝杠和螺母间隙的顺铣装置，所以只在铣削余量较小，产生的切削力不超过工作台和导轨间的摩擦力时，才采用顺铣。如果机床上有顺铣装置，在消除间隙之后，也可以采用顺铣。在其他情况下，尤其加工具有硬皮的铸件、锻件毛坯时和使用没有间隙调整装置的铣床时，一般都采用逆铣方式。

2. 端面铣削

端面铣削有三种方式：对称铣削、不对称逆铣和不对称顺铣。如图 7-5 所示。

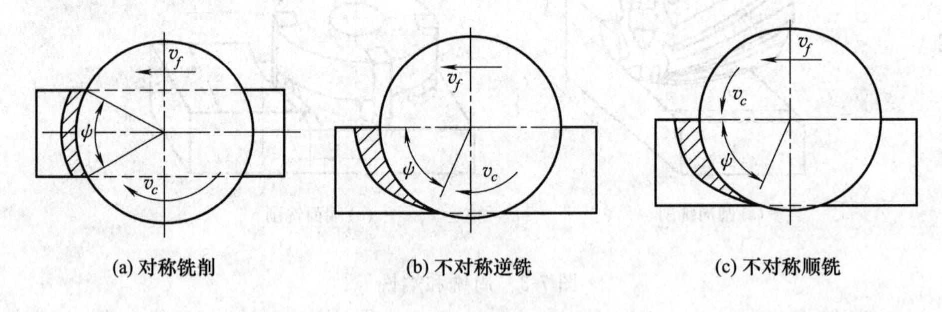

图 7-5 端面铣削方式

(1) 对称铣削 铣刀处于工件对称位置的铣削。对称铣削时，铣刀切入和切出的厚度相同，平均厚度较大，工件的前半部分为顺铣，后半部分为逆铣。对称铣削适用于工件宽度接近铣刀直径且铣刀齿数较多的情况，铣削淬硬钢时常采用对称铣削方式。

(2) 不对称逆铣 工件的铣削宽度偏于铣刀回转中心一侧的铣削方式称为不对称铣削。不对称逆铣时，切入厚度较小，切出厚度较大。铣削碳钢和合金钢时，采用这种方式可减小切入冲击，提高刀具使用寿命。

(3) 不对称顺铣 不对称顺铣时，切入厚度较大，切出厚度较小。这种切削方式一般很少采用，但用于铣削不锈钢和耐热合金钢时，可减少硬质合金刀具剥落破损，切削速度可提高40%～60%。

六、铣削加工特点

① 铣刀是多刃刀具，铣削时每个刀齿周期性地断续切削，刀齿散热条件好，铣削效率高。

② 铣削加工范围广，可以加工某些切削方法无法加工或难以加工的表面。例如可铣削四周封闭的凹平面、圆弧形沟槽、具有分度要求的小平面和沟槽等。

③ 铣削加工中，每个刀齿是周期性地切入切出，形成断续切削，铣削过程不平稳；加工中会产生冲击和振动，会影响刀具的使用寿命和工件的表面质量。

④ 铣刀结构复杂，制造与刃磨较困难，所以铣削成本高。

⑤ 铣削加工可以对工件进行粗加工和半精加工，加工精度可达IT7～IT9，精铣表面粗糙度值 Ra 在3.2～1.6μm。

⑥ 铣削加工适用于单件小批量生产，也适用于大批量生产。

第二节 铣削加工设备

一、铣床的分类

铣床的种类很多，根据铣床的结构和用途不同，分为卧式铣床、立式铣床、龙门铣床、仿形铣床和工具铣床等。图7-6所示为常用的铣床类型。

立式和卧式升降台铣床主要用于单件、小批量生产中的平面、沟槽和台阶面加工；龙门铣床主要用于成批和大量生产中大、中型工件的平面和沟槽加工；万能工具铣床主要用于工具、刀具和各种模具的加工，也可用于仪器仪表行业具有复杂表面的零件的加工；圆台铣床主要用于成批和大量生产中、小零件的加工。

二、X6132型万能升降台铣床的结构

万能升降台铣床与一般升降台铣床的主要区别在于工作台除了具有纵向、横向和垂直方向的进给运动外，还能绕垂直轴线在±45°范围内回转，从而扩大了铣床的工艺范围。

X6132型万能升降台铣床的结构主要包括以下部分，如图7-7所示。

(1) 底座　用来支承铣床的全部重量和盛放冷却润滑液，底座上装有冷却润滑电动机。

(2) 床身　用来安装和连接机床其他部件，床身的前面有燕尾形垂直导轨，供升降台上下移动，床身后装有电动机。

(3) 悬梁　用来支承安装的铣刀和心轴，以加强刀杆的刚度。悬梁可以在床身顶部水平导轨中移动，以调整其伸出长度。

(4) 主轴　用来安装铣刀，由主轴带动铣刀刀杆旋转。

(5) 工作台　用来安装机床附件或工件，并带动它们做纵向移动。台面上有3个T形槽，用来安装T形螺钉或定位键。

(6) 回转盘　使纵向工作台绕回转盘轴线做正负45°转动，用来铣削螺旋表面。

(7) 床鞍　装在升降台的水平导轨上，带动工作台一起做横向移动。

(8) 升降台　支承工作台，并带动工作台垂直移动。

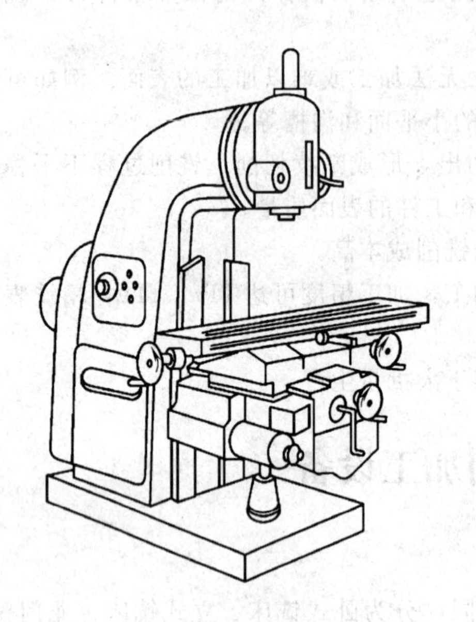
(a) 立式升降台铣床

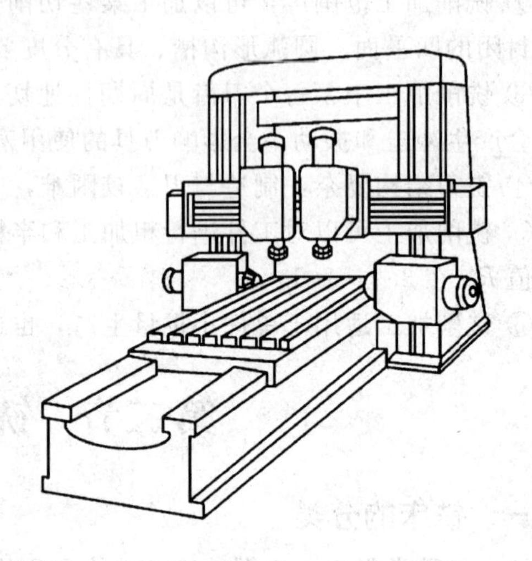
(b) 龙门铣床

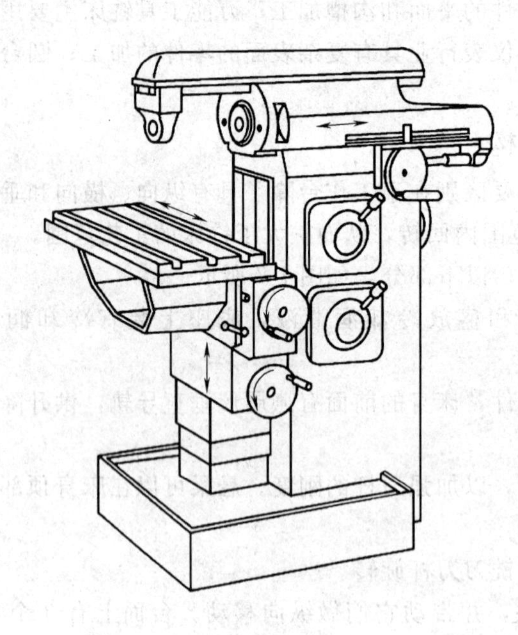
(c) 万能工具铣床

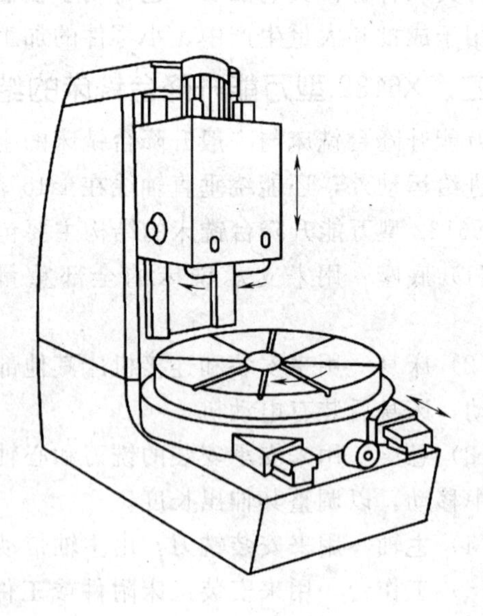
(d) 圆台铣床

图 7-6 常用的铣床类型

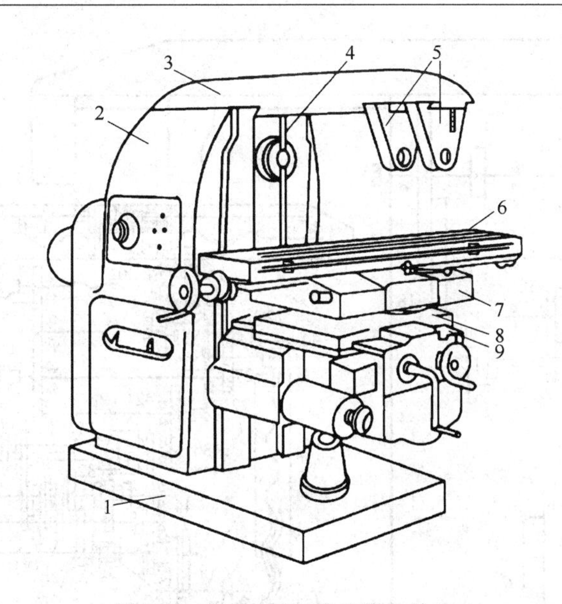

图 7-7　X6132 型万能升降台铣床

1—底座；2—床身；3—悬梁；4—主轴；5—刀轴支架；6—工作台；7—回转盘；8—床鞍；9—升降台

三、X6132 型万能升降台铣床的技术参数

表 7-1　X6132 型万能升降台铣床的技术参数

名　　称		技术参数
工作台尺寸(宽×长)		320mm×1250mm
主轴	转速级数	18
	转速范围/(r/min)	30～1500
	锥孔锥度	7∶24
工作台最大行程	纵向/mm	800
	横向/mm	300
	垂直/mm	400
进给量(21 级)	纵向/(mm/min)	10～1000
	横向/(mm/min)	10～1000
	垂直/(mm/min)	3.3～333
快速进给量	纵向与横向(mm/min)	2300
	垂直(mm/min)	766.6
电动机功率	主电动机	7.5kW,1450r/min

第三节　X6132 型万能升降台铣床的传动系统

一、主运动传动系统

X6132 型万能升降台铣床的传动系统如图 7-8 所示。

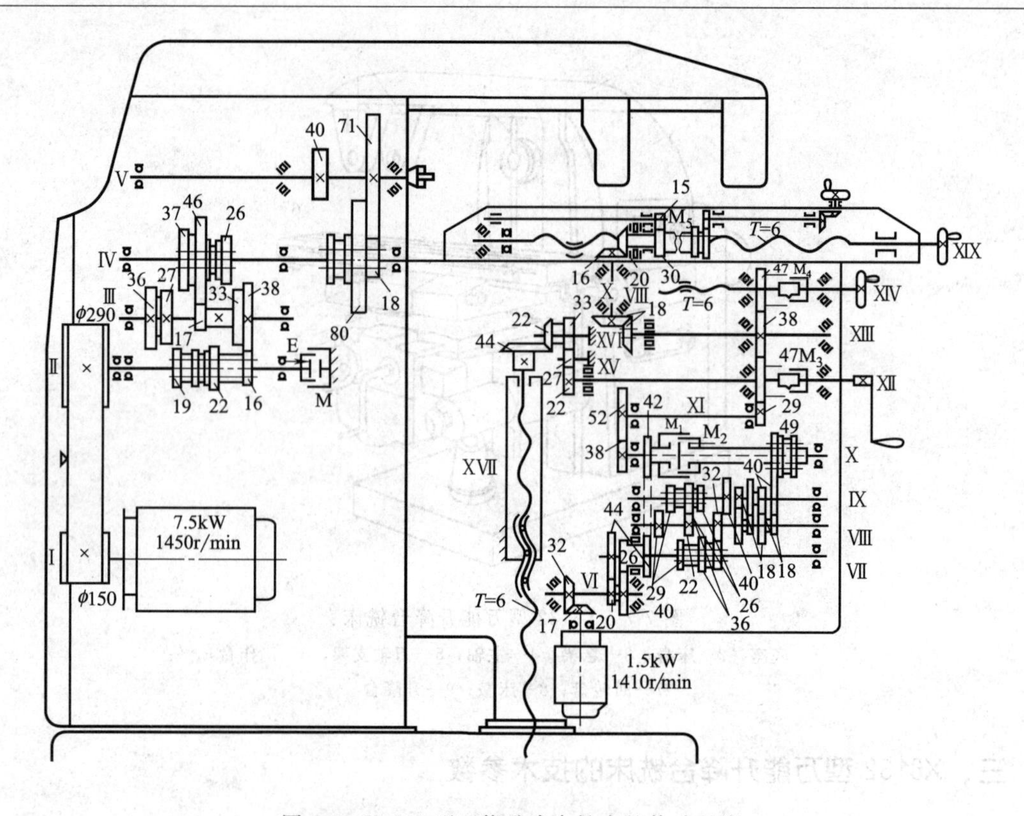

图 7-8　X6132 型万能升降台铣床的传动系统

其主运动传动路线表达式为

$$n_{主电动机}-\mathrm{I}-\frac{\phi150}{\phi290}-\mathrm{II}-\begin{bmatrix}\frac{19}{36}\\ \frac{22}{33}\\ \frac{16}{38}\end{bmatrix}-\mathrm{III}-\begin{bmatrix}\frac{27}{37}\\ \frac{17}{46}\\ \frac{38}{26}\end{bmatrix}-\mathrm{IV}-\begin{bmatrix}\frac{80}{40}\\ \frac{18}{71}\end{bmatrix}-主轴\mathrm{V}$$

主传动系统共获得 18 级转速，主轴的旋转方向由电动机改变正、反转实现变向，主轴的制动是通过安装在轴Ⅱ上的电磁离合器 M 进行控制。

二、进给运动传动系统

X6132 型万能升降台铣床的工作台可以实现纵向、横向和垂直三个方向的进给运动和快速移动，进给运动由进给电动机驱动。其传动路线表达式为

$$n_{进给电动机}-\frac{17}{32}-\mathrm{VI}-\begin{bmatrix}\frac{20}{44}-\mathrm{VII}-\begin{bmatrix}\frac{29}{29}\\ \frac{36}{22}\\ \frac{26}{32}\end{bmatrix}-\mathrm{VIII}-\begin{bmatrix}\frac{32}{26}\\ \frac{22}{36}\\ \frac{29}{29}\end{bmatrix}-\mathrm{IX}-u_{曲回机构}-\mathrm{M}_{2合}\\ \frac{40}{26}\times\frac{44}{42}-\mathrm{M}_{1合}\ （快速进给路线）\end{bmatrix}-\mathrm{X}-\frac{38}{52}$$

$$
-\text{XI}-\frac{29}{47}-\text{XII}-\left[\begin{array}{l}\frac{47}{38}-\text{XIII}-\left[\begin{array}{l}\frac{18}{18}-\text{XVIII}-\frac{16}{20}-M_{5合}-\text{XIX}\ (\text{纵向进给})\\ \qquad\frac{38}{47}-M_{4合}-\text{XIV}\ (\text{横向进给})\end{array}\right]\\ M_{3合}-\text{XII}-\frac{22}{27}-\text{XV}-\frac{27}{33}-\text{XVI}-\frac{22}{44}-\text{XVII}\ (\text{垂直进给})\end{array}\right]
$$

理论上，铣床在三个进给方向上均可获得 3×3×3＝27 种不同的进给量，但实际上一共可以获得 21 种不同的进给量，其中纵向和横向进给速度范围为 10～1000mm/min，垂直方向进给速度范围为 3.3～333mm/min。

【案例】　简述曲回机构的工作原理。

【解】　轴Ⅷ和轴Ⅸ之间的曲回机构工作原理如图 7-9 所示。

轴Ⅹ上的单联滑移齿轮有左、中、右三个啮合位置，当滑移齿轮在 a、b、c 三个位置啮合时，可以得到三种传动比。

$$
\left[\begin{array}{l}\frac{40}{49}\ (\text{滑移齿轮 49 左移})\\ \frac{18}{40}\times\frac{18}{40}\times\frac{40}{49}\ (\text{滑移齿轮 49 中移})\\ \frac{18}{40}\times\frac{18}{40}\times\frac{18}{40}\times\frac{18}{40}\times\frac{40}{49}\ (\text{齿轮 49 右移})\end{array}\right]
$$

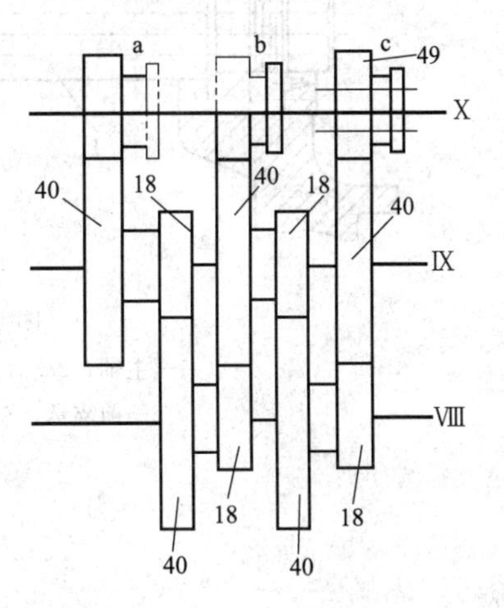

图 7-9　曲回机构工作原理

第四节　X6132 型万能升降台铣床的典型结构

一、铣床主轴部件

铣床的主轴部件如图 7-10 所示。X6132 型万能升降台铣床的主轴用于安装铣刀并带动其旋转。主轴采用三支承结构提高其刚性以减少振动：前支承采用 D 级精度的圆锥滚子轴承，承受径向力和向左的轴向力；中间支承采用 E 级圆锥滚子轴承，承受径向力和向右的轴向力；后支承采用 G 级的单列深沟球轴承，只承受径向力。主轴的回转精度由前支承和中间支承保证。主轴轴承间隙的调整是通过调整螺钉 10 和旋紧螺钉 3 完成的。

在靠近主轴前端安装的齿轮上连接有一个大飞轮，以增加主轴旋转的平稳性和抗振性；空心主轴前端有 7∶24 精密锥孔和精密定心外圆柱面，用于安装铣刀刀杆或带尾柄的铣刀，并可通过拉杆将铣刀或刀杆拉紧；主轴前端镶有两个端面键 7，铣刀锥柄上开有与端面键 7 相配的缺口，使端面键 7 嵌入铣刀柄部传递扭矩。

二、孔盘变速机构

X6132 型万能升降台铣床的主运动和进给运动的变速都采用孔盘变速操纵机构进行控制，图 7-11 所示为孔盘变速操纵机构原理图。孔盘变速操纵机构主要由孔盘 4、齿条轴 2 和 2′、齿轮 3 和拨叉 1 等组成，如图 7-11（a）所示。

孔盘 4 上划分了几组直径不同的圆周，每个圆周又划分为相互错开的 18 个位置，这 18 个位置分为大孔、小孔或无孔三种状态。在齿条轴 2 和 2′上加工出直径分别为 D 和 d 的两

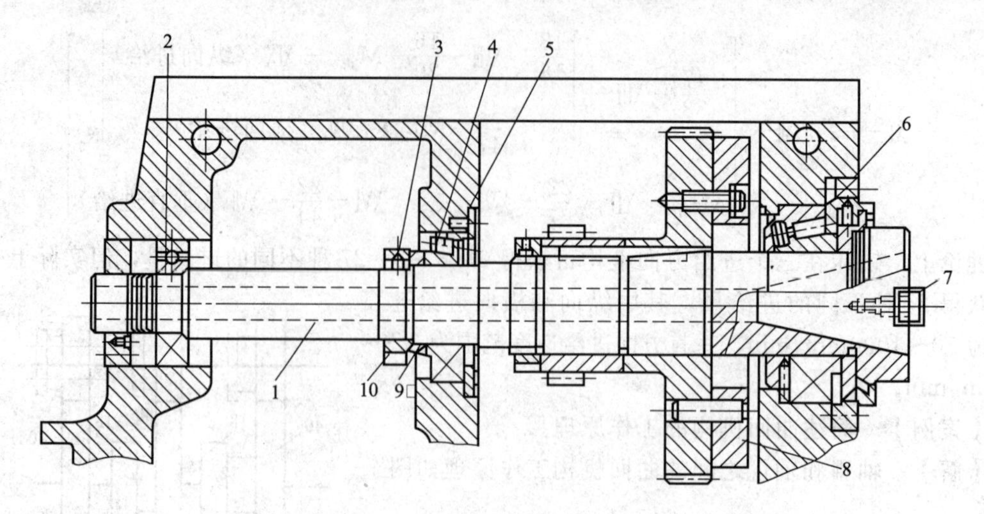

图 7-10　X6132 型铣床的主轴部件

1—主轴；2—后支承；3—旋紧螺钉；4—中间支承；5—轴承盖；
6—前支承；7—端面键；8—飞轮；9—隔套；10—调整螺钉

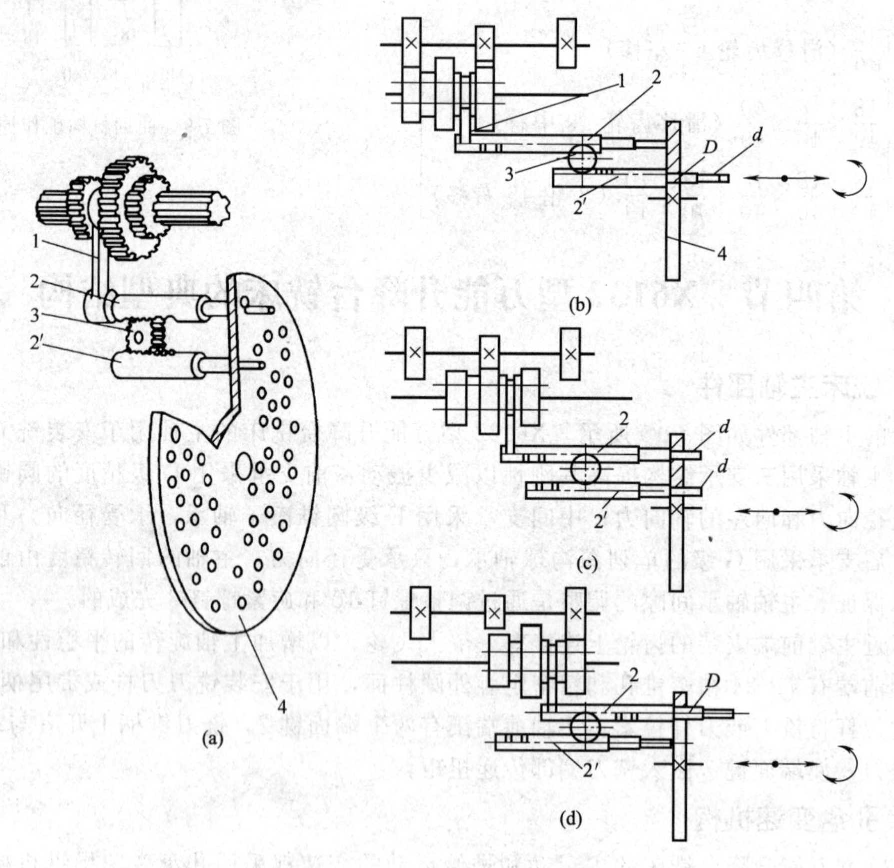

图 7-11　孔盘变速操纵机构原理图

1—拨叉；2,2 —齿条轴；3—齿轮；4—孔盘

段台肩，直径为 d 的台肩只穿过孔盘上的小孔，直径为 D 的台肩只穿过孔盘上的大孔。

变速时，先将孔盘右移，使其退离齿条轴，然后根据变速要求，孔盘转动一定角度，最后将孔盘左移复位。孔盘在复位时，可通过孔盘上对应齿条轴之处为大孔、小孔或无孔的不同状态，使滑移齿轮获得三种不同位置，得到三种不同速度，从而达到变速的目的。三种工作状态分别如下。

① 孔盘上对应齿条轴 2 的位置无孔，齿条轴 2′的位置为大孔。孔盘复位时，左顶齿条轴 2，并通过拨叉 1 将三联滑移齿轮推到左位；齿条轴 2′则在齿条轴 2 和齿轮 3 的作用下右移，台肩 D 穿过孔盘上的大孔，如图 7-11（b）所示。

② 孔盘上对应齿条轴 2 和 2′的位置均为小孔。两齿条轴上的台肩 d 均穿过孔盘上小孔，齿条轴 2 和 2′处于中间位置，从而带动拨叉使滑移齿轮处于中间位置，如图 7-11（c）所示。

③ 孔盘上对应齿条轴 2 的位置为大孔，齿条轴 2′的位置为无孔。孔盘复位时，左顶齿条轴 2′，通过齿轮 3 使齿条轴 2 的台肩穿过大孔右移，并将三联滑移齿轮推到右位，如图 7-11（d）所示。

三、顺铣机构

X6132 型万能升降台铣床设有顺铣机构，其工作原理如图 7-12 所示。齿条 5 在弹簧 6 作用下右移，使冠状齿轮 4 按图示箭头方向旋转，并通过左、右螺母外圆的齿轮使二者做相反方向转动，从而使螺母 1 的螺纹左侧与丝杠 3 螺纹右侧靠紧，螺母 2 的螺纹右侧与丝杠 3 螺纹左侧靠紧。

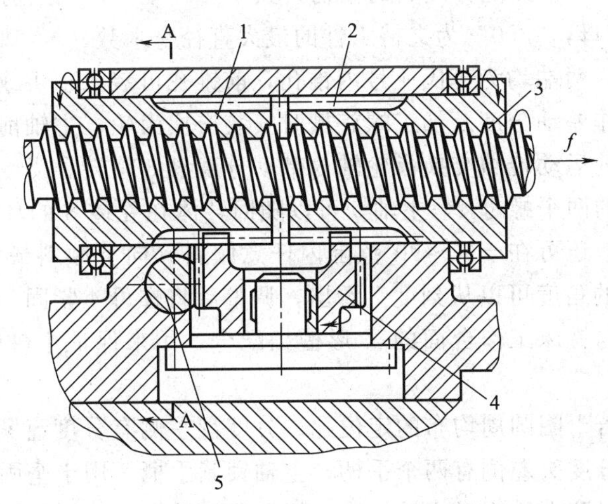

A—A放大

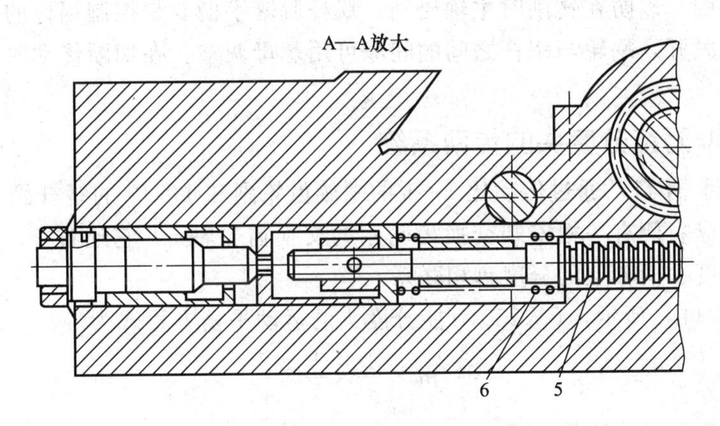

图 7-12 顺铣机构的工作原理图

1,2—螺母；3—丝杠；4—冠状齿轮；5—齿条；6—弹簧顺铣时，丝杠 3 的轴向力由螺母 1 承受，由于丝杠 3 和螺母 1 之间摩擦力的作用，使螺母 1 有随丝杠 3 转动的趋势，并通过冠状齿轮使螺母 2 产生与丝杠 3 反向旋转的趋势，从而消除了螺母 2 与丝杠间的间隙，不会产生轴向窜动。

逆铣时，丝杠 3 的轴向力由螺母 2 承受，由于二者之间产生较大的摩擦力，因而使螺母 2 随丝杠 3 一起转动，并通过冠状齿轮 4 使螺母 1 产生与丝杠 3 反向旋转的趋势，使螺母 1 螺纹左侧与丝杠螺纹右侧间产生间隙，从而减少丝杠磨损。

第五节　万能分度头及分度方法

一、万能分度头的用途

万能分度头是铣床附件之一，它安装在铣床工作台上用来支承工件，并利用分度头完成工件的分度、回转等一系列动作，从而在工件上加工出方头、六角头、花键、齿轮、斜面、螺旋槽、凸轮等多种表面，扩大了铣床的工艺范围。目前常用的万能分度头型号有 FW125、FW250 等。

二、FW250 万能分度头的结构

图 7-13 所示为 FW250 万能分度头的结构，其中“F”、“W”分别为万能分度头“分”、“万”的汉语拼音首字母，“250”为夹持工件的最大直径毫米数。

主轴 9 是空心的，两端均为莫氏 4 号内锥孔，前锥孔可装入顶尖或锥柄心轴，后锥孔用来装交换齿轮轴，用作差动分度及加工螺旋槽时安装交换齿轮；主轴前端外部有螺纹，用来安装三爪卡盘。主轴的运动传给交换齿轮轴 5 带动分度盘 3 旋转。

松开壳体 8 上部的两个螺母 4，主轴 9 可以随回转体在壳体 8 的环形导轨内转动，因此主轴除安装成水平外，还可在 $-6°\sim90°$ 范围内任意倾斜（向下倾斜最大至 6°，向上倾斜最大至 90°），主轴倾斜的角度可以从刻度上看出，调整后将螺母 4 紧固。在壳体 8 下面，固定有两个定位块，以便与铣床工作台面的 T 形槽相配合，用来保证主轴轴线准确地平行于工作台的纵向进给方向。

分度盘 3 上面有若干圈圆周均布的定位孔。分度盘左侧有分度盘紧固螺钉 1，用来紧固或微量调整分度盘。分度头左侧有两个手柄，主轴锁紧手柄 7 用于坚固或松开主轴，分度时松开，分度后紧固，以防在铣削时主轴松动；蜗杆脱落手柄 6 是控制蜗杆的手柄，可以使蜗杆和蜗轮啮合或脱开，蜗轮与蜗杆之间的间隙可用螺母调整。在切断传动时，可用手转动分度头的主轴。

三、FW250 万能分度头的传动系统

分度时转动手柄 11，通过传动比 1∶1 的螺旋齿轮副和 1∶40 的蜗杆副带动主轴旋转对工件分度。分度盘右侧有一根安装交换齿轮用的交换齿轮轴 5，它通过 1∶1 的交错轴斜齿轮副和空套在分度手柄轴上的分度盘相联系。

根据图 7-13（b）所示，FW250 万能分度头的运动平衡方程式为

$$n=n_k\times\frac{1}{1}\times\frac{1}{1}\times\frac{1}{40}$$

式中　n_k——分度手柄的转数；

n——分度头主轴转数。

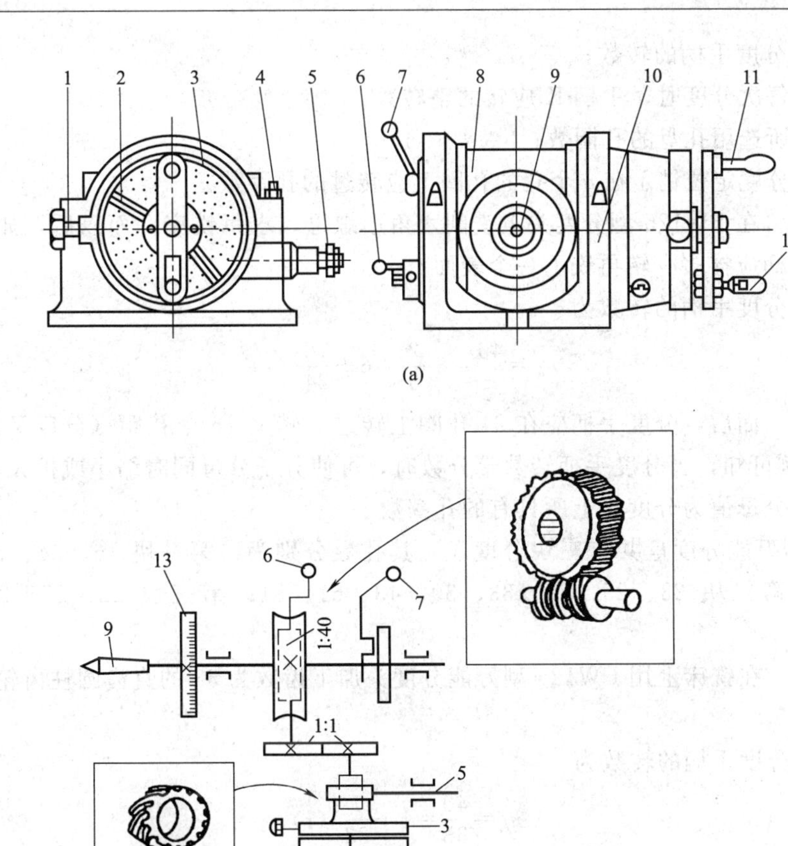

图 7-13 万能分度头的外形和传动系统

1—分度盘紧固螺钉；2—分度叉；3—分度盘；4—螺母；5—交换齿轮轴；6—蜗杆脱落手柄；7—主轴锁紧手柄；8—回转壳体；9—主轴；10—基座；11—分度手柄 K；12—分度定位销 J；13—刻度盘

四、万能分度头的分度方法

1. 直接分度法

在加工分度数目不多（如 2、4、6 等分）或分度精度要求不高时，可采用直接分度法。分度时，松开手柄 6，脱开蜗轮蜗杆，用手直接转动主轴，所需转角由刻度盘 13 读出。分度完毕后，锁紧手柄 6，以免加工时转动。

2. 简单分度法

分度数较多时，可用简单分度法。分度前，使蜗轮蜗杆啮合，并用紧固螺钉 1 锁紧分度盘 3；选择分度盘的孔圈，调整分度定位销 12 对准所选孔圈；顺时针转动手柄至所需位置，然后重新将定位销插入对应孔中。

如图 7-13（b）所示，设工件每次所需分度数为 z，则每次分度时主轴应转 $1/z$ 转，手柄应转 n_k 转，根据传动系统图可知分度时手柄转数 n_k 为

$$n=\frac{1}{z}=n_k\times\frac{1}{1}\times\frac{1}{1}\times\frac{1}{40}$$

$$n_k=\frac{40}{z}=a+\frac{p}{q}\ (\mathrm{r})$$

式中 n_k——分度手柄的转数；

a——每次分度时，手柄K应转的整转数；

q——所选用孔盘的孔圈数；

p——分度定位销J在q个孔的孔圈上应转过的孔距数。

【案例】 在FW125型分度头上铣削六角形螺母，求每铣完一面以后，如果用简单分度法分度，手柄应摇多少转再铣下一个表面？

【解】 分度手柄的转数为

$$n_k=\frac{40}{z}=6\ \frac{2}{3}=6+\frac{16}{24}\ (\mathrm{r})$$

即每铣完一面后，分度手柄应在24孔圈上转过6转又16个孔距（分度叉之间包含17个孔）。由上例可知，当分度手柄转数带分数时，可使分子分母同时缩小或扩大一个整倍数，使最后得到的分母值为分度盘上所具有的孔圈数。

FW125型万能分度盘共有三块分度盘，其孔数分别为：第一块16、24、30、36、41、47、57、59；第二块23、25、28、33、39、43、51、61；第三块22、27、29、31、37、49、53、63。

【案例】 在铣床上用FW125型万能分度头加工齿数为33的直齿圆柱齿轮，求分度手柄的转数。

【解】 分度手柄的转数为

$$n_k=\frac{40}{33}=1+\frac{7}{33}\ (\mathrm{r})$$

本例可选择第二块分度盘的为33的孔圈，使手柄转过1圈又7个孔距。为使分度正确，分度叉2可事先调整至在所选孔圈33上包含所需孔距数7，即包含7+1=8个孔。分度开始时，定位销紧靠其左叉，然后转动手柄一整转，再继续转动手柄，使定位销正好靠紧其右叉插入即可。最后，顺时针转动分度叉，使其左叉紧靠定位销，为下次分度做好准备。

3. 差动分度法

由于分度盘孔圈有限，有些分度数如61、73、87、113等不能与40约分，选不到合适的孔圈，就需采用差动分度法。

差动分度法就是在万能分度头主轴后面装上交换齿轮轴Ⅰ，用交换齿轮a、b、c、d把主轴和侧轴Ⅱ联系起来，如图7-14（a）所示。

差动分度的原理如下：设工件要求的分度数为z，且$z>40$，则分度手柄每次应转过$40/z$转，即定位销J应由A点转到C点，用C点定位，见图7-14（b）。但C点没有相应的孔位可供定位，故不能由简单分度法实现。

为借用分度盘上的孔圈，选取与z接近的z_0，使z_0能从分度盘上直接选到孔圈，或能在化简后选到相应的孔圈。z_0选定后手柄的转数为$40/z_0$转，即定位销从A点转到B点，用B点定位。这时，如果分度盘固定不动，手柄转数就会产生误差。为补偿这一误差，在分度盘尾端插入一根芯轴，并配一组挂轮，使手柄在转动的同时，通过挂轮和1∶1的螺旋齿轮（或圆锥齿轮）带动分度盘做相应转动，使B点的小孔在分度的同时转到C点，供定位销J插入定位，补偿上述误差。当定位销J自A点转$40/z$至C点时，分度盘应转动$40/z-40/z_0$转，使孔恰好与定位销J对准。

此时，手柄与分度盘之间的运动关系为：手柄转$40/z$转，分度盘转$40/z-40/z_0$转。

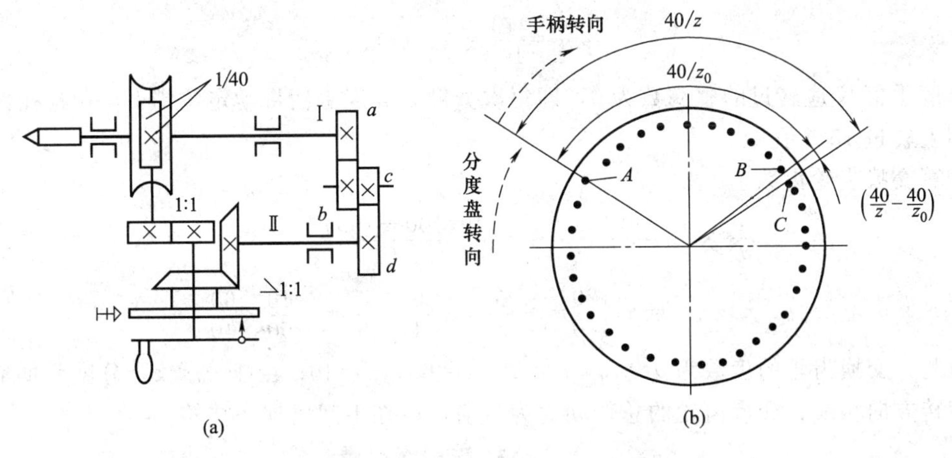

图 7-14　差动分度法

差动分度的运动平衡方程式为

$$\frac{40}{z}\times\frac{1}{1}\times\frac{1}{40}\times\frac{a}{b}\times\frac{c}{d}\times\frac{1}{1}=\frac{40(z_0-z)}{z_0 z}$$

化简后的换置公式为

$$\frac{a}{b}\times\frac{c}{d}=\frac{40(z_0-z)}{z_0}$$

差动分度法的应用如下。

① 选取一个能用简单分度法实现的假定齿数 z_0，z_0 应与分度数 z 相接近。

② 尽量选 $z_0<z$，这样可使分度盘与分度手柄转向相反，避免传动中的间隙影响分度精度。

③ FW250 型分度头备有交换齿轮 12 个，齿数是 20、25、30、35、40、50、55、60、70、80、90、100。

④ 确定交换齿轮齿数的根本依据是挂轮组的传动比，常用的方法有因子分解法和直接查表法。

⑤ 分度盘的旋转方向与 z_0 的大小有关。当 $z_0>z$ 时，分度手柄与分度盘的转动方向相同；当 $z_0<z$ 时，分度手柄与分度盘的转动方向相反；换向可通过增加中间齿轮完成。

使用差动分度法时应注意的事项。

① 使用差动分度法时，必须将分度盘紧固螺钉松开。

② 差动分度不能用来铣削主轴倾斜的工件。

③ 考虑齿轮的应力情况，交换齿轮传动比 $ac/bd=1/6\sim6$。

④ 保证因交换齿轮传动比误差引起的工件误差在允许范围内。

⑤ 考虑挂轮架结构限制，交换齿轮齿数应符合

$$z_1+z_2>z_3+15$$
$$z_3+z_4>z_2+15$$

【案例】 在铣床上利用 FW125 型分度头加工 $z=103$ 的直齿圆柱齿轮，试确定分度方法并进行适当的调整计算。

【解】 $z=103$ 无法进行简单分度，所以采用差动分度法。取 $z_0=100$，计算分度手柄应转的圈数

$$n_k=\frac{40}{100}=\frac{10}{25}\ (\mathrm{r})$$

分度手柄K应转过的整圈数为0，即每次分度，分度手柄带动定位销J在孔盘孔数为25的孔圈上转过10个孔距。

计算交换齿轮齿数

$$\frac{a}{b}\times\frac{c}{d}=\frac{40(z_0-z)}{z_0}=\frac{40(100-103)}{100}$$

$$=-\frac{120}{100}=-\frac{6}{5}=-\frac{6}{4}\times\frac{4}{5}=-\frac{40}{50}\times\frac{60}{40}$$

因此，交换齿轮的齿数为$a=40$，$b=50$，$c=60$，$d=40$。由于$z_0<z$，分度手柄应与分度盘旋转方向相反；交换齿轮的总传动比为负值，应在中间增加一挂轮。

4. 铣削螺旋槽

（1）螺旋线的概念

在机器制造中，经常会碰到带螺旋线的零件，如斜齿轮、麻花钻沟槽、螺旋齿铣刀等。尽管其作用不同，但螺旋线形成原理都相同。

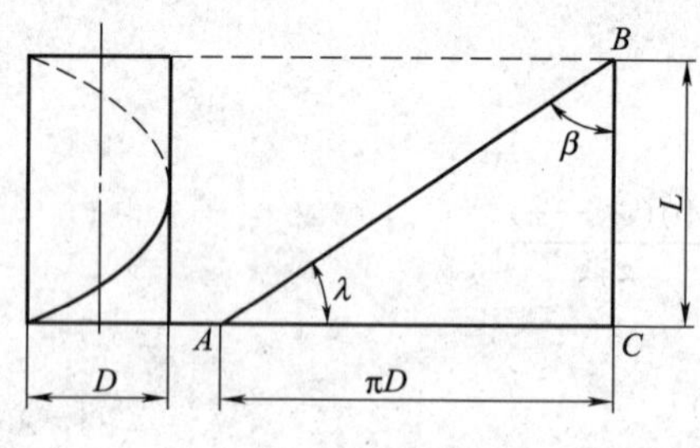

图 7-15　螺旋线的概念

D—直径；L—导程；β—螺旋角；λ—导程角

如图7-15所示，假设将一张底边为$AC=\pi D$的直角三角形纸片ABC在直径为D的圆柱上环绕一周时，斜边AB在圆柱体上形成的曲线就是螺旋线。沿螺旋线一周在轴线方向所移动的距离叫导程L；螺旋线的切线和圆柱体轴线所夹的角叫螺旋角β；螺旋线的切线和圆柱端面所夹的角叫导程角或螺旋升角λ。它们之间的关系为

$$\lambda+\beta=90°,\ L=\pi D/\tan\beta$$

有时在圆柱体上有两条或更多的螺旋线，通常将螺旋线的线数叫头数k。多头螺旋线除了有单头螺旋线的导程L、螺旋角β和导程角λ外，还有相邻螺旋线沿圆周轴向的距离即螺距t，并且$L=kt$。螺旋线有左、右旋之分，可根据左、右手来判断。

（2）铣螺旋槽的调整计算

在铣床上铣削螺旋槽时，必须使装夹在分度头顶尖间的工件做匀速转动的同时，还要使工件随工作台纵向进给做匀速直线移动。为此，要实现工件每转1转时，工作台必须纵向移动1个导程L。如果铣削多线螺旋槽，在铣完一条槽后，还必须把工件转过$1/z$转进行分度，再铣削下一条槽。

为了能获得规定的螺旋槽的截面形状，还必须使铣床纵向工作台在水平面内转过一个角度，使铣刀的旋转平面和螺旋槽切线方向一致，万能铣床工作台转过的角度应等于螺旋角β，可通过扳动转台或立铣头实现。工作台转动的方向由螺旋槽的方向决定，铣左旋槽时，工作台顺时针转动一个螺旋角；铣右旋槽时，工作台逆时针转动一个螺旋角。可用左、右手来记忆，即操作者面向工作台，铣右旋槽时用右手转工作台；铣左旋槽时用左手转工作台。如图7-16所示。

铣螺旋槽时，机床纵向工作台和分度头的传动系统应按图7-16（b）所示进行调整。

铣螺旋槽的运动平衡方程式为

$$\frac{L}{T_{丝}}\times\frac{38}{24}\times\frac{24}{38}\times\frac{z_1}{z_2}\times\frac{z_3}{z_4}\times\frac{1}{1}\times\frac{1}{1}\times\frac{1}{40}=1_{主轴}$$

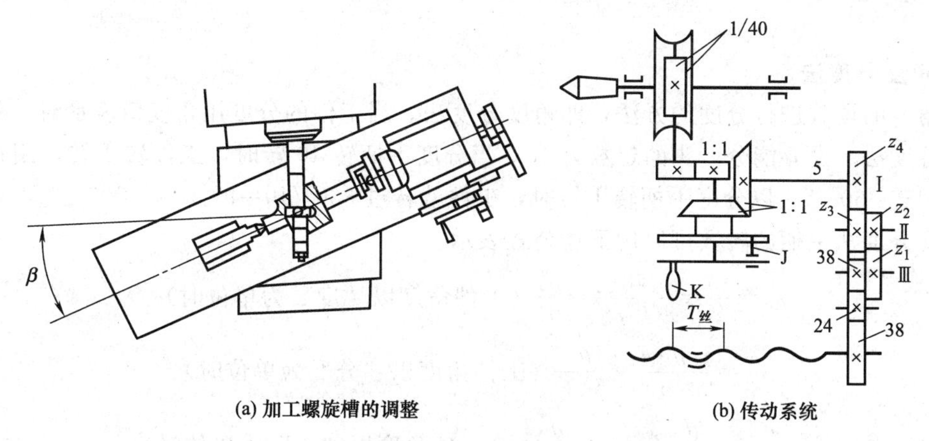

(a) 加工螺旋槽的调整　　(b) 传动系统

图 7-16　铣螺旋槽工作台的调整和传动系统

交换齿轮的换置公式为

$$\frac{z_1}{z_2}\times\frac{z_3}{z_4}=\frac{40T_{丝}}{L}$$

在实际操作中，可通过查铣工手册的相关表格选取交换齿轮。根据计算出来的工件螺旋槽导程，在相关表格中选取交换齿轮。采用近似的查表法在一般情况下可以满足精度要求。

【案例】 用 FW125 铣削右螺旋槽，其螺旋角 β 为 32°，工件外径 D 为 75mm，试确定交换齿轮的齿数。

【解】 ① 计算工件的导程 L。

$$L=\pi D/\tan\beta=3.14\times75/\tan32°\approx377\text{mm}$$

② 计算交换齿轮的齿数。

$$\frac{z_1}{z_2}\times\frac{z_3}{z_4}=\frac{40T_{丝}}{L}=\frac{40\times6}{377}=0.6366$$

$$\frac{z_1}{z_2}\times\frac{z_3}{z_4}=\frac{7}{11}=\frac{7}{5.5}\times\frac{1}{2}=\frac{70}{55}\times\frac{30}{60}$$

也可直接查铣工手册的相关表格，选择交换齿轮的齿数为 $z_1=70$、$z_2=55$、$z_3=30$、$z_4=60$。

【案例】 在 X6132 万能升降台铣床上铣削右螺旋槽，已知螺旋角 β 为 30°，工件外径 D 为 63mm，齿数为 $z=14$，已知丝杠的导程为 $T_{丝}=6$mm，试进行铣螺旋槽的调整计算。

【解】 ① 计算工件的导程 L。

$$L=\pi D/\tan\beta=3.14\times63/\tan30°\approx343\text{mm}$$

② 计算交换齿轮的齿数。

$$\frac{z_1}{z_2}\times\frac{z_3}{z_4}=\frac{40T_{丝}}{L}=\frac{40\times6}{343}\approx\frac{7}{10}$$

$$\frac{z_1}{z_2}\times\frac{z_3}{z_4}=\frac{7}{10}=\frac{7}{5}\times\frac{1}{2}=\frac{56}{40}\times\frac{24}{48}$$

故选择交换齿轮的齿数为 $z_1=56$、$z_2=40$、$z_3=24$、$z_4=48$。

③ 计算分度手柄的转数 n_k。

$$n_k=\frac{40}{z}=\frac{40}{14}=2\ \frac{6}{7}=2+\frac{24}{28}\ (\text{r})$$

④ 确定铣床工作台旋转角度。根据题中条件，将工作台逆时针旋转 30°即可铣削右螺

旋槽。

5. 角度分度法

按角度的读数进行分度的方法，即角度分度法。当工件的分度用角度值表示时，就要采用角度分度法。设万能分度头的定数为 40，当分度手柄转 40 转时，工件转 1 转，用角度表示就是回转 360°，所以分度手柄转 1 转时，工件就转过 360°/40＝9°。

角度分度法手柄的转数可以用下述公式表示。

$$n_k=\frac{40}{z}=\frac{40}{360°/\theta°}=\frac{\theta°}{9°}$$（工件角度以“度”为单位时）

$$n_k=\frac{\theta'}{9\times60'}=\frac{\theta'}{540'}$$（工件角度以“分”为单位时）

$$n_k=\frac{\theta''}{9\times60\times60''}=\frac{\theta''}{32400''}$$（工件角度以“秒”为单位时）

用上述公式计算出来的整数部分就是分度手柄的整转数；其小数部分的手柄转数，可查铣工手册中的相应表格。

【案例】 在一轴上铣两个键槽，其夹角为 77°，求分度时手柄的转数。

【解】 手柄的转数为

$$n_k=\frac{\theta°}{9°}=\frac{77}{9}=8.555556=8+\frac{30}{54}$$

第六节 铣刀种类和几何角度

一、铣刀的种类

铣刀的种类很多，分类方法也很多。按用途可将铣刀分为圆柱铣刀、端铣刀、盘形铣刀、锯片铣刀、立铣刀、键槽铣刀、角度铣刀和成形铣刀等（图 7-17）；按齿背形式，可将铣刀分为尖齿铣刀和铲齿铣刀（图 7-18）。

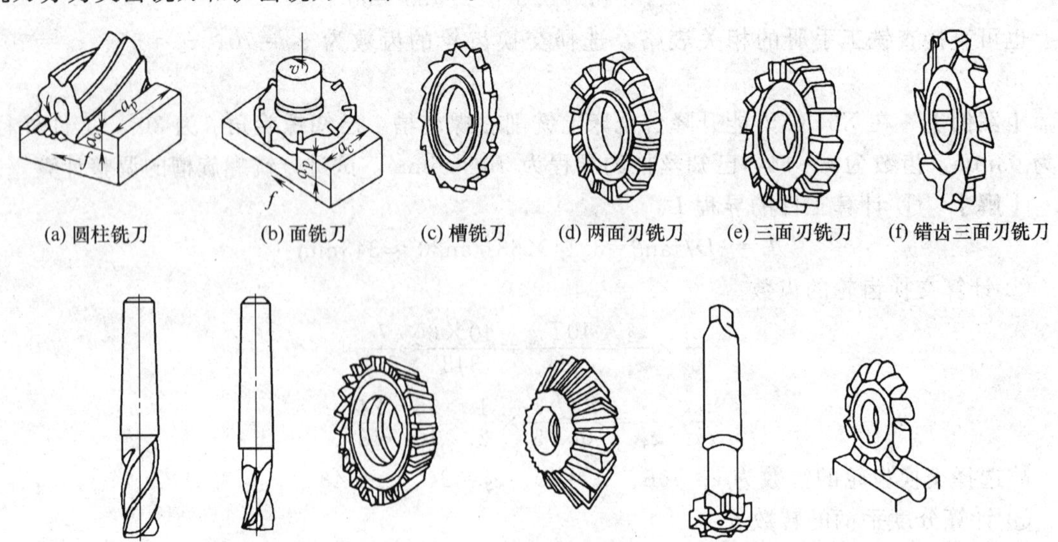

图 7-17 铣刀的类型

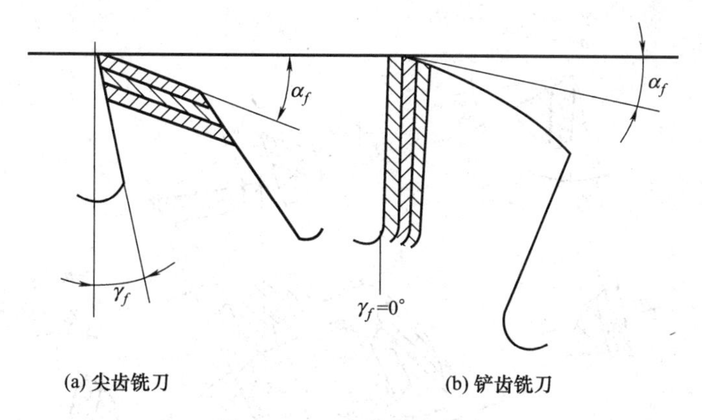

图 7-18 刀齿的齿背形式

二、铣刀的几何角度

1. 圆柱铣刀的几何角度（图 7-19）

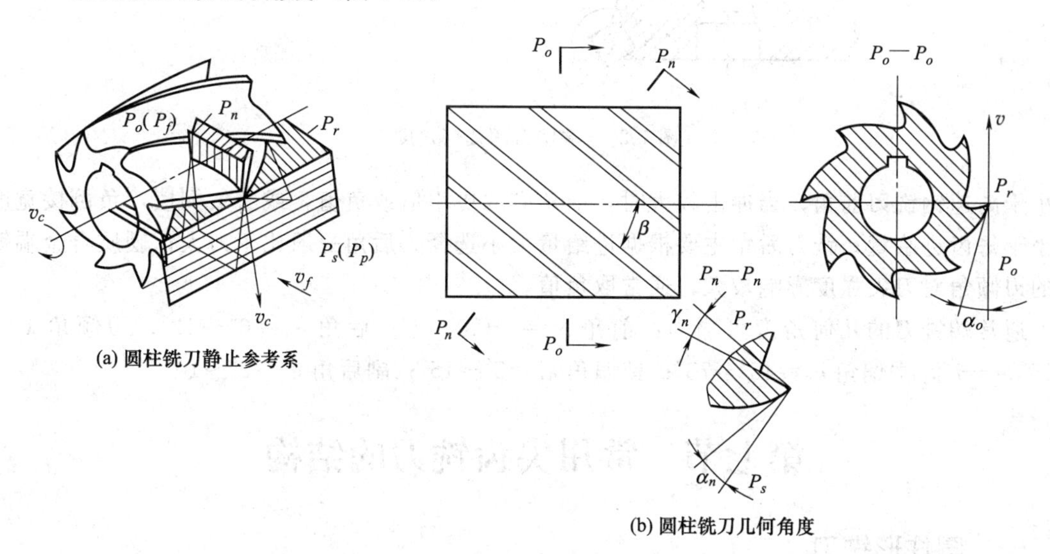

图 7-19 圆柱形铣刀的几何角度

（1）螺旋角 螺旋切削刃展开成直线后与铣刀轴线间的夹角即螺旋角 β，等于刀具的刃倾角 λ_s。螺旋角起到增大刀具前角的作用，切削轻快平稳；形成螺旋形切屑，排屑容易；细齿取 $\beta=30°\sim35°$，粗齿取 $\beta=40°\sim45°$。

（2）前角 通常图纸上标注法前角 γ_n 以便于制造，在检验时测量正交平面前角 γ_o；法前角和正交平面前角的公式为 $\tan\gamma_n=\tan\gamma_o\cos\beta$。法前角 γ_n 按被加工材料来选择，铣削钢时取 $\gamma_n=10°\sim20°$，铣削铸铁时取 $\gamma_n=5°\sim15°$。

（3）后角 圆柱铣刀后角规定在正交平面内测量。铣削时，适当增大铣刀后角以减少磨损，通常取 $\alpha_o=12°\sim16°$，粗铣时取小值，精铣时取大值。

2. 端铣刀的几何角度

端铣刀的几何角度除规定在正交平面内度量外，还规定在背平面和假定工作平面内表示，便于端铣刀的刀体设计和制造。端铣刀的刀齿相当于普通外圆车刀，其角度标注方法与车刀相同。端铣刀的几何角度如图 7-20 所示。

由于铣削时冲击较大，为保证切削刃强度，端铣刀前角一般小于车刀，硬质合金铣刀前

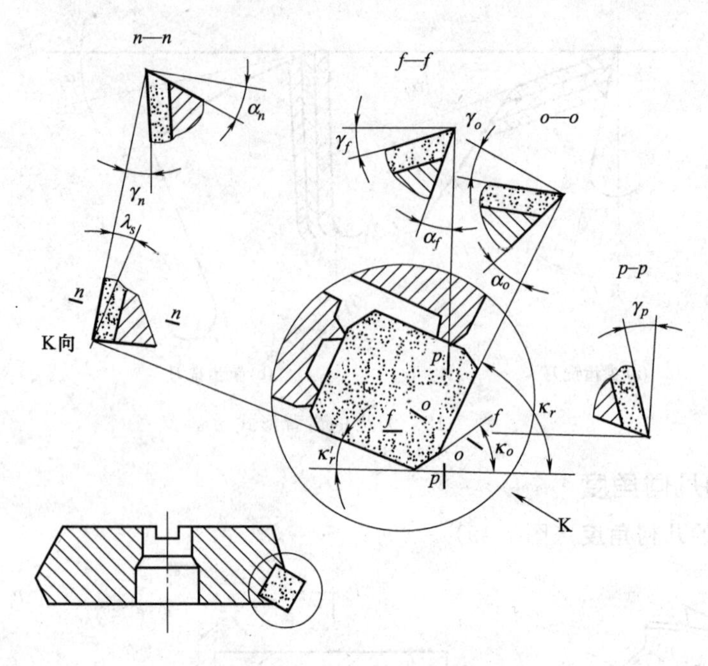

图 7-20 端铣刀的几何角度

角小于高速钢铣刀前角；当冲击较大时，前角应取更小值或负值，或磨负倒棱，负倒棱宽度应小于每齿进给量；铣刀后角主要根据进给量大小选择，后角一般比车刀大；硬质合金端铣刀的刃倾角对刀尖强度影响较大，通常取负值。

通常端铣刀的几何角度可取为：前角 $\gamma_o=-10\sim5°$；后角 $\alpha_o=6°\sim12°$；刃倾角 $\lambda_s=-15°\sim-7°$；主偏角 $\kappa_r=45°\sim75°$；副偏角 $\kappa_r'=5°\sim15°$；副后角 $\alpha_o'=8°\sim10°$。

第七节 常用尖齿铣刀的结构

一、圆柱形铣刀

主要用来加工平面，分粗齿和细齿两种。粗齿圆柱铣刀齿数少，强度高，容屑空间大，重磨次数多，用于粗加工；细齿圆柱铣刀齿数多，工作平稳，用于精加工。

选择铣刀直径时，应保证铣刀心轴具有足够的刚度和强度，刀齿具有足够的容屑空间。通常根据铣削用量和铣刀心轴来选择铣刀直径。

二、立铣刀

图 7-21 所示为高速钢立铣刀，主要用来加工凹槽、台阶面和成形表面。立铣刀圆柱面上的切削刃为主切削刃；端面上的切削刃不通过中心，为副切削刃；工作时不宜做轴向进给运动，为保证端面切削刃具有足够强度，在端面切削刃前面上磨出倒棱。

图 7-22 所示为硬质合金立铣刀，它分为整体式和可转位式两类。通常直径 $d=3\sim20$mm 制成整体式，$d=12\sim50$mm 制成可转位式。

整体式硬质合金立铣刀分标准螺旋角（30°、45°）和大螺旋角（60°）两种，齿数为 2、4、6。标准螺旋角立铣刀齿数少，容屑槽大，用于粗加工；6 齿大螺旋角立铣刀用于精加工。

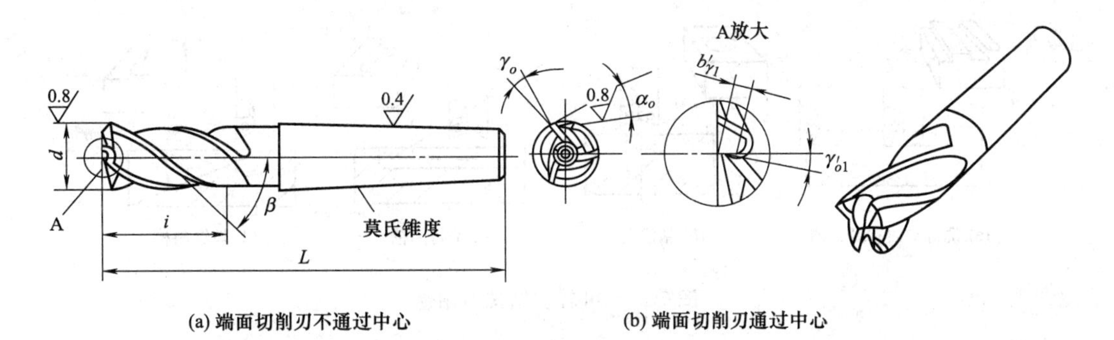

(a) 端面切削刃不通过中心　　(b) 端面切削刃通过中心

图 7-21　高速钢立铣刀

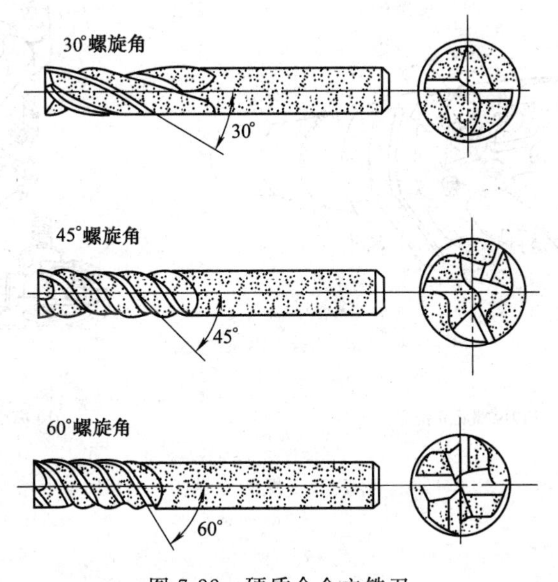

图 7-22　硬质合金立铣刀

可转位硬质合金立铣刀按其结构和用途可分为普通型、钻铣型和螺旋齿型。可转位立铣刀直径小，夹紧空间有限，一般采用压孔式夹紧。普通可转位立铣刀和钻铣刀如图 7-23 所示，可转位钻铣刀用途如图 7-24 所示，螺旋立铣刀如图 7-25 所示。

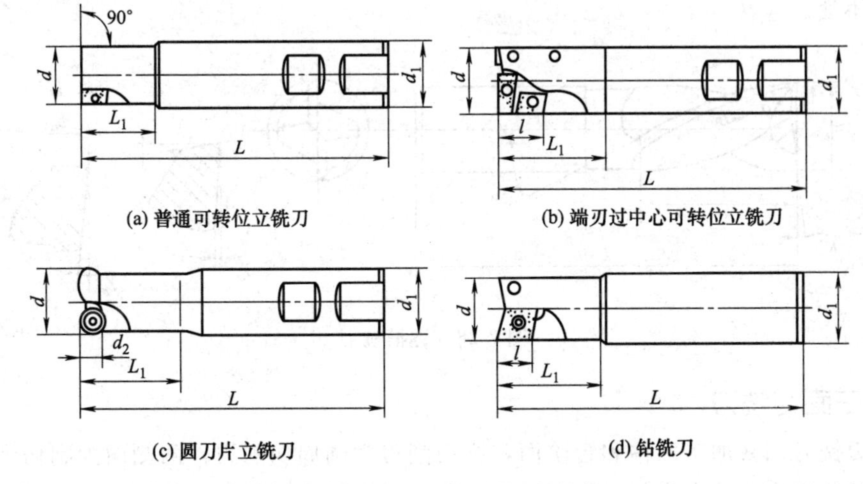

(a) 普通可转位立铣刀　　(b) 端刃过中心可转位立铣刀

(c) 圆刀片立铣刀　　(d) 钻铣刀

图 7-23　普通可转位立铣刀和钻铣刀

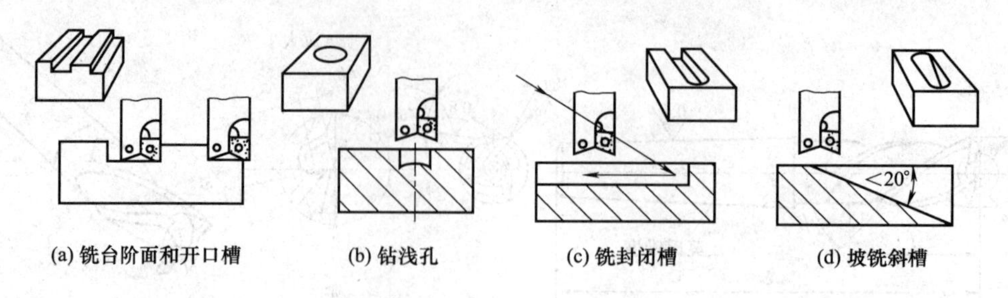

图 7-24 可转位钻铣刀用途

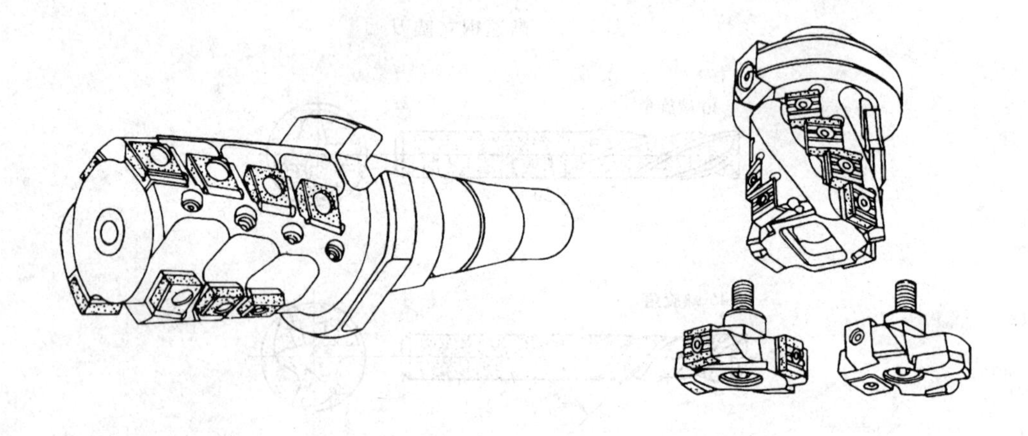

图 7-25 螺旋立铣刀

三、键槽铣刀

如图 7-26 所示，键槽铣刀主要用来加工圆头封闭键槽，有两个刀齿，圆柱面和端面都有切削刃，端面切削刃过中心，工件能沿轴向做进给运动。国标规定，直柄键槽铣刀直径为 $d=2\sim22\text{mm}$，锥柄键槽铣刀直径为 $d=14\sim50\text{mm}$；键槽铣刀精度为 8 级，加工 9 级精度键槽。键槽铣刀的圆周切削刃只在靠近端面的长度内发生磨损，重磨时只需刃磨端面切削刃，铣刀直径不变。

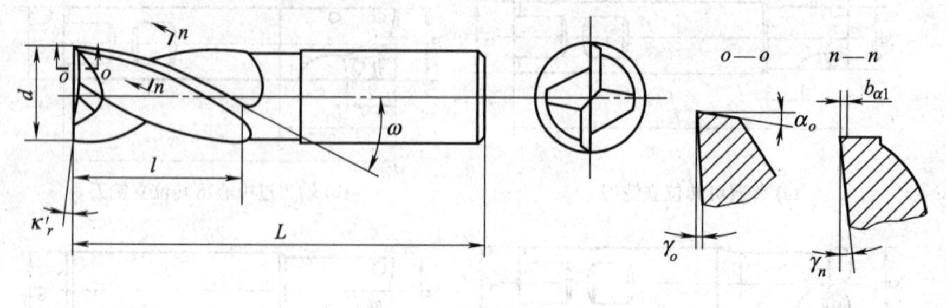

图 7-26 键槽铣刀

四、三面刃铣刀

三面刃铣刀用来加工凹槽和台阶面，主切削刃为圆周切削刃，两侧面为副切削刃，效率高，表面粗糙度小，分直齿、错齿和镶齿三种。三面刃铣刀的结构见图 7-27～图 7-30。

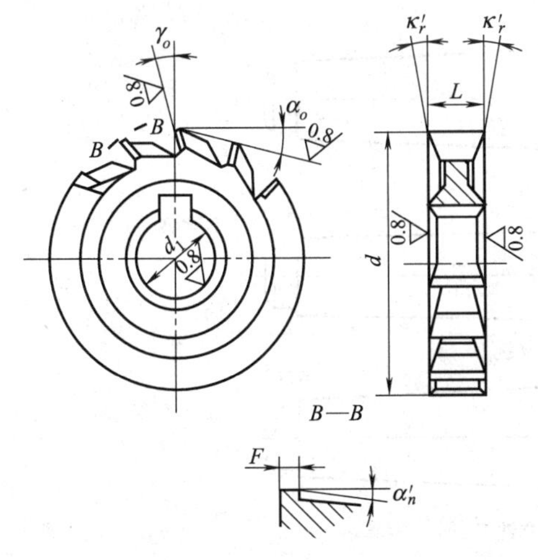

图 7-27　直齿三面刃铣刀

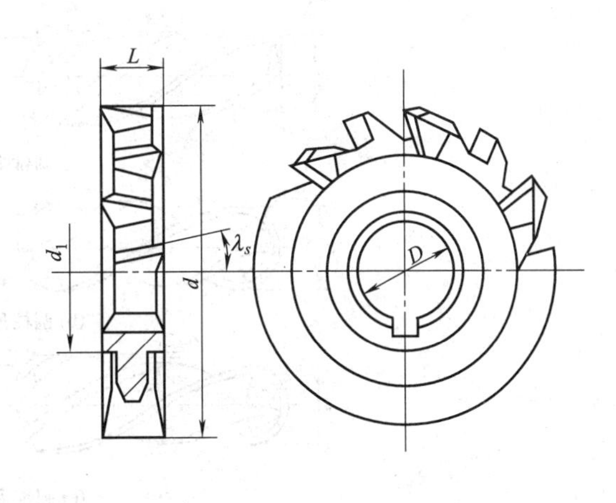

图 7-28　错齿三面刃铣刀

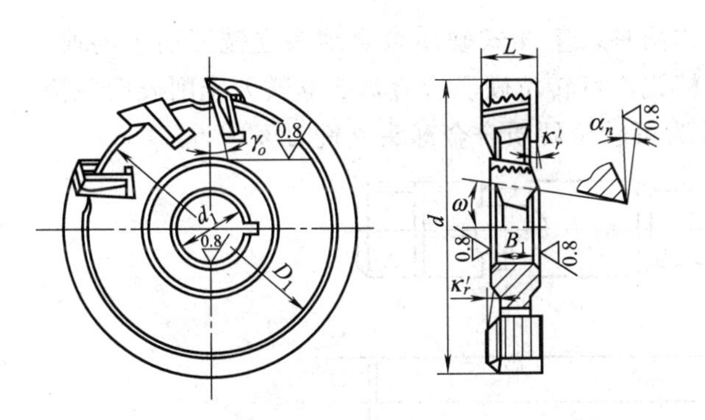

图 7-29　镶齿三面刃铣刀

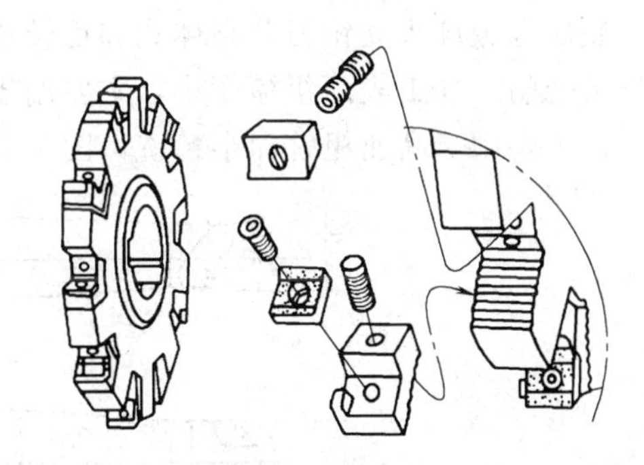

图 7-30　硬质合金可转位三面刃铣刀

五、角度铣刀

角度铣刀（图 7-31）主要用来加工带角度的沟槽和斜面。单角铣刀圆锥切削刃为主切削刃，端面切削刃为副切削刃；双角铣刀两圆锥面上的切削刃均为主切削刃，双角铣刀分对称和不对称双角铣刀两种。

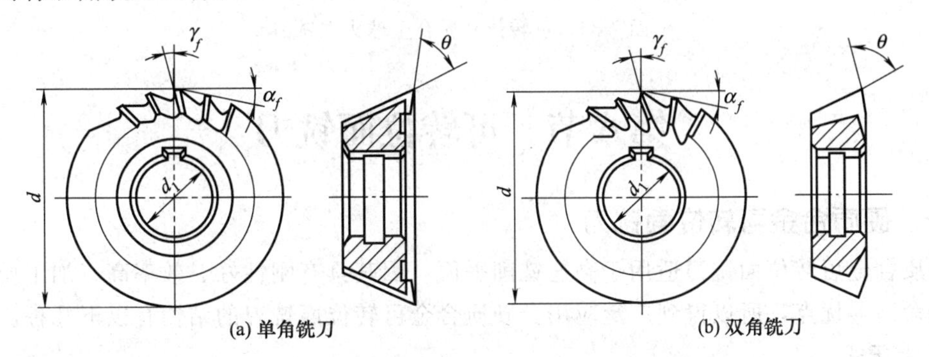

(a) 单角铣刀　　(b) 双角铣刀

图 7-31　角度铣刀

六、模具铣刀

模具铣刀用来加工模具型腔和凸模成形表面，它是由立铣刀演变而来的。高速钢模具铣刀主要分为圆锥形立铣刀、圆柱形球头立铣刀、圆锥形球头立铣刀（图 7-32）。

(a) 圆锥形立铣刀

(b) 圆柱形球头立铣刀

(c) 圆锥形球头立铣刀

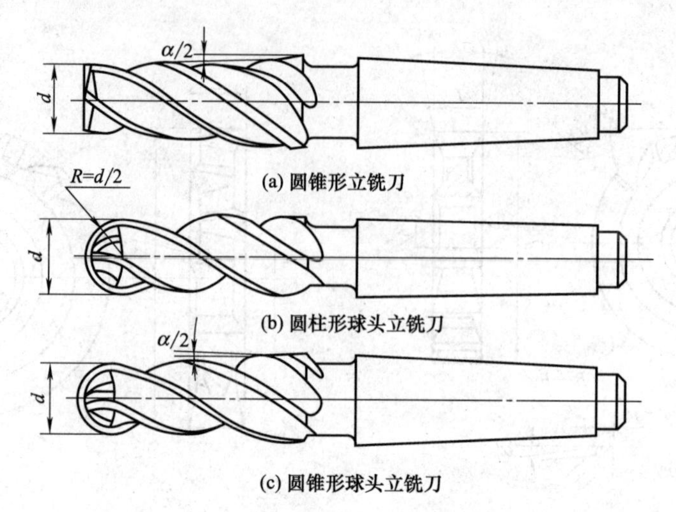

图 7-32 高速钢模具铣刀

硬质合金球头立铣刀分整体式和可转位式两种。整体式硬质合金球头立铣刀用于高速、大进给铣削，加工表面粗糙度小，主要用于精铣。可转位硬质合金球头立铣刀铣削表面粗糙度大，主要用于高速粗铣和半精铣，图 7-33 为可转位硬质合金球头立铣刀。

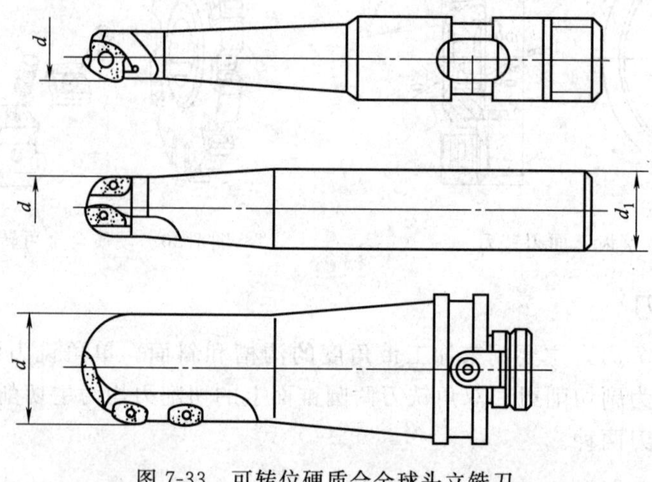

图 7-33 可转位硬质合金球头立铣刀

第八节 可转位面铣刀

一、硬质合金可转位面铣刀

硬质合金可转位面铣刀适用于高速铣削平面，因其具有刚性好、效率高、加工质量好和刀具寿命高等优点，所以得到广泛应用。硬质合金可转位面铣刀的结构有以下几种。

1. 上压式

刀片由螺钉或螺钉和压板直接夹紧在刀体上。上压式结构简单、制造方便，适用于小直径面铣刀（图 7-34）。

2. 楔块式

图 7-35 所示为楔块式可转位面铣刀的结构。它具有结构可靠、刀片转位和更换方便、

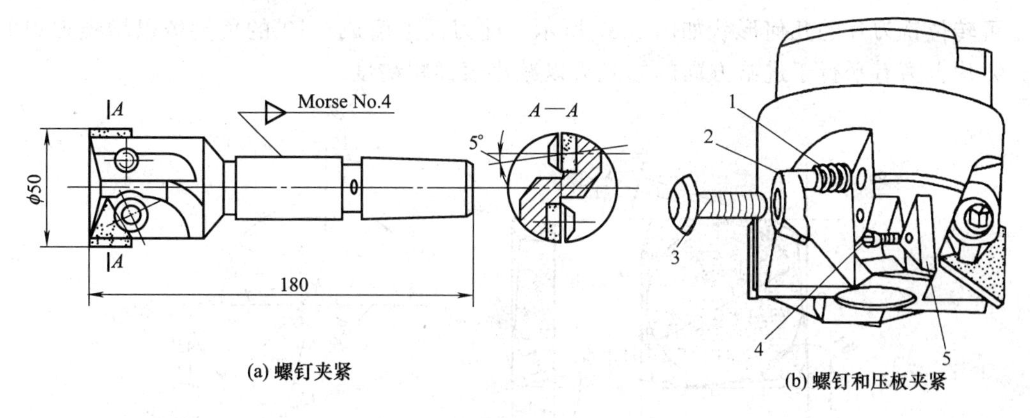

图 7-34　上压式可转位面铣刀

1—弹簧；2—压板；3—螺钉；4—刀垫螺钉；5—刀垫

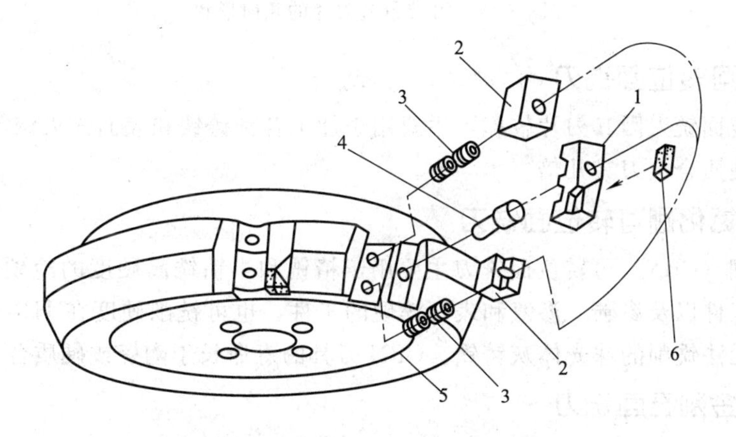

图 7-35　楔块式可转位面铣刀

1—刀垫；2—楔块；3—紧固螺钉；4—偏心销；5—刀体；6—刀片

刀体结构工艺性好等优点，但容屑空间小，夹紧元件体积大，铣刀齿数较少。楔块式又可分为前压和后压两种结构。

3. 压孔式

压孔式可转位面铣刀如图 7-36 所示，锥形螺钉的轴线相对刀片锥孔轴线有偏心距，旋转锥形螺钉向下移动，依靠锥面推动刀片移动而压紧在刀槽内。它结构简单、紧凑，排屑流畅，应用越来越多；但其制造精度高，夹紧力小。

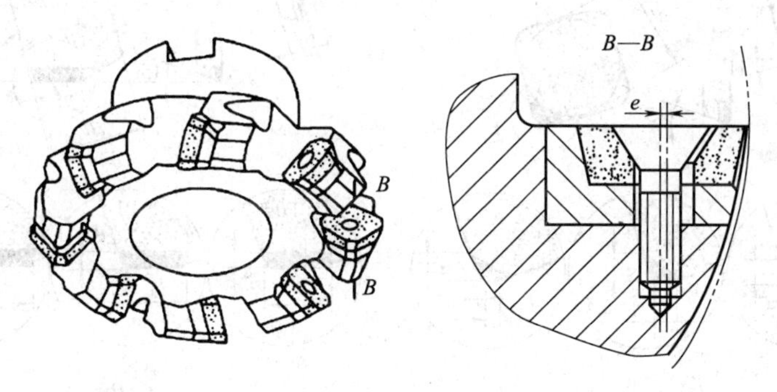

图 7-36　压孔式可转位面铣刀图

可转位铣刀片的几何形状如图 7-37 所示。前刀面上磨成−10°的负倒棱以增强刀刃的强度；刀片上磨有平行于进给方向的修光刃以减小表面粗糙度。

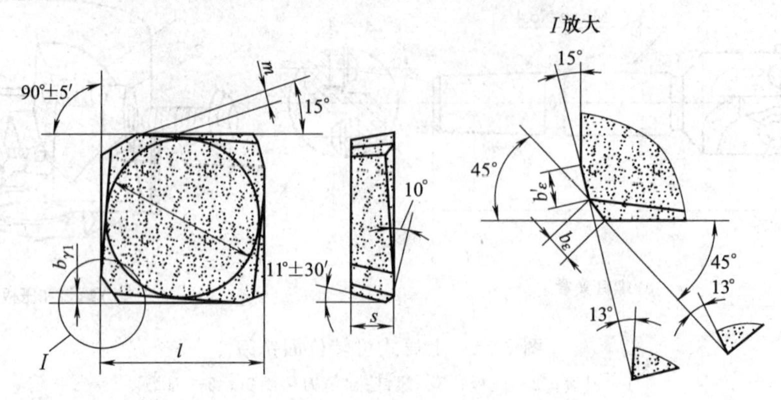

图 7-37 可转位铣刀片的几何形状

二、陶瓷可转位面铣刀

陶瓷可转位面铣刀因其刀片较脆，主要用于加工各种铸铁和表面淬火钢等。通常陶瓷刀具的寿命高于硬质合金刀具几倍。

三、立方氮化硼可转位面铣刀

立方氮化硼（CBN）可转位面铣刀主要用于精铣和半精铣高硬度的冷硬铸铁、淬火钢、镍基冷硬耐磨工件以及渗碳、渗氮和表面淬硬的工件，也可铣削硬度在 HRC 以下、腐蚀性强、其他刀具无法铣削的珠光体灰铸铁。CBN 刀具的寿命长于陶瓷或硬质合金刀具十几倍。

四、聚晶金刚石面铣刀

聚晶金刚石面铣刀主要用于加工非铁金属及其合金以及非金属材料，特别适合加工高硅铝合金。聚晶金刚石面铣刀加工工件，具有尺寸稳定、生产效率高、表面粗糙度小等优点，在汽车行业广泛用于加工汽缸体、汽缸盖和变速箱壳体等，不仅可以进行连续切削，还可以进行断续切削加工。

聚晶金刚石面铣刀片是以硬质合金刀片为基体，将一定形状的聚晶金刚石复合刀片焊接在基体上。这种刀片只有一个切削刃，不可以转位使用。铣刀片形状如图 7-38 所示。

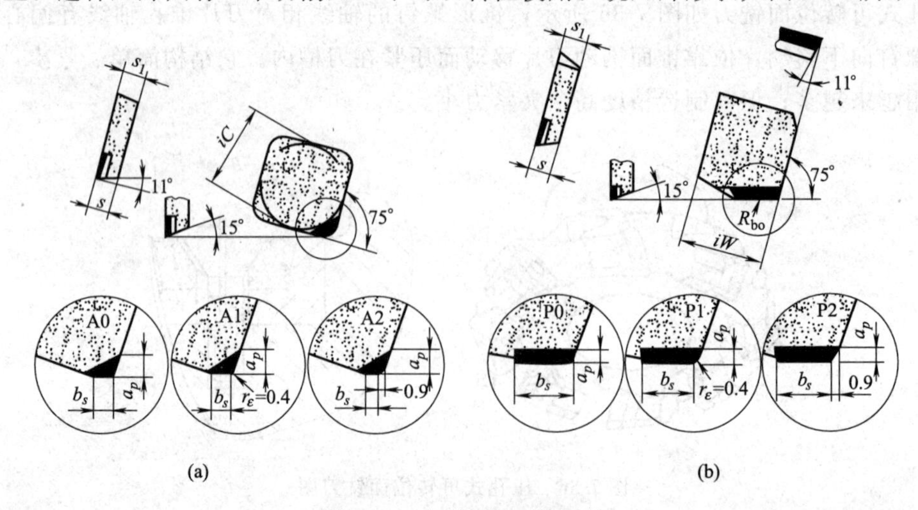

图 7-38 金刚石铣刀片形状

思 考 题

1. 简述铣削加工的特点及应用范围?

2. 简述铣床的主要部件及其作用?

3. 比较顺铣和逆铣的特点?

4. 简述分度头的作用及工作原理?

5. 简述常用的分度方法及工作原理?

6. 简述孔盘变速的工作原理?

7. 简述在X6132上用FW125分度头铣螺旋槽的原理?

8. 在X6132上用FW125分度头铣削齿数分别为26、44、67、71、87、103的直齿轮,试确定分度方法并计算配换挂轮的齿数?

9. 图示标注圆柱铣刀和端铣刀的几何角度?

10. 常用的尖齿铣刀有哪些? 各有何结构特点?

11. 说明键槽铣刀和立铣刀有何不同?

12. 简述可转位面铣刀的种类及其应用?

第八章　钻削和镗削加工

教学要求

掌握钻削加工的工艺特征及应用范围。
掌握 Z3040 型摇臂钻床的传动系统。
掌握 Z3040 型摇臂钻床的主轴部件。
掌握镗削加工的工艺特征及应用范围。
掌握卧式镗铣床的传动系统。
掌握卧式镗铣床的主轴部件。
掌握麻花钻的结构及几何角度。
掌握钻头的修磨和群钻特点。
了解深孔钻的工作原理及结构。
掌握镗刀的类型及其结构。

第一节　钻削加工

一、钻削加工方法

钻削加工是指在钻床上利用钻削刀具在实心材料上加工孔的方法。钻削加工主要用来加工形状复杂、无对称回转轴线的工件上的孔，如箱体和机架上的孔。除钻孔、扩孔和铰孔外，钻削加工还可攻螺纹、锪孔和刮平面等，如图 8-1 所示。

钻削加工时，刀具绕轴线的旋转运动为主运动，刀具沿轴线的直线运动为进给运动，工件一般不动，如图 8-2 所示。

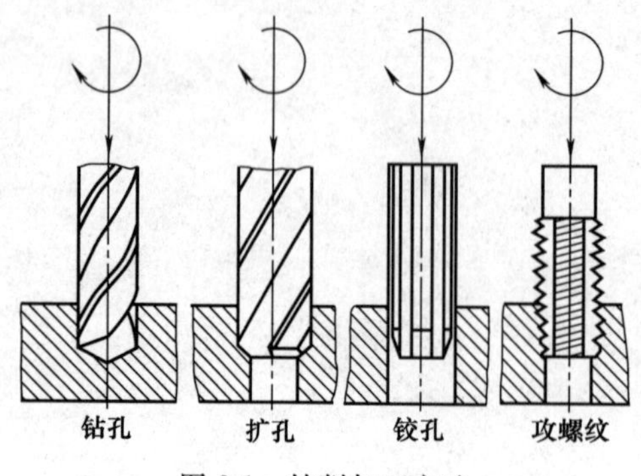

图 8-1　钻削加工方法

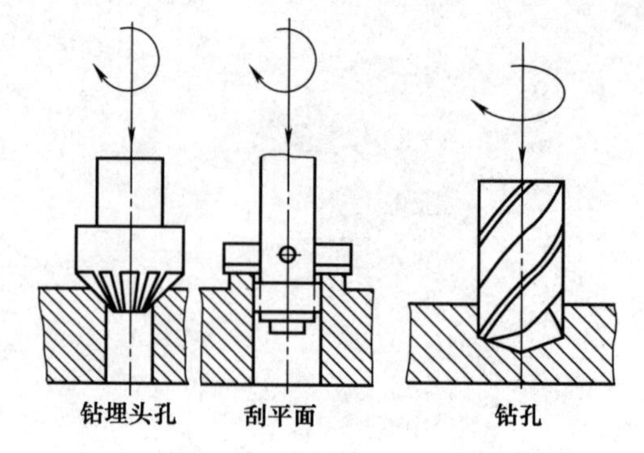

图 8-2　钻削加工的运动

二、钻削加工设备

1. 台式钻床

台式钻床，简称台钻，是安装在专用工作台上使用的小型孔加工机床（图 8-3）。台式钻床钻孔直径一般在 13mm 以下，最大不超过 16mm。其主轴变速一般通过改变三角带在塔形带轮上的位置来实现，主轴进给靠手动操作。

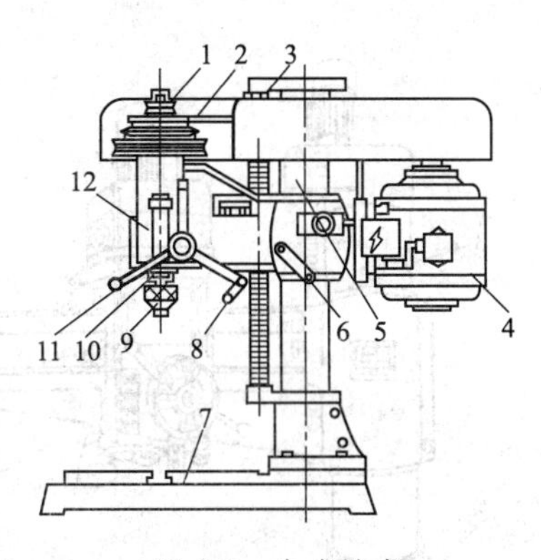

图 8-3　台式钻床

1—塔轮；2—V 形带；3—丝杠架；4—电动机；5—立柱；6—锁紧手柄；7—工作台；8—升降手柄；9—钻夹头；10—主轴；11—进给手柄；12—主轴架

2. 立式钻床

立式钻床，简称立钻，是主轴竖直布置且中心位置固定的钻床，它主要分为方柱立钻和圆柱立钻两种（图 8-4）。立式钻床的工作台和主轴箱可沿立柱导轨调整位置，以适应不同高度的工件。在加工工件前要调整工件在工作台上的位置，使被加工孔中心线对准刀具轴线。加工时，工件固定不动，主轴在套筒中旋转并与套筒一起做轴向进给。由于立式钻床的主轴不能在垂直其轴线的平面内移动，钻孔时要使钻头与工件孔的中心重合，就必须移动工件。因此，立式钻床只适用于单件、小批生产中加工中、小型零件。

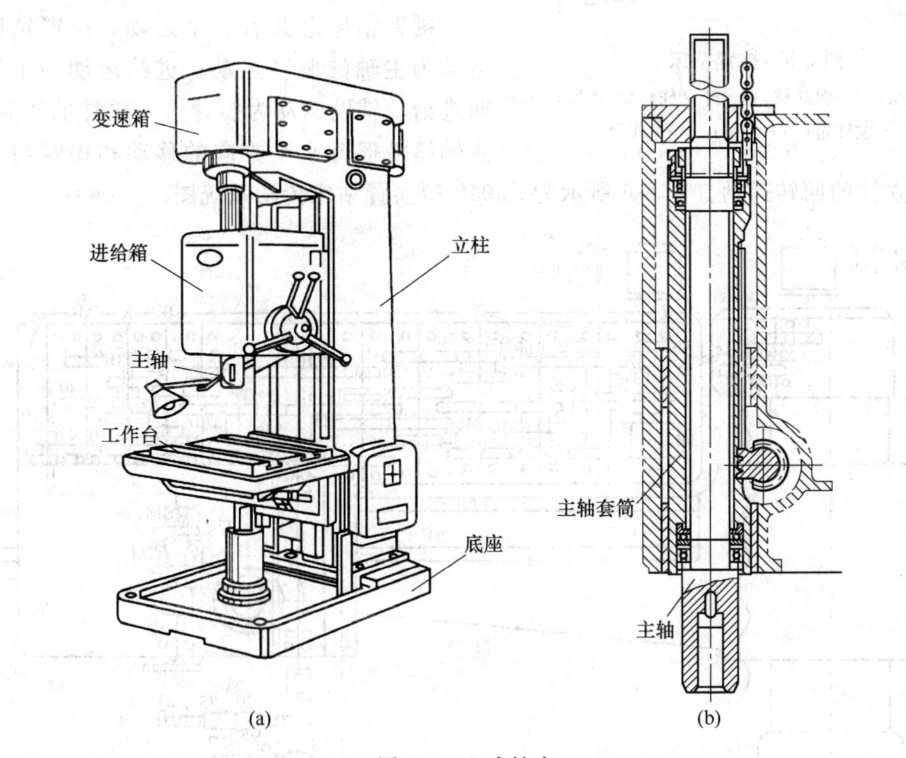

图 8-4　立式钻床

3. 摇臂钻床

摇臂钻床，也称为摇臂钻（图 8-5）。主轴箱 5 可在摇臂 4 上左右移动，并随摇臂绕立柱回转±180°；摇臂 4 还可沿外立柱 3 上下升降，以适应加工不同高度的工件。摇臂钻床广泛应用于单件和中小批生产中大而重的工件孔的加工。

三、钻削加工特点

由于主切削刃对称分布，所以钻削时径向力相互抵消；钻心处切削刃前角为负值，特别

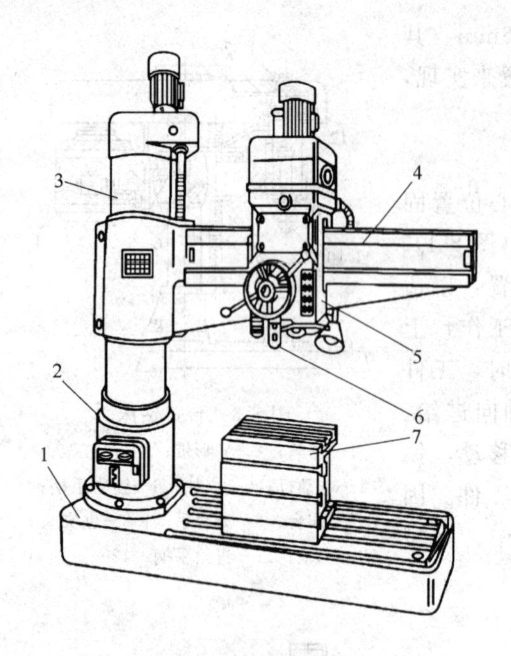

图 8-5 摇臂钻床

1—底座；2—内立柱；3—外立柱；4—摇臂；5—主轴箱；6—主轴；7—工作台

是横刃区切削时产生挤压，切屑呈粒状并被压碎；钻心区域直径几乎为零，但仍有进给运动，使得钻心横刃区域工作后角为负，导致钻削轴向力增大。

主切削刃各点前角、刃倾角不同，使切屑变形、卷曲和流向也不同；又因排屑受到螺旋槽的影响，切削塑性材料时，切屑卷成圆锥螺旋形，断屑困难；被加工孔精度低，表面质量差，钻孔的精度一般为 IT12～IT11，表面粗糙度 Ra 为 12.5～50μm。

钻头刃带无后角，与孔壁产生摩擦；加工塑性材料时易产生积屑瘤，粘在刃带上影响钻孔质量；金属切除率高，背吃刀量为孔径的一半。

四、Z3040 型摇臂钻床的传动系统和结构

摇臂钻床总共有五个运动：摇臂钻床的主运动为主轴的旋转运动；进给运动为主轴的纵向进给；辅助运动为摇臂沿外立柱的垂直移动、主轴箱沿摇臂水平方向的移动和摇臂与外立柱一起绕内立柱的回转运动。图 8-6 所示为 Z3040 型摇臂钻床传动系统图。

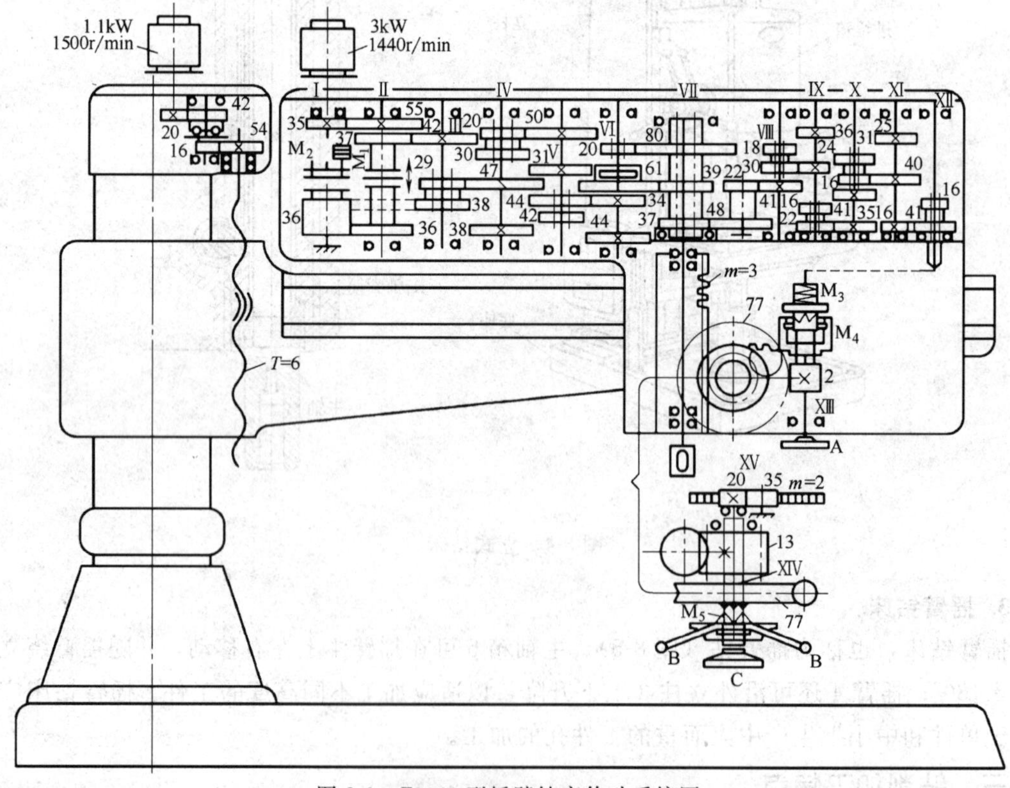

图 8-6 Z3040 型摇臂钻床传动系统图

M_1，M_2，M_3，M_4，M_5—离合器；A，B，C—手轮；T—导程

1. 主运动传动系统

主运动从电动机（3kW，1440r/min）开始，经过三组双联滑移齿轮变速和Ⅵ轴上的齿式离合器（齿数为20和61）变速机构驱动主轴旋转。利用双向片式摩擦离合器 M_1 控制主轴的开、停和正、反转；当 M_1 断开时，M_2 使主轴实现制动。主轴共获得16级转速，变速范围为25～2000r/min。主运动传动路线表达式为

$$n_{电动机}—\text{I}—\frac{35}{55}—\text{II}—\begin{bmatrix}\frac{37}{42}\ (M_1\uparrow)\\ \frac{36}{36}\times\frac{36}{38}\ (M_1\downarrow)\end{bmatrix}—\text{III}—\begin{bmatrix}\frac{29}{47}\\ \frac{38}{38}\end{bmatrix}—\text{IV}—\begin{bmatrix}\frac{20}{50}\\ \frac{39}{31}\end{bmatrix}—\text{V}—\begin{bmatrix}\frac{44}{34}\\ \frac{42}{44}\end{bmatrix}—\text{VI}—\begin{bmatrix}\frac{20}{80}\\ \frac{61}{39}\end{bmatrix}—\text{VII}$$

2. 进给运动传动系统

进给运动从轴Ⅶ上的齿轮37开始，经过四组双联滑移齿轮变速及离合器 M_3、M_4，蜗杆副2/77，齿轮13到齿条套筒止，带动主轴做轴向进给运动。进给运动传动路线表达式为

$$\text{VII}—\frac{37}{48}\times\frac{22}{41}—\text{VIII}—\begin{bmatrix}\frac{18}{36}\\ \frac{30}{24}\end{bmatrix}—\text{IX}—\begin{bmatrix}\frac{16}{41}\\ \frac{22}{35}\end{bmatrix}—\text{X}—\begin{bmatrix}\frac{16}{40}\\ \frac{31}{25}\end{bmatrix}—\text{XI}—\begin{bmatrix}\frac{40}{16}\\ \frac{16}{41}\end{bmatrix}—\text{XII}—$$

$$M_3\ (合)—M_4—\text{XIII}—\frac{2}{77}—M_5\ (合)—\text{XIV}—Z\,13—齿条\ (m=3)—轴向进给$$

主轴轴向进给量共16级，范围为0.04～3.2mm/r。推动手柄B可操纵离合器 M_5 接合或脱开机动进给运动传动链；转动手柄B可使主轴快速升降。脱开离合器 M_3 即可用手轮A经蜗杆副（2/77）使主轴做低速升降，用于手动微量进给。

3. 辅助运动传动系统

主轴箱沿摇臂上的导轨做径向移动和外立柱绕内立柱在±180°范围内的回转运动都是通过手动实现的辅助运动；摇臂沿外立柱的上下移动是利用电动机（1.1kW，1500r/min）经齿轮副传动至丝杠而得到的辅助运动。

4. Z3040型摇臂钻床的主要结构

(1) 主轴组件　图8-7所示为摇臂钻床主轴组件的结构。主轴1装在套筒2上、下端的滚动轴承上，在套筒内做旋转运动；套筒2又装在主轴箱体的镶套5内，通过齿轮齿条机构4带动主轴做轴向进给运动。主轴的旋转运动由上端主轴尾部的花键传入，下端主轴头部有莫氏锥孔，用于安装和紧固刀具，还有两个并列的横向腰形孔，用于传递扭矩和卸下刀具。

为承受钻削加工较大的轴向力，轴向支承采用推力球轴承，用螺母3调整间隙；径向支承因径向力较小，故采用深沟球轴承，不设间隙调整装置。

(2) 立柱及夹紧机构　立柱是摇臂钻床的主要支承件，它承受摇臂和主轴箱的全部重力以及钻孔时的切削力，并要保证摇臂实现升降和旋转运动。图8-8所示为Z3040型摇臂钻床立柱及夹紧机构，这种由圆柱形内外两层立柱组成的结构称为圆形双柱式结构。

内立柱4用螺钉紧固在机床底座8上，当夹紧机构未夹紧时，外立柱6通过上部的深沟球轴承3和推力球轴承2以及下部的滚柱链7支承在内立柱上，并在弹簧1的作用下向上抬起一定的距离，使内外立柱间的圆锥面A脱离接触，摇臂5就可以轻便地移动。

当摇臂转到需要的位置后，内、外立柱间采用液压菱形块夹紧机构夹紧，夹紧机构产生

的夹紧力迫使弹簧1变形，导致外立柱向下移动并压紧在圆锥面A上，依靠锥面的摩擦力将外立柱紧固在内立柱上。

摇臂钻床广泛应用于单件和中小批生产中大、中型零件的加工。

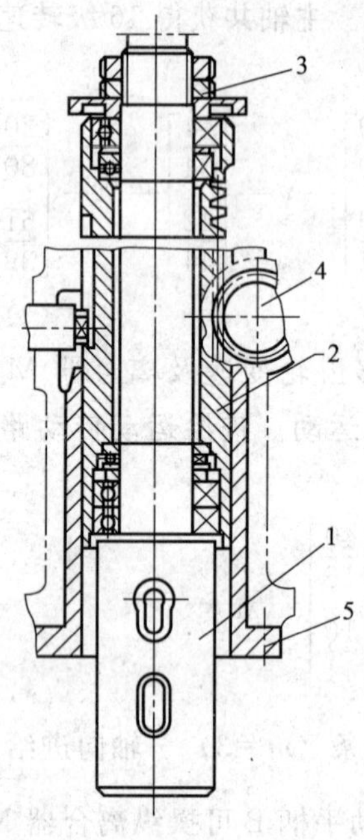

图 8-7 Z3040 型摇臂钻床主轴组件
1—主轴；2—主轴套筒；3—螺母；
4—齿轮齿条；5—镶套

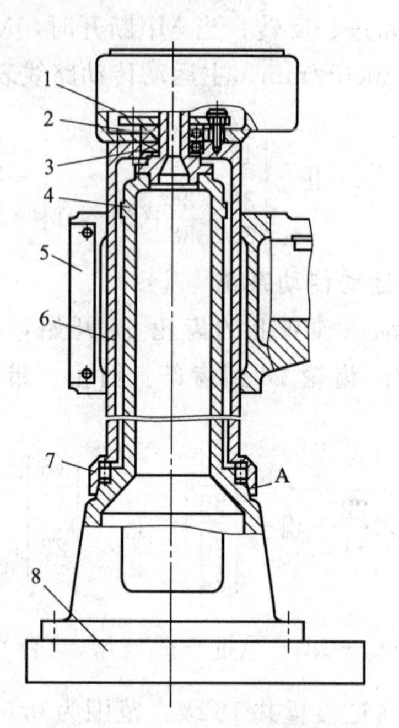

图 8-8 Z3040 型摇臂钻床立柱及夹紧机构
1—平板弹簧；2—推力球轴承；3—深沟球轴承；4—内立柱；
5—摇臂；6—外立柱；7—滚柱链；8—底座；A—圆锥面

5. Z3040 型摇臂钻床的技术参数

表 8-1 Z3040 型摇臂钻床的技术参数

项 目	规 格	项 目	规 格
主轴锥孔	莫氏4号	主轴箱水平移动距离	900mm
主轴转速级数	16	最大钻孔直径	40mm
主轴转速范围	25～2000r/min	主轴中心线至立柱母线最大距离	1250mm
工作台尺寸	500mm×630mm	主轴中心线至立柱母线最小距离	350mm
主轴行程	315mm	主轴端面至底座工作面最大距离	1250mm
主轴进给量范围	0.04～3.20mm/r	主轴端面至底座工作面最小距离	350mm
主轴进给量级数	16	主电动机功率	3kW

第二节 镗削加工

一、镗削加工方法

镗削加工是在镗床上用镗刀对工件上较大的孔进行半精加工和精加工的方法。镗削加工的工艺范围较广，通常用于加工尺寸较大且精度要求较高的孔，特别适合加工分布在不同表面上且孔距和位置精度要求很高的孔系，如箱体和大型工件上的孔和孔系加工。除镗孔外，镗床还可以进行钻孔、扩孔、铰孔、铣平面、镗盲孔、镗孔的端面等加工，也可以车端面和螺纹。镗削加工的工艺范围如图 8-9 所示。

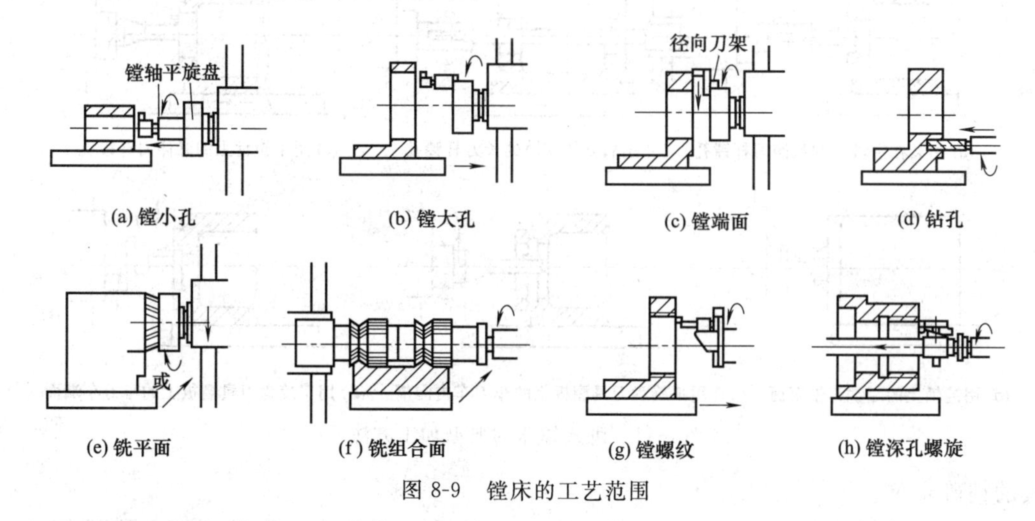

图 8-9　镗床的工艺范围

二、镗削加工设备

1. 卧式镗床

卧式镗床是镗床中应用最广泛的一种（图 8-10），主要用于孔加工。卧式镗床镗孔精度可达 IT7，表面粗糙度 Ra 为 0.8～1.6μm，其主参数为主轴直径；镗轴水平布置并做轴向进给，主轴箱沿前立柱导轨垂直移动，工作台做纵向或横向移动。镗床的典型加工方法如图 8-11 所示。

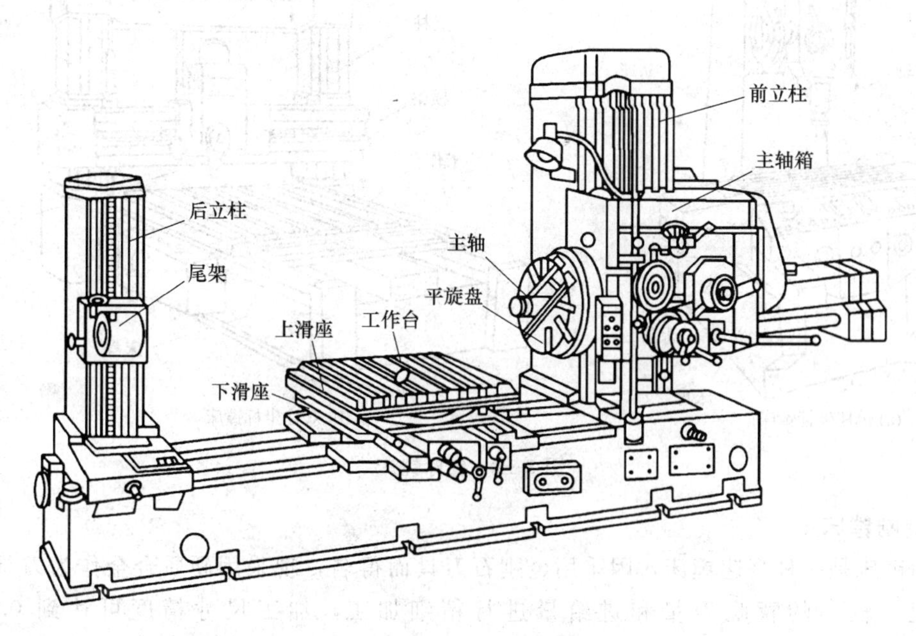

图 8-10　卧式镗床

2. 坐标镗床

坐标镗床是一种用于加工精密孔系的高精度机床，其主要特点是具有坐标位置的精密测量装置，依靠坐标测量装置能精确地确定工作台、主轴箱等移动部件的位移量，实现工件和

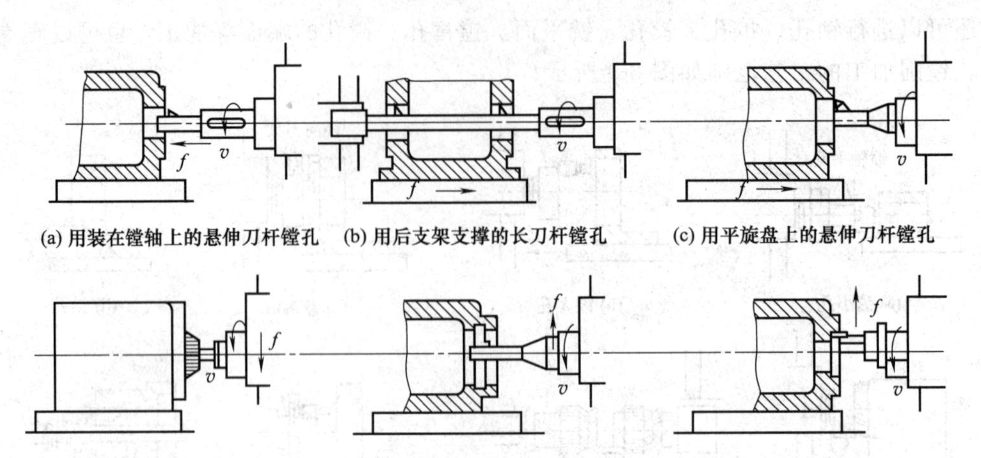

(a) 用装在镗轴上的悬伸刀杆镗孔　(b) 用后支架支撑的长刀杆镗孔　(c) 用平旋盘上的悬伸刀杆镗孔

(d) 用镗轴上的端铣刀铣平面　(c) 用平旋盘刀具溜板上的车刀车内沟槽　(f) 用平旋盘刀具溜板上的车刀车端面

图 8-11　卧式镗床的典型加工方法

刀具的精确定位。

坐标镗床除镗孔外，还可进行钻孔、扩孔、铰孔、锪端面以及铣平面和沟槽等加工。镗孔精度可达 IT5 以上，坐标位置精度可达 0.001～0.002mm，因其具有较高的定位精度，还可用于精密刻线、划线、孔距以及直线尺寸的精密测量等。坐标镗床的类型如图 8-12 所示。

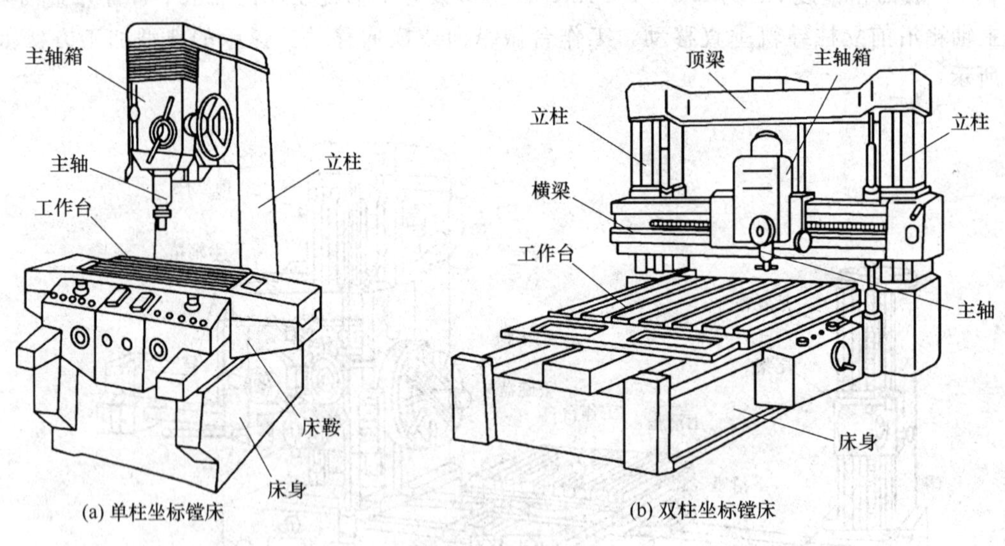

(a) 单柱坐标镗床　(b) 双柱坐标镗床

图 8-12　坐标镗床

3. 金刚镗床

金刚镗床是一种高速镗床，因采用金刚石刀具而得名，现采用硬质合金作为刀具材料，以高速度、较小的背吃刀量和进给量进行精细加工，加工尺寸精度可达到 0.003～0.005mm，表面粗糙度 Ra 可达 0.16～1.25μm，主要用于成批或大量生产中，加工有色金属和铸铁的中、小型精密孔。图 8-13 所示为单面卧式金刚镗床。

三、镗削加工特点

镗削加工工艺灵活，适应性强；操作技术要求高；镗刀结构简单，成本低；镗孔的尺寸

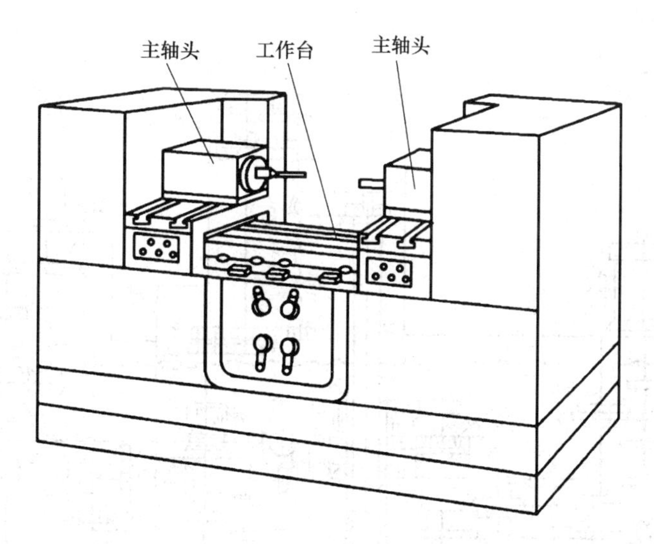

图 8-13 单面卧式金刚镗床

精度为 IT6～IT7，孔距精度可达 0.0015mm，表面粗糙度 Ra 为 0.8～1.6μm。

四、TP619 型卧式镗铣床的传动系统和结构

镗削加工时，刀具的旋转运动为主运动，进给运动则根据机床类型和加工情况由刀具或工件完成。图 8-14 所示为 TP619 型卧式镗铣床的传动系统图。

1. 主运动传动系统

主电动机的运动经轴Ⅰ至轴Ⅴ间的变速机构传至轴Ⅴ后，分别由轴Ⅴ上的滑移齿轮 $Z24$ 或 $Z17$ 将运动传给主轴或平旋盘。主运动的传动路线表达式为

$$n_{\text{主电动机}}—\text{I}—\begin{bmatrix}\frac{26}{61}\\ \frac{22}{65}\\ \frac{30}{57}\end{bmatrix}—\text{II}—\begin{bmatrix}\frac{22}{65}\\ \frac{35}{52}\end{bmatrix}—\text{III}—\begin{bmatrix}\frac{52}{31}—\text{IV}—\frac{50}{35}\\ \frac{21}{50}—\text{IV}—\frac{50}{35}\\ \frac{21}{50}—\text{IV}—\frac{22}{62}\end{bmatrix}$$

$$—\text{V}—\begin{bmatrix}\begin{bmatrix}\frac{24}{75}—Z24\text{ 右移}\\ \text{M}_1(\text{合})—Z24\text{ 左移}—\frac{49}{48}\end{bmatrix}—\text{VI}（\text{镗轴}）\\ Z17\text{ 左移}—\frac{17}{22}\times\frac{22}{26}—\text{VII}—\frac{18}{72}—\text{平旋盘}\end{bmatrix}$$

镗轴的转速范围为 8～1250r/min，共 23 级转速；平旋盘转速范围为 4～200r/min，共 18 级转速。

2. 进给运动传动系统

TP619 型卧式镗铣床的进给运动包括：镗轴的轴向进给运动、平旋盘刀具溜板径向进给运动、主轴箱垂直进给运动、工作台横向进给运动、工作台纵向进给运动和工作台旋转运动六种运动。TP619 型卧式镗铣床进给运动综合表达式为

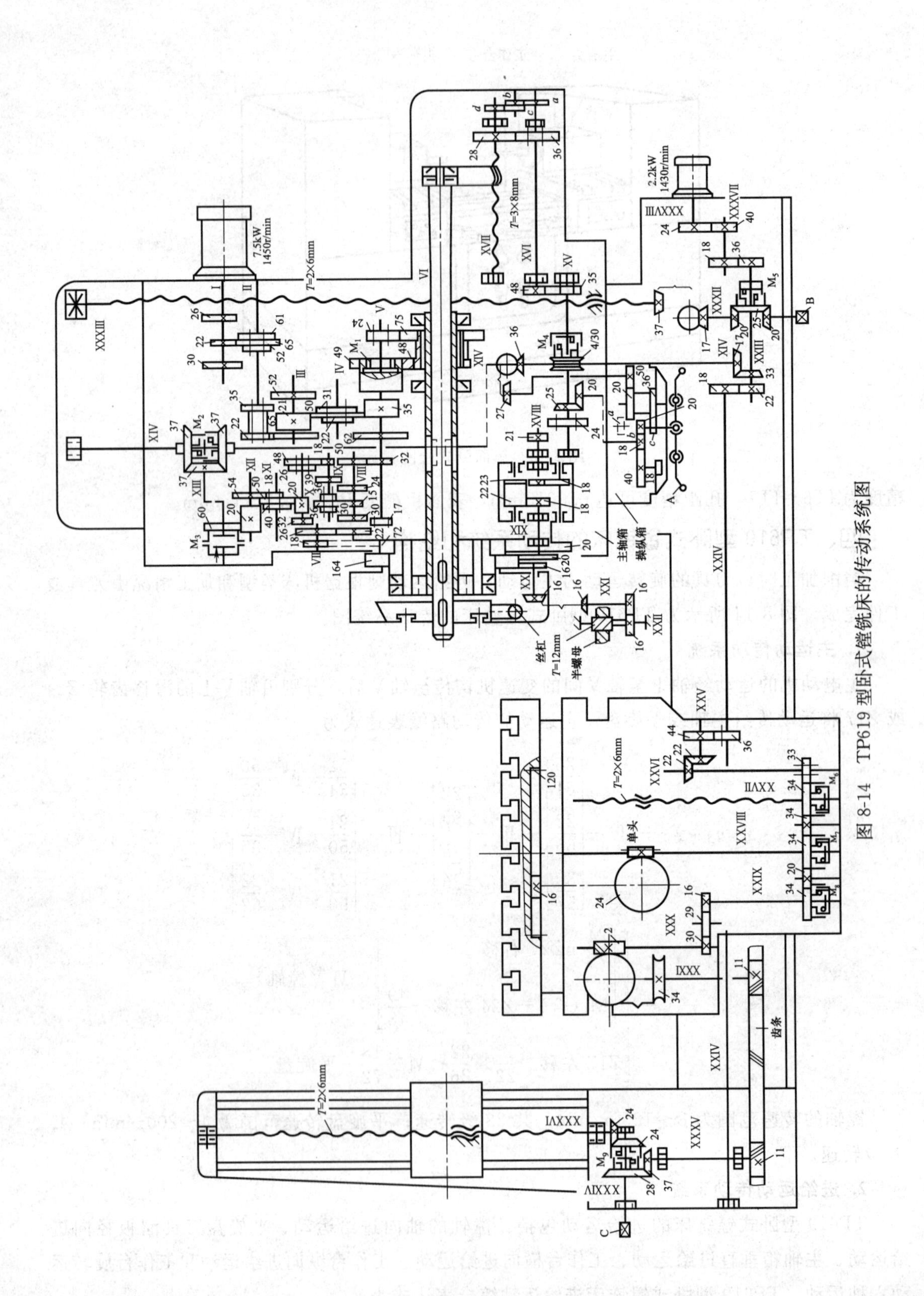

图 8-14 TP619 型卧式镗铣床的传动系统图

$$
\left.\begin{matrix}\text{镗轴 VI}-\begin{bmatrix}\frac{75}{24}\\[4pt] \frac{48}{49}-M_1\end{bmatrix}\\[10pt] \text{平旋盘}-\frac{72}{18}-\text{VII}-\frac{26}{22}\times\frac{22}{17}\end{matrix}\right\}-\text{V}-\frac{32}{50}-\text{VIII}-\begin{bmatrix}\frac{15}{36}\\[4pt] \frac{24}{36}\\[4pt] \frac{30}{30}\end{bmatrix}-\text{IX}-\begin{bmatrix}\frac{18}{48}\\[4pt] \frac{39}{26}\end{bmatrix}-\text{X}-\begin{bmatrix}\frac{20}{50}-\text{XI}-\frac{18}{54}\\[4pt] \frac{20}{50}-\text{XI}-\frac{50}{20}\\[4pt] \frac{32}{40}-\text{XI}-\frac{50}{20}\end{bmatrix}-\text{XII}-\frac{20}{60}-M_3-\text{XIII}-
$$

$$
-\begin{bmatrix}\frac{37}{37}-M_2\uparrow\\ \text{(换向)}\\ \frac{37}{37}-M_2\downarrow\end{bmatrix}-\text{XIV(垂直光杠)}-\begin{cases}\frac{4}{30}-M_4\text{合}-\text{XV}-\begin{cases}\frac{35}{48}-\text{XVI}-\begin{bmatrix}\frac{ac}{bd}\\[4pt] \frac{36}{28}\end{bmatrix}-\text{XVII (轴向进给丝杠)}-\text{镗轴轴向进给}\\[10pt] \frac{24}{21}-u_{\text{合}}-\text{XIX}-\frac{20}{164}-\frac{164}{16}-\text{XX}-\frac{16}{16}-\text{XXI}-\frac{16}{16}-\text{XXII(丝杠}T=12\text{mm)}-\text{半螺母}-\text{平旋盘刀具溜板径向进给}\end{cases}\\[20pt] \frac{17}{33}-\text{XXIII}-\begin{cases}M_5\text{合}-\frac{25}{20}-\text{XXXII}-\frac{17}{37}-\text{XXXIII（垂直丝杠）}-\text{主轴箱垂直进给}\\[10pt] \frac{22}{18}-\text{XXIV}-\frac{36}{44}-\text{XXV}-\frac{22}{22}-\text{XXVI}-\frac{33}{34}-\begin{cases}M_6\text{合}-\text{XXVII(横进给丝杠)}-\text{工作台横向进给}\\[6pt] \frac{34}{34}-\frac{34}{34}-\end{cases}\end{cases}\end{cases}
$$

$$
-\begin{cases}M_7\text{合}-\text{XXVIII}-\frac{1}{24}-\frac{16}{120}-\text{工作台旋转}\\[10pt] \frac{34}{20}-\frac{20}{34}-M_8\text{合}-\text{XXIX}-\frac{16}{29}-\frac{29}{30}-\text{XXX}-\frac{2}{34}-\text{XXXI}-\frac{11}{\text{齿条}}-\text{工作台纵向进给}\end{cases}
$$

进给运动由主电动机带动，各进给传动链的一端为镗轴或平旋盘，另一端为各进给运动执行件。从轴Ⅷ到轴Ⅻ间采用公用换置机构进行变速，进给运动传至光杠ⅩⅣ后，再经由不同的传动路线实现各种不同的进给运动。

3. TP619 型卧式镗铣床的主要结构

TP619 型卧式铣镗床由床身 1、主轴箱 9、工作台 5、平旋盘 7 和前、后立柱 8、2 等组成，如图 8-15 所示。主轴箱 9 安装在前立柱垂直导轨上，可沿导轨上下移动。主轴箱装有主轴部件、平旋盘、主运动和进给运动的变速机构及操纵机构等。机床的主运动为主轴 6 或

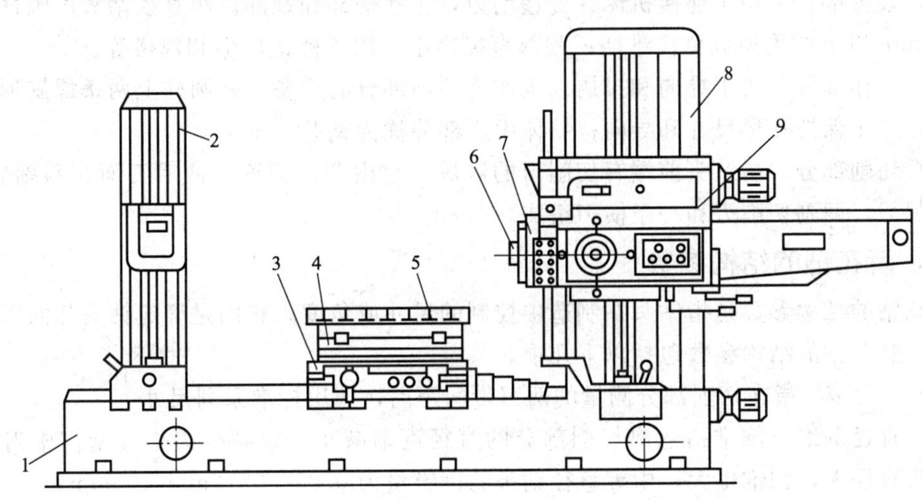

图 8-15　TP619 型卧式铣镗床

1—床身；2—后立柱；3—下滑座；4—上滑座；5—工作台；6—主轴；7—平旋盘；8—前立柱；9—主轴箱

平旋盘7的旋转运动。根据加工要求，镗轴可做轴向进给运动，或平旋盘上径向刀具溜板在随平旋盘旋转的同时做径向进给运动。工作台由下滑座3、上滑座4和工作台5组成。工作台可沿床身导轨做纵向移动，也可随上滑座顶部导轨做横向移动。工作台还可在沿下滑座3的环形导轨上绕垂直轴线转位，以便加工分布在不同面上的孔。后立柱2的垂直导轨上有支承架用以支承较长的镗杆，以增加镗杆刚性。支承架可沿后立柱导轨上下移动，以保持与镗轴同轴。后立柱可根据镗杆长度做纵向位置的调整。

第三节 麻 花 钻

一、麻花钻的组成

麻花钻是最常见的孔加工刀具，它主要用于加工低精度的孔或扩孔。标准高速钢麻花钻由工作部分、颈部及柄部三部分组成，其结构如图8-16所示。

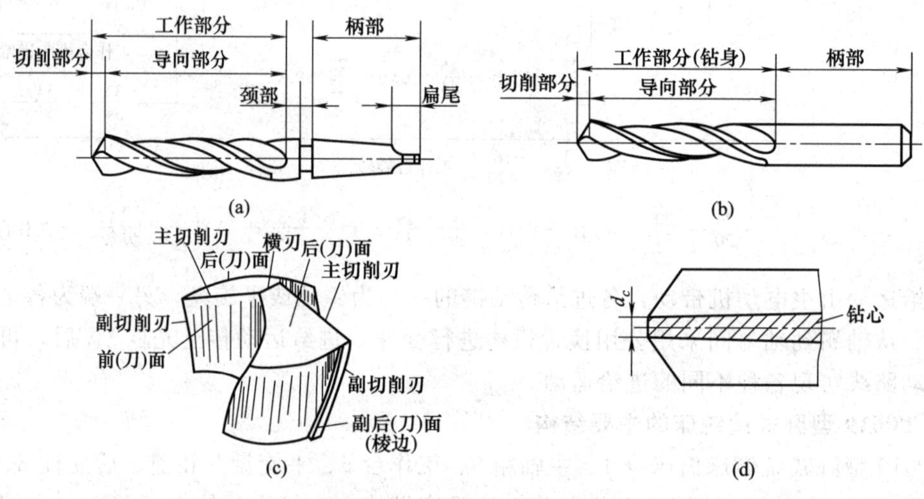

图8-16 麻花钻的结构组成

(1) 装夹部分　用于连接机床并传递动力，包括柄部和颈部。小直径钻头用圆柱柄，直径在12mm以上的均做成莫氏锥柄；颈部直径略小，用于标记厂标和规格等。

(2) 工作部分　用于导向和排屑，也作为切削部分的后备。外圆柱上两条螺旋形棱边称为刃带，用于保持孔形尺寸和导向；钻体中心部分称为钻芯。

(3) 切削部分　指钻头前端有切削刃的区域。它由两前刀面、两后刀面、两副后刀面、两主切削刃、两副切削刃和一条横刃组成。

二、麻花钻的结构参数

麻花钻的结构参数是指钻头在制造中控制的尺寸或角度，它们是确定钻头几何形状的独立参数。麻花钻的结构参数包括以下几项。

(1) 直径 d　指在切削部分测量的两刃带间距离，选用标准系列尺寸。

(2) 直径倒锥　倒锥指远离切削部分的直径逐渐减小，以减少刃带孔壁，相当于副偏角。钻头直径大，倒锥也大；中等直径钻头的倒锥量为0.03～0.12mm/100mm。

(3) 钻芯直径 d_c　钻芯直径是与两刃沟底相切圆的直径。它影响钻头的刚性与容屑截面。钻芯通常做成(1.4～2)mm/100mm的正锥度，以提高钻头的刚性，对直径大于13mm

的钻头，通常 $d_c=(0.125\sim0.15)d$。

（4）螺旋角 ω　指钻头刃带棱边螺旋线展开成直线与钻头轴线的夹角，螺旋角如图 8-17 所示。

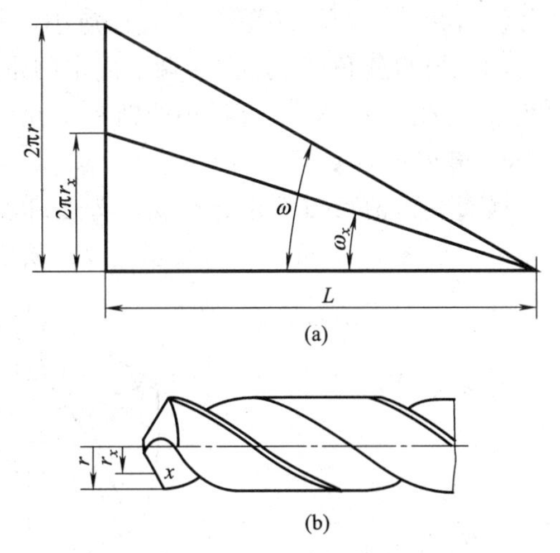

图 8-17　麻花钻的螺旋角

如图 8-17 所示，主切削刃上任意半径 r_x 处的螺旋角 ω_x 为

$$\tan\omega_x=\frac{2\pi r_x}{L}=\frac{2\pi r}{L}\times\frac{r_x}{r}=\frac{r_x}{r}\tan\omega \quad (8\text{-}1)$$

根据式（8-1）可知：越靠近钻头中心处，螺旋角越小；增大螺旋角可使前角增大，切削轻快，便于排屑，但钻头刚性变差；刃带处螺旋角取为 25°～32°，小直径钻头为提高刚性，一般螺旋角取小值。

三、麻花钻的几何角度

1. 钻头的参考系

确定钻头角度需要建立参考系，钻头参考系平面及测量平面如图 8-18 所示。钻头上也有切削平面、正交平面、假定工作平面和背平面，它们的定义与车削中的规定相同。

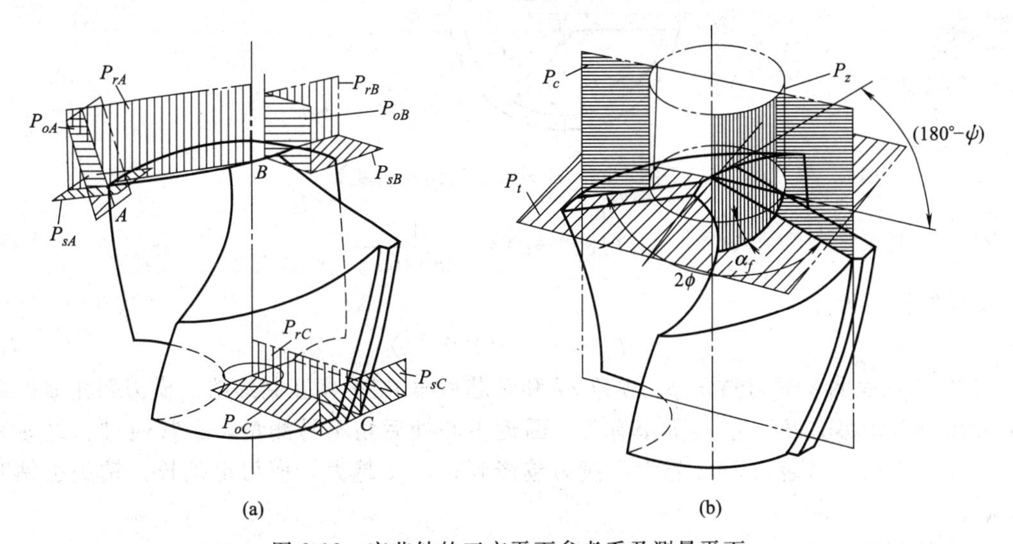

图 8-18　麻花钻的正交平面参考系及测量平面

度量钻头几何角度还需以下测量平面。

（1）端平面 P_t　与钻头轴线垂直的投影面。

（2）中剖面 P_c　过钻头轴线与两主切削刃平行的平面。

（3）柱剖面 P_z　过切削刃选定点做与钻头轴线平行的直线，该直线绕钻头轴线旋转形成的圆柱面。

2. 钻头的刃磨角度

普通麻花钻只需刃磨两个后刀面，控制顶角、外缘后角和横刃斜角三个角度。

（1）顶角 2ϕ　是指两主刃在中剖面投影中的夹角。普通麻花钻顶角 $2\phi=116°\sim118°$。

（2）外缘后角 α_f　是指主切削刃靠近刃带转角处在柱剖面中测量的后角。中等直径钻

头外缘后角 $\alpha_f=8°\sim20°$。钻头直径愈小，其外缘后角愈大，以利于改善横刃的锋利程度。

（3）横刃斜角 ψ　是指在端平面中测量的中剖面与横刃所夹的钝角。普通麻花钻的横刃斜角 $\psi=125°\sim133°$，直径小的钻头 ψ 允许较大。

3. 横刃的角度

横刃是由两后刀面相交形成，普通麻花钻横刃近似直线。图 8-19 所示为横刃前、后面和角度。由图 8-19 可知，横刃斜角 ψ、顶角 2ϕ 和钻芯后角 $\alpha_{o\psi}$ 三者关系为

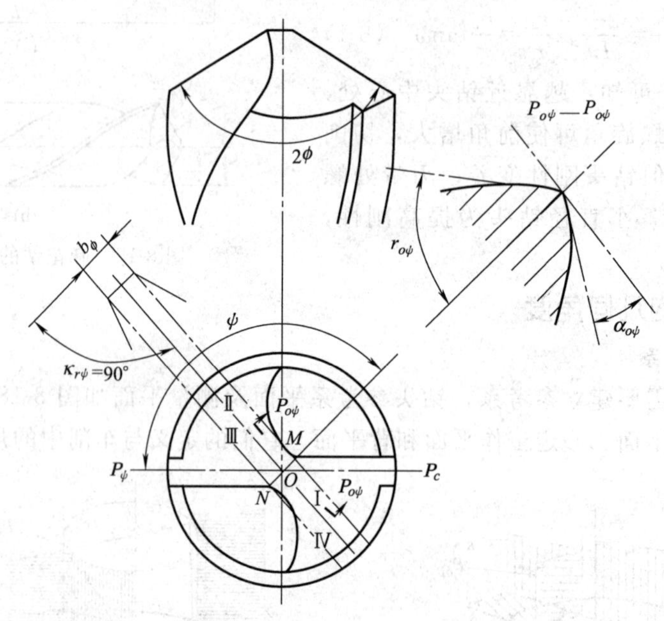

图 8-19　横刃前、后面及角度

$$\sin(180°-\psi)=\frac{1}{\tan\phi\tan\alpha_{o\psi}} \tag{8-2}$$

横刃的长度为

$$b_{\psi}=d_c/\sin(180-\psi) \tag{8-3}$$

式（8-2）表明，横刃斜角 ψ、顶角 2ϕ 和钻芯后角 $\alpha_{o\psi}$ 是相互制约的。横刃斜角 ψ 的数值与钻头近中心处切削刃后角 $\alpha_{o\psi}$ 大小有关，因近中心处后角不易测量，通常通过测量 ψ 来控制中心刃后角 $\alpha_{o\psi}$。ψ 越大，$\alpha_{o\psi}$ 越大，横刃越锋利；但 ψ 越大，横刃也越长，钻头引钻时不易定心。

4. 主切削刃角度

钻头的两条主切削刃是由前、后面交汇形成的区域。前面就是螺旋形的刃沟面，后面是刃磨形成的圆锥或螺旋面，它们都是曲面。用正交平面参考系标注钻头切削刃上的前角、后角、主偏角都是派生角。由于前角不通过钻心，刃沟前面螺旋角的大小与观察点的半径有关，所以钻头切削刃各点的螺旋角、刃倾角、前角和主偏角都不同。钻头主切削刃的角度如图 8-20 所示。

四、钻头的修磨

1. 标准麻花钻的缺陷

① 主切削刃上各点的前角是变化的，前角值从外缘到钻心附近大约由 30°减小到－30°，其切削条件很差。

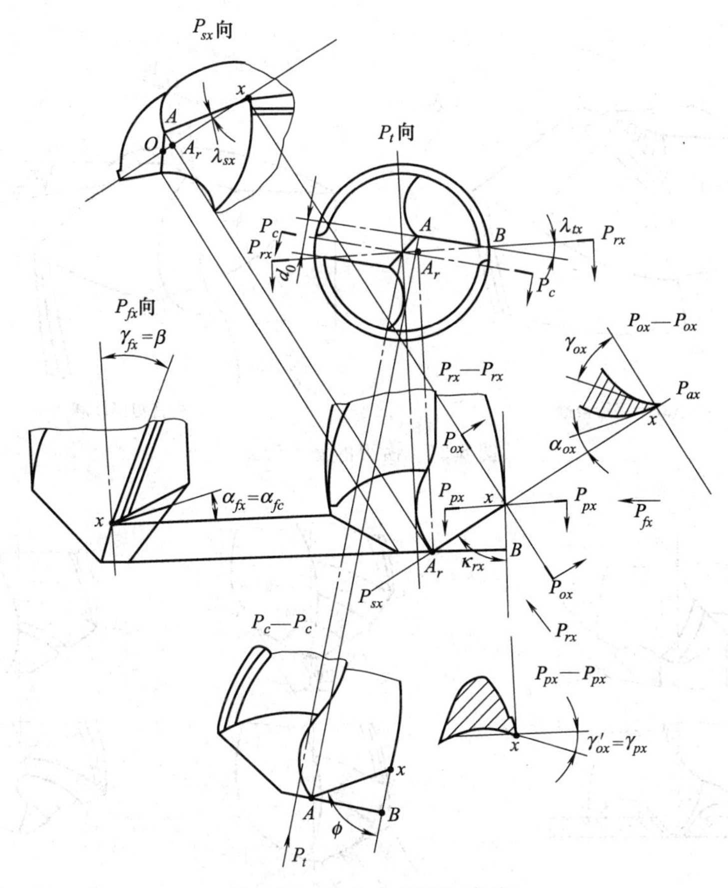

图 8-20　钻头主切削刃角度

② 主切削刃长，切削宽度大，切削刃上各点切屑流出速度差别很大，切屑为宽螺旋状，变形复杂，排屑困难，切削液难以进入切削区。

③ 横刃处前角为负值，且横刃较长，轴向力较大，切削条件差。

④ 副切削刃后角为零，副后刀面与孔壁摩擦严重；外缘转角处切削速度最大，刀尖角较小，强度和散热条件差，磨损严重。

⑤ 横刃处的前、后角是在刃磨后刀面时自然形成的，不能按需要分别控制其数值。

为改善麻花钻的结构缺陷，提高钻头的切削性能和钻孔质量，以及降低切削力和增加钻头的使用寿命，在使用麻花钻时对其进行修磨。

2. 钻头的修磨

钻头的修磨是指将普通钻头按不同加工要求对横刃、主刃和前后刀面进行附加的刃磨。常用的修磨方法有横刃修磨法、主刃修磨法、前刀面修磨法和后刀面修磨法等。

(1) 横刃修磨法　修磨横刃的目的是在保持钻头较高强度的条件下，尽可能增大钻头的前角，缩短横刃长度，降低进给力和提高钻头定心能力。常见的修磨形式如图 8-21 所示。

(2) 主刃修磨法　修磨主刃的目的是改变刃形或顶角，以增大前角，控制分屑和断屑，或改变切削负荷分布、增大散热条件和提高钻头寿命。常见的修磨形式如图 8-22 所示。

(3) 前刀面修磨法　修磨前刀面的目的是改变前角的分布，增大或减小前角，或改变刃倾角以满足不同的加工要求。常见的修磨形式如图 8-23 所示。

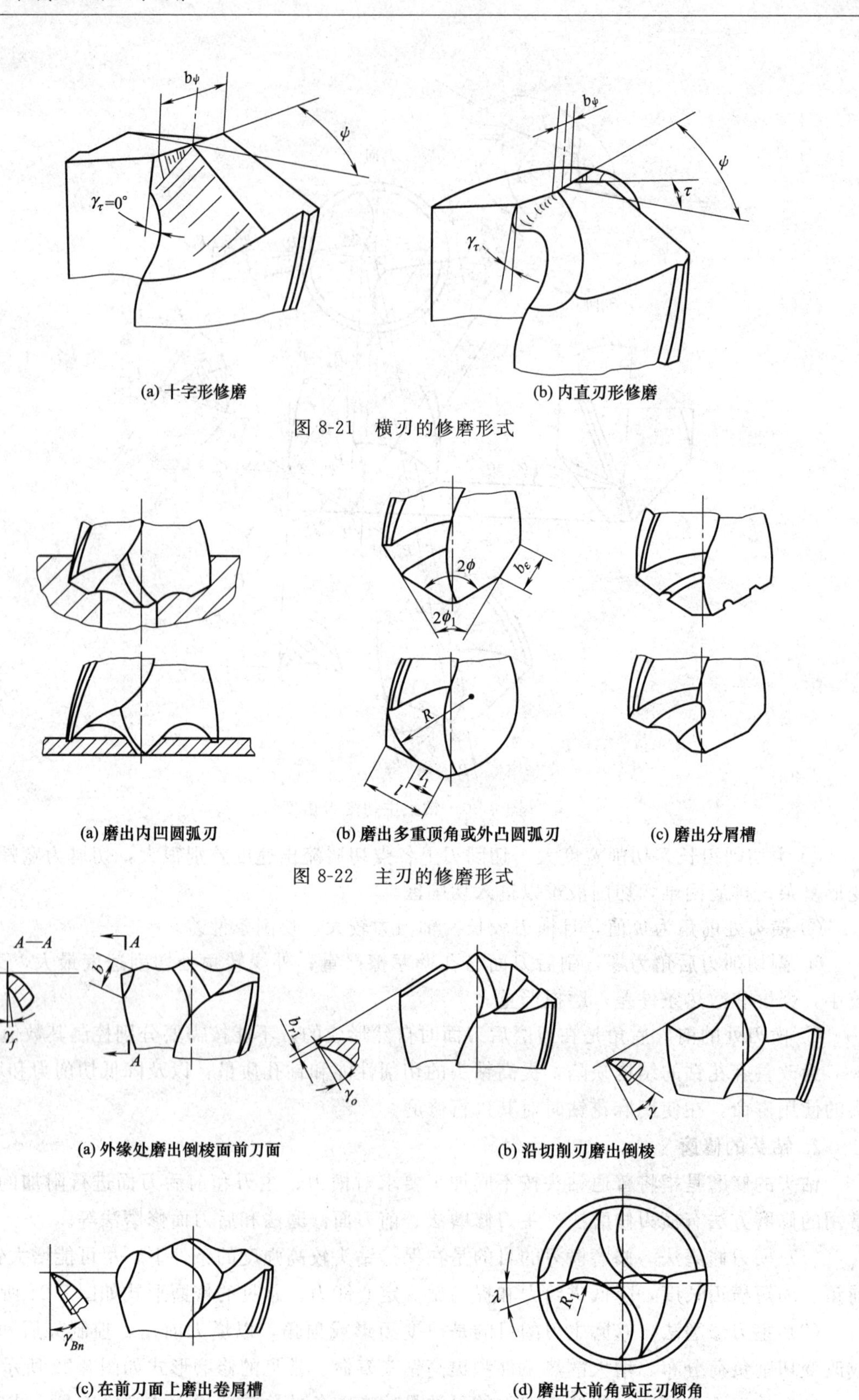

(a) 十字形修磨　(b) 内直刃形修磨

图 8-21　横刃的修磨形式

(a) 磨出内凹圆弧刃　(b) 磨出多重顶角或外凸圆弧刃　(c) 磨出分屑槽

图 8-22　主刃的修磨形式

(a) 外缘处磨出倒棱面前刀面　(b) 沿切削刃磨出倒棱

(c) 在前刀面上磨出卷屑槽　(d) 磨出大前角或正刃倾角

图 8-23　前刀面的修磨形式

(4) 后刀面修磨法　修磨后刀面的目的是在不影响钻头强度的条件下，增大后角以增加容屑空间改善冷却效果。修磨副后刀面（刃带）的目的是减少刃带宽度，以减少刃带与孔壁的摩擦。常见的修磨形式如图 8-24 所示。

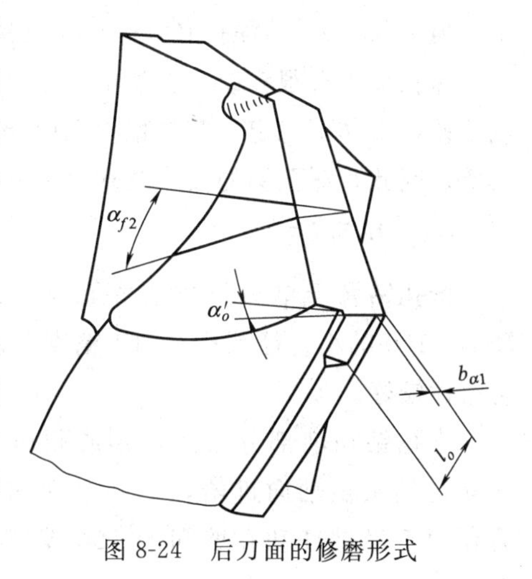

图 8-24　后刀面的修磨形式

五、群钻

群钻是综合运用上述修磨方法对麻花钻进行修磨的先进钻型。群钻最早（1953 年）是由倪志福创造，经多年实践并汇集了群众智慧的结晶，目前已形成标准群钻、铸铁群钻、不锈钢群钻、薄板群钻等一系列先进钻型。如图 8-25 所示。

1. 群钻的结构

群钻的结构特点可概括为：三尖七刃锐当先，月牙弧槽分两边，一侧外刃再开槽，横刃磨低窄又尖。

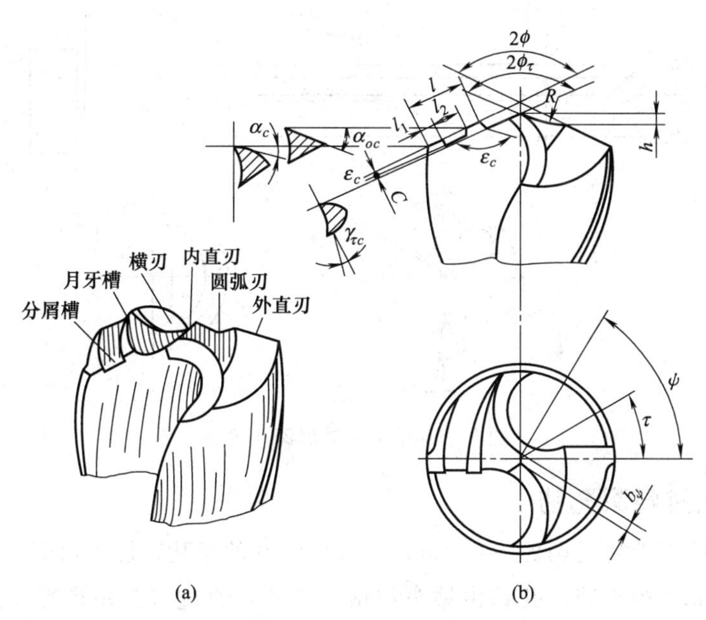

图 8-25　标准群钻结构

2. 群钻的特点

横刃缩短，各段切削刃切削角度合理，刃口锋利，切削变形较小；加工钢材时的轴向力比标准麻花钻降低 35%～50%，扭矩降低 10%～30%，使用寿命提高 3～5 倍；钻孔精度提高，形位误差与加工表面粗糙度减小；圆弧刃切出的过渡表面有凸起的圆环筋，可以防止钻孔偏斜，减少了孔径的扩大，加强了定心和导向作用。

第四节　深　孔　钻

深孔是指孔深与直径之比大于 5 的孔，一般 $L/D=5\sim20$ 的深孔仍可用深孔麻花钻加工，但 $L/D>20$ 的深孔必须采用深孔钻才能加工。

深孔加工有很多缺点：切削热不易散出，要求冷却和润滑效果良好；钻头细长，强度和刚度差，工作不稳定，容易偏斜和引起振动；孔的加工精度不易控制；排屑不良时易损坏刀具等。因此，深孔钻的关键技术是良好的冷却装置、合理的排屑结构和导向措施。

一、枪孔钻

枪孔钻属于单刃外排屑深孔钻，最早用于钻枪孔而得名，一般用来钻 $\phi3\sim\phi20$mm、$L/D=100$ 的小直径深孔，加工精度可达 IT10～IT8，表面粗糙度 Ra 为 0.8～3.2μm，孔的直线性较好。

枪孔钻切削部分用高速钢或硬质合金制造，尾部用无缝钢管压制成形。工作时工件回转，钻头做轴向进给，高压切削液从钻杆尾部注入，冷却后的切削液连同切屑在压力作用下沿钻杆和孔壁间的 120°V 形槽冲出，故称为外排屑深孔钻。枪孔钻的结构如图 8-26 所示。

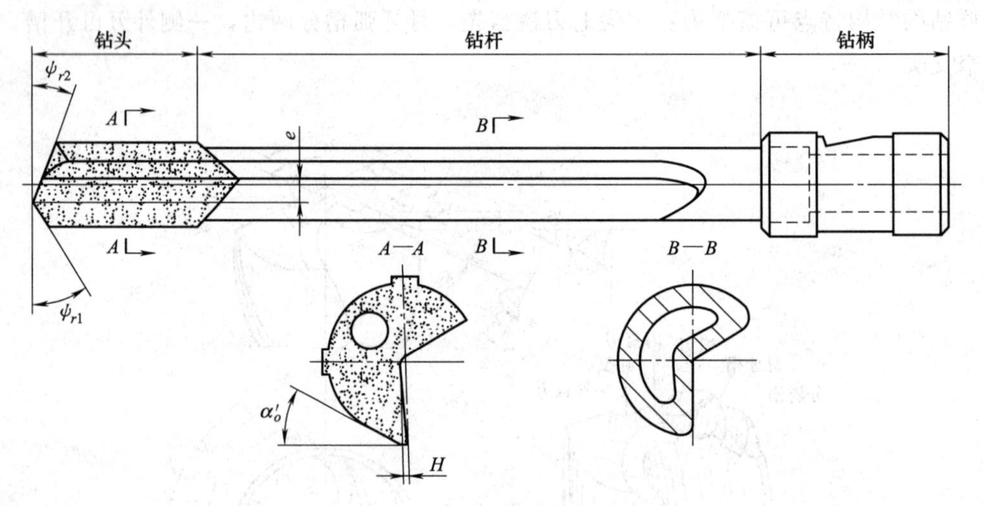

图 8-26 单刃外排屑深孔枪钻

二、错齿内排屑深孔钻

内排屑深孔钻用于加工 $\phi12\sim\phi120$mm、$L/D=100$ 的深孔，加工精度可达 IT9～IT7 级，Ra 为 1.6～3.2μm。内排屑深孔钻由钻头和钻杆组成，通过多头矩形螺纹连接。深孔钻有单刃和多刃之分，其切削部分用高速钢或硬质合金制造，应用较多的是多刃内排屑硬质合金深孔钻，属于 BTA（Boring and Trepanning Association）系统深孔钻。内排屑深孔钻结构如图 8-27 所示。

三、喷吸钻

喷吸钻是 20 世纪 60 年代出现的内排屑深孔钻，用于中等直径 $\phi20\sim\phi65$mm 的深孔加工，加工精度可达 IT10～IT7 级，Ra 为 0.8～3.2μm，直线度可达 0.1mm/1000m。

喷吸钻与 BTA 深孔钻相比，钻杆结构和排屑原理不同。它采用了 BTA 深孔钻的内排屑结构，再加上具有喷吸效应的排屑装置。其工作原理是将压力切削液从刀体外压入切削区并用喷吸效应进行内排屑。喷吸钻的结构如图 8-28 所示。

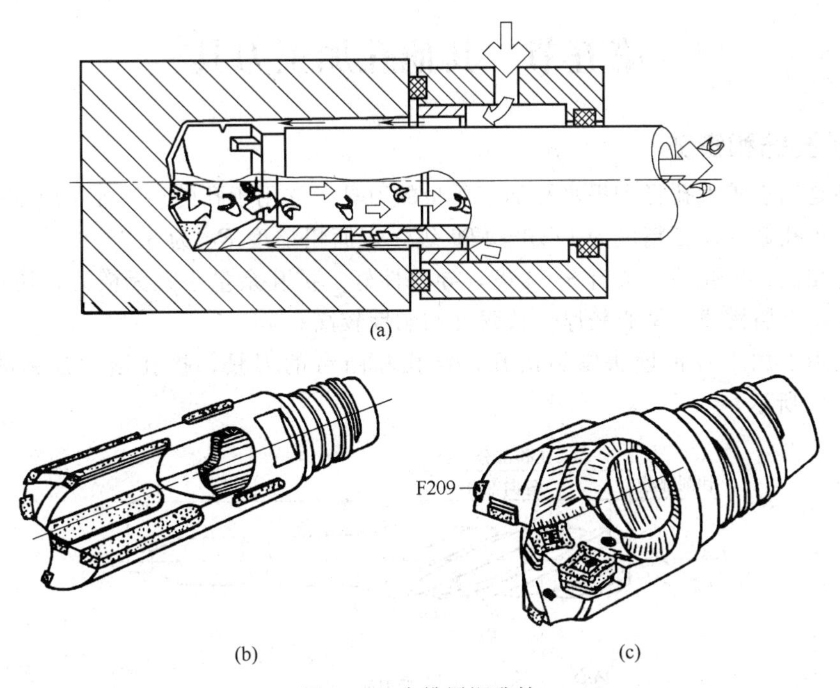

图 8-27　内排屑深孔钻

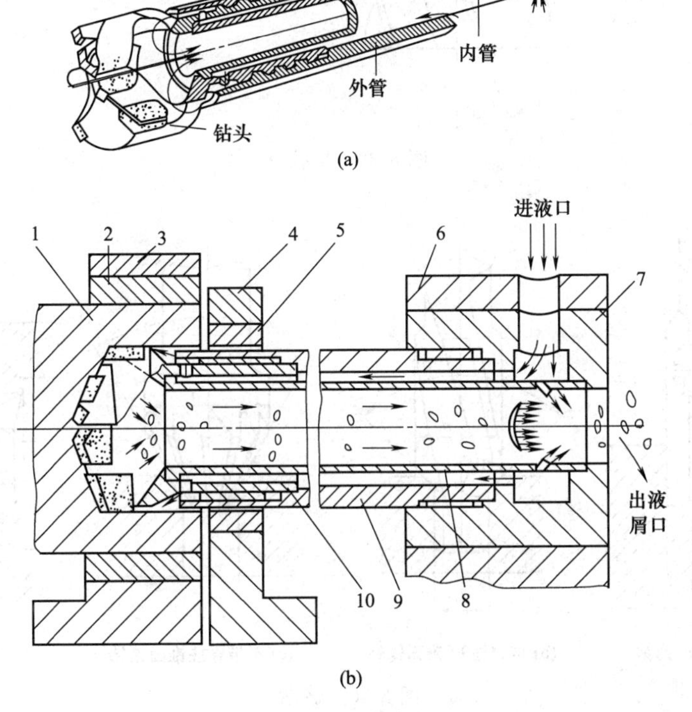

图 8-28　喷吸钻

1—工件；2—夹爪；3—中心架；4—引导架；5—导向管；

6—支承座；7—连接套；8—内管；9—外管；10—钻头

第五节　其他孔加工刀具

一、扩孔钻和锪钻

扩孔钻是用于扩大孔径和提高孔加工质量的刀具，它用于孔的最终加工或铰孔和磨孔前的预加工。扩孔钻的加工精度为IT10~IT9级，表面粗糙度 Ra 为3.2～6.3μm。扩孔钻与麻花钻结构相似，扩孔钻一般有3～4齿，导向性好；扩孔余量小且无横刃，切削条件得到改善；扩孔钻容屑槽浅，钻心较厚，故强度和刚度较高。

锪钻是用于加工各种埋头螺钉沉孔、锥孔和凸台的刀具。扩孔钻和锪钻的结构如图8-29、图8-30所示。

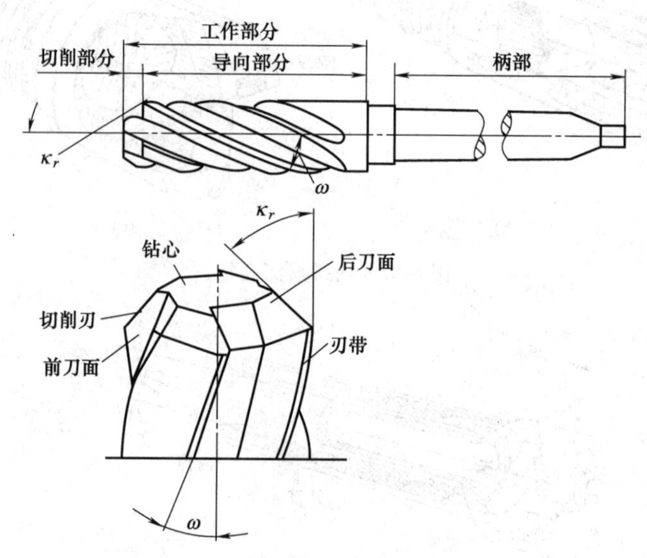

图8-29　扩孔钻

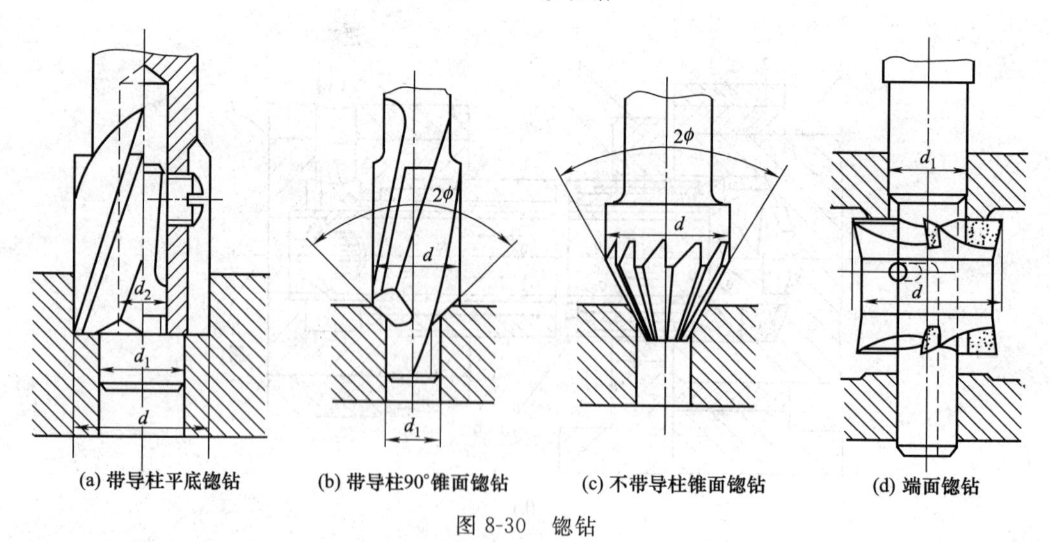

图8-30　锪钻

二、铰刀

铰刀是用于孔的半精加工和精加工的刀具，加工精度可达IT8～IT6级，表面粗糙度

Ra 为 0.4～1.6μm。铰刀有 6～12 个刀刃，排屑槽更浅，刚性好；有修光刃，可校准孔径和修光孔壁；铰削加工余量小，工作平稳。

图 8-31 所示为圆柱铰刀的结构图。铰刀由工作部分、柄部和颈部组成，其中工作部分包括导锥、切削部分和校准部分，校准部分又包括圆柱部分和倒锥部分。

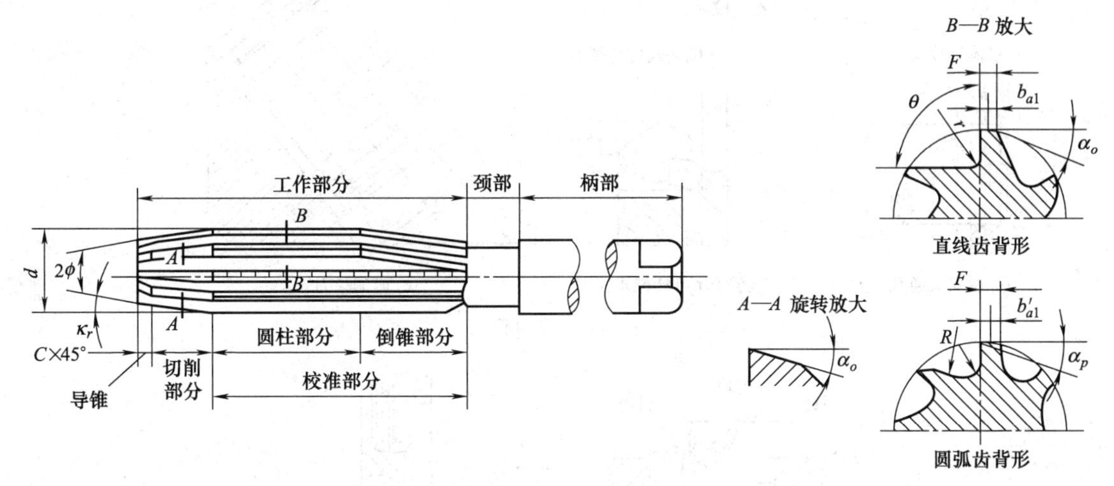

图 8-31　圆柱铰刀的结构

铰刀按用途可分为手用铰刀和机用铰刀，按孔的加工形状可分为圆柱铰刀和圆锥铰刀。铰刀已标准化，常用铰刀类型如图 8-32 所示。

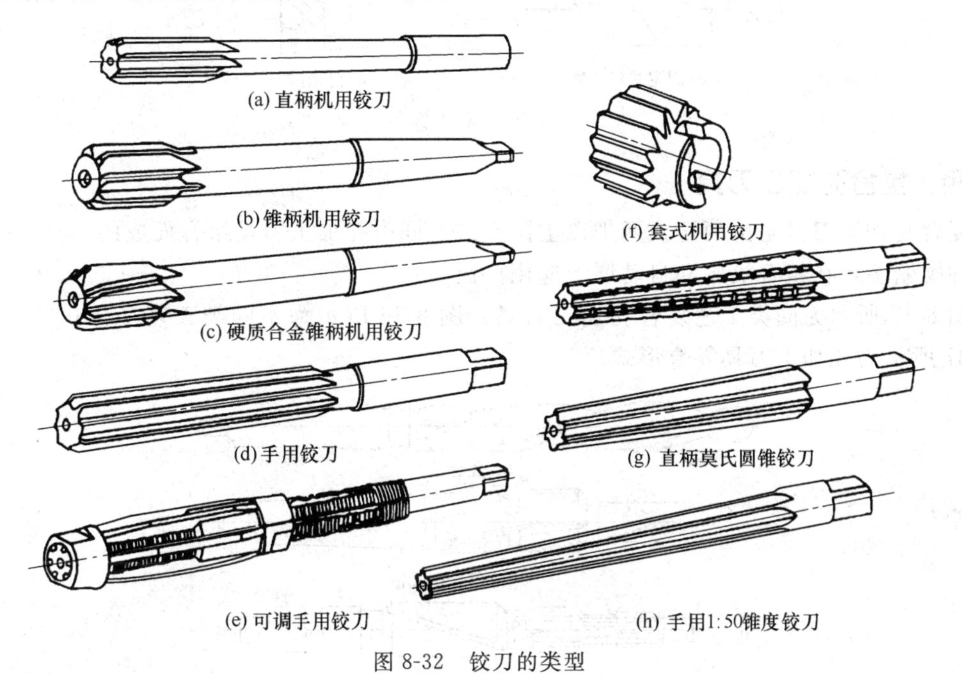

图 8-32　铰刀的类型

三、镗刀

镗刀是在车床、铣床、镗床、组合机床上对工件已有孔进行再加工的刀具。特别是加工大直径孔，镗刀几乎是唯一的刀具。镗孔精度可达 IT7～IT6 级，表面粗糙度 Ra 为 0.8～1.6μm。

镗刀分为单刃镗刀和双刃镗刀。图 8-33 所示为单刃镗刀，图 8-34 所示为双刃镗刀。

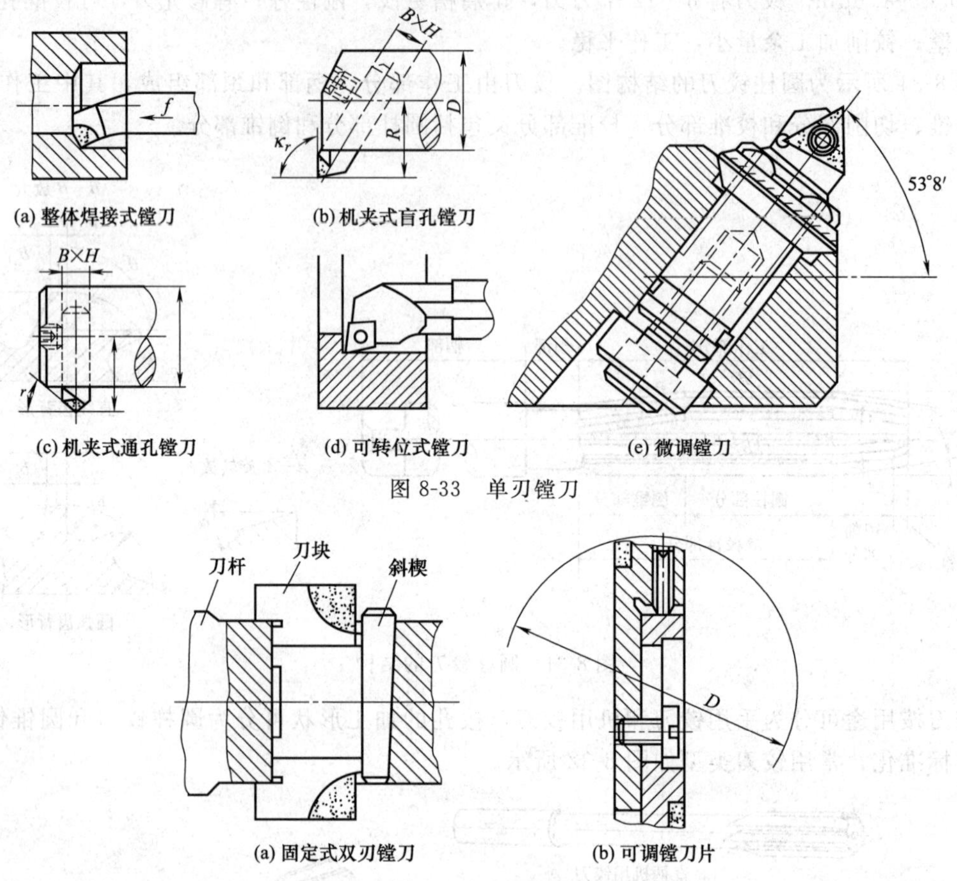

(a) 整体焊接式镗刀　(b) 机夹式盲孔镗刀　(c) 机夹式通孔镗刀　(d) 可转位式镗刀　(e) 微调镗刀

图 8-33　单刃镗刀

(a) 固定式双刃镗刀　(b) 可调镗刀片

图 8-34　双刃镗刀

四、复合孔加工刀具

复合孔加工刀具是由两把或两把以上同类或不同类孔加工刀具组合而成的。复合孔加工刀具种类繁多，在组合机床和自动线上应用广泛。

图 8-35 所示为同类工艺复合孔加工刀具；图 8-36 所示为不同类工艺复合孔加工刀具；图 8-37 所示为孔加工刀具复合形式。

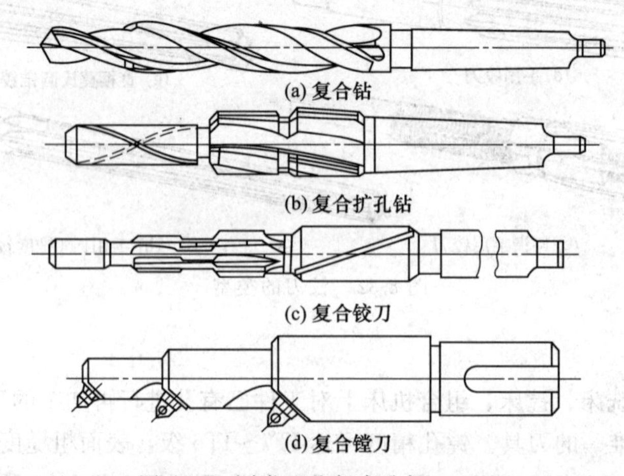

(a) 复合钻　(b) 复合扩孔钻　(c) 复合铰刀　(d) 复合镗刀

图 8-35　同类工艺复合孔加工刀具

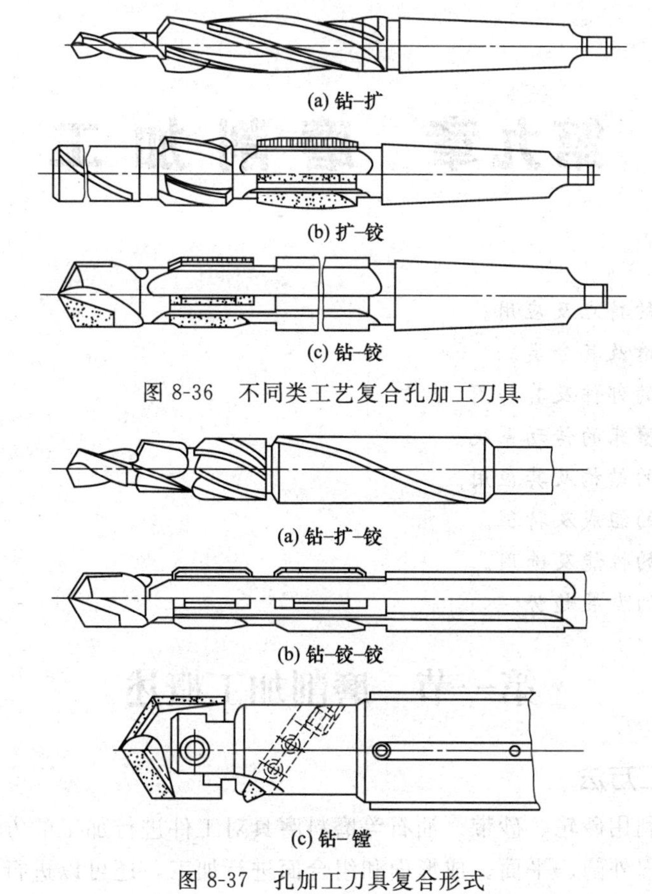

图 8-36　不同类工艺复合孔加工刀具

图 8-37　孔加工刀具复合形式

思　考　题

1. 简述钻削加工的特点及应用范围？
2. 简述 Z3040 型摇臂钻床的主要运动？
3. 写出 Z3040 型摇臂钻床主运动传动路线表达式？
4. 简述镗削加工的特点及应用范围？
5. 简述 TP619 型卧式铣镗床的主要运动？
6. 简述麻花钻的结构组成及其作用？
7. 简述麻花钻的缺陷？如何修磨麻花钻？
8. 简述钻削用量要素和钻削层参数？
9. 简述群钻的结构特点及优点？
10. 为什么群钻可以降低切削力？
11. 简述深孔加工的特点？
12. 简述扩孔钻的特点及应用范围？
13. 简述铰刀的结构及其作用？
14. 简述铰削加工的特点及其应用？
15. 简述镗刀的类型及其特点？

第九章　磨削加工

教学要求

掌握磨削加工的特点及应用。
掌握磨床的用途及其分类。
掌握典型磨床的部件及其作用。
掌握万能外圆磨床的传动系统。
掌握典型磨床的结构及其应用。
掌握磨削砂轮的组成及特征。
掌握磨削砂轮的性能及选用。
了解磨削加工的发展趋势。

第一节　磨削加工概述

一、磨削加工方法

磨削加工是指利用砂轮、砂带、油石等磨料磨具对工件进行加工的方法。磨削加工应用范围很广，可以对内外圆、平面、成形面和组合面进行加工，还可以进行刃磨刀具和切断等任务。典型的磨削加工范围如图 9-1 所示。

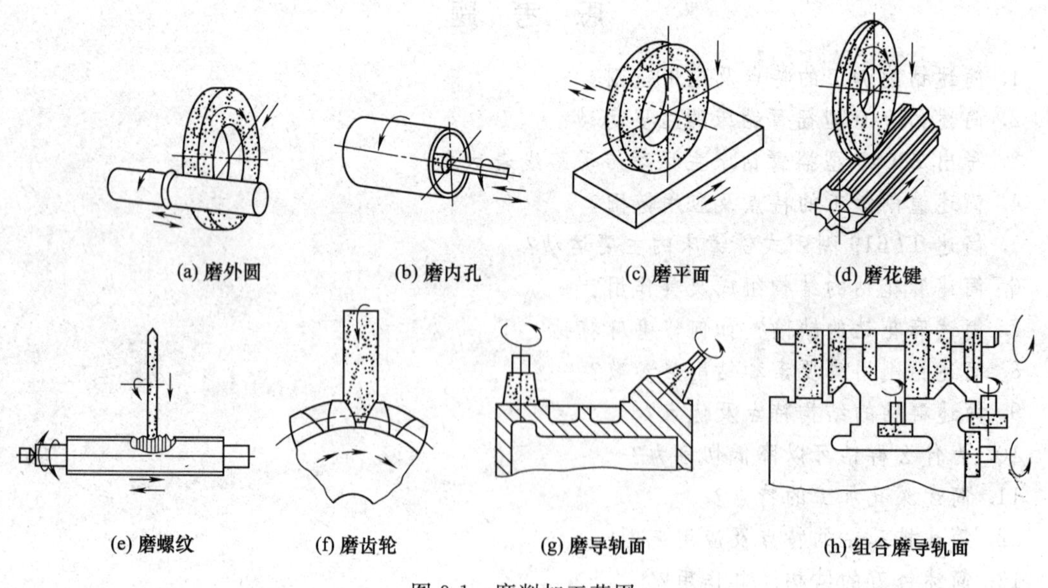

图 9-1　磨削加工范围

二、磨削加工设备

为满足磨削各种表面和生产批量的要求，磨床的种类很多。主要类型如下。

（1）外圆磨床　主要用于磨削外回转表面。它包括万能外圆磨床、普通外圆磨床、无心外圆磨床等。

（2）内圆磨床　主要用于磨削内回转表面。它包括普通内圆磨床、无心内圆磨床、行星式内圆磨床等。

（3）平面及端面磨床　用于磨削各种平面。它包括卧轴矩台平面磨床、立轴矩台平面磨床、卧轴圆台平面磨床、立轴圆台平面磨床等。

（4）工具磨床　主要用于磨削各种工具，如样板、卡板等。它包括工具曲线磨床、卡板磨床、钻头沟槽磨床、丝锥沟槽磨床等。

（5）刀具刃具磨床　主要用于刃磨各种刀具。它包括万能工具磨床、车刀刃磨床、拉刀刃磨床、滚刀刃磨床等。

（6）专门化磨床　主要用于磨削某一类零件上的一种表面。它包括曲轴磨床、凸轮轴磨床、花键轴磨床、球轴承磨床、活塞环磨床、螺纹磨床、导轨磨床、中心孔磨床等。

（7）其他磨床　如珩磨机、研磨机、抛光机、超精加工机床、砂轮机等。

以上磨床均使用砂轮作为切削工具。此外，还有以柔性砂带为切削工具的砂带磨床，以油石和研磨剂为切削工具的精磨磨床等。

三、磨削加工特点

1. 加工精度高

因磨削加工余量较小，加上砂轮磨粒的修光作用，故磨削加工精度较高，表面质量好，加工精度可达 IT7～IT6 级，表面粗糙度 Ra 为 0.05～1.25μm。如采用高精度磨削，则加工精度可达 IT5 级，表面粗糙度 Ra 为 0.012～0.1μm。

2. 磨削温度高

由于磨削速度高，砂轮和工件间产生大量热量，而且砂轮的导热性差，不易散热，磨削区域的温度可达 1000℃以上，磨削时会产生磨削烧伤。因此，磨削时应加大量切削液。

3. 能加工硬质材料

磨削加工可以加工普通刀具难以加工甚至无法加工的硬质材料，如淬硬钢、硬质合金和陶瓷等。

第二节　M1432A 型万能外圆磨床

一、磨床的工作方式和运动

M1432A 型万能外圆磨床是应用最普遍的外圆磨床，主要用于磨削内外圆柱面、内外圆锥面，还可磨削阶梯轴轴肩及端面和简单的成形回转体表面等。图 9-2 所示为 M1432A 型万能外圆磨床的用途。

1. M1432A 型万能外圆磨床的工作方式

按照砂轮的进给方式不同，磨外圆的工作方式分为纵向磨削（纵磨法）和横向磨削（横磨法）两种，如图 9-3 所示。

（1）纵磨法　磨削时，工件低速旋转做圆周进给运动，工作台往返做纵向进给运动。每一次纵向行程结束，砂轮做一次横向进给，逐步磨去加工余量。这种方法生产效率低，表面质量好，精度高，应用广泛。纵磨法主要用于单件、小批生产或精磨的场合。

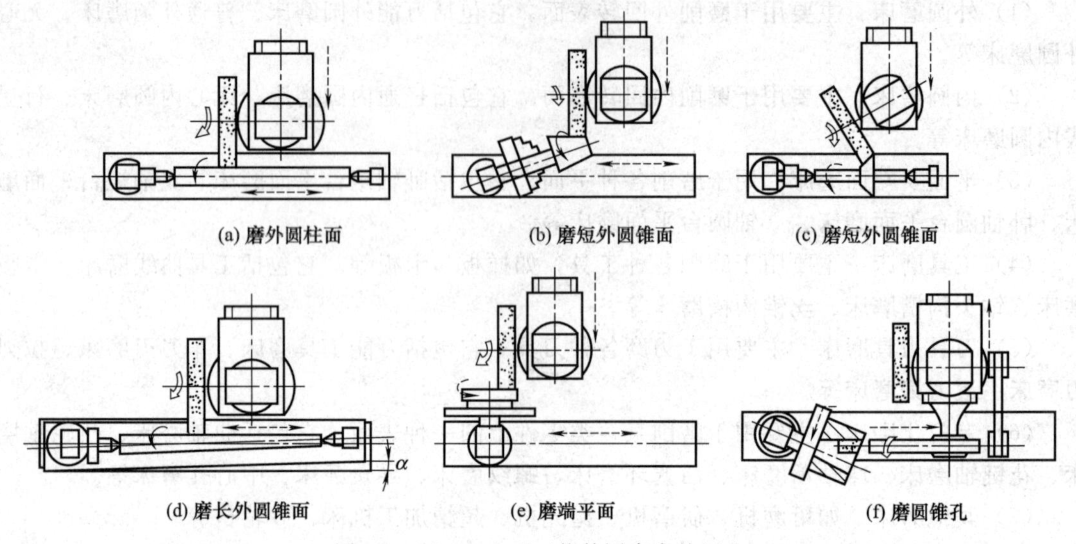

(a) 磨外圆柱面　(b) 磨短外圆锥面　(c) 磨短外圆锥面

(d) 磨长外圆锥面　(e) 磨端平面　(f) 磨圆锥孔

图 9-2　M1432A 型万能外圆磨床的用途

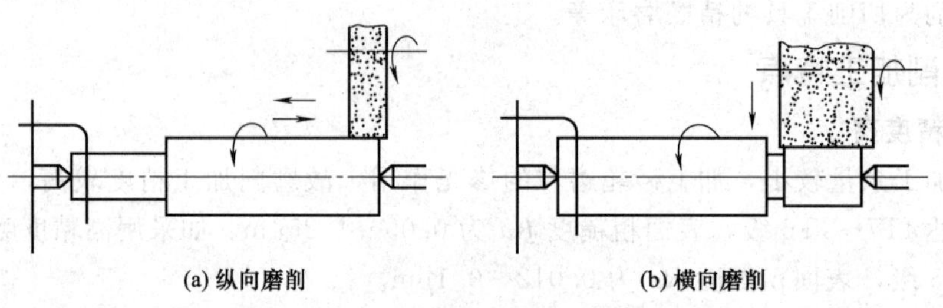

(a) 纵向磨削　(b) 横向磨削

图 9-3　M1432A 外圆磨床的工作方式

（2）横磨法　砂轮宽度大于工件被磨长度，磨削时无需纵向进给。砂轮以慢速连续或断续做横向进给运动，直至磨去全部余量。这种方法磨削效率高，磨削力大，磨削温度高，加工精度低，表面粗糙度增大。横磨法主要用于批量大、精度不太高的工件加工或不能做纵向进给的场合。

2. M1432A 型磨床的运动

磨外圆或内孔时砂轮的旋转运动；工件的圆周进给运动；工件（工作台）的往复纵向进给运动；砂轮横向进给运动（往复纵磨时，为周期间歇进给；切入磨削时，为连续进给）；砂轮架横向快速进退运动；尾座套筒的伸缩移动。

二、磨床的主要部件及作用

M1432A 型万能外圆磨床的结构如图 9-4 所示。

（1）床身　安装磨床的各部件，床身上有导轨，内部有液压系统。

（2）头架　安装主轴部件，用于装夹工件。主轴由单独电动机驱动，通过皮带传动使工件获得多种旋转速度，头架可在水平面内逆时针偏转 90°。

（3）内圆磨具　带动磨内圆的砂轮主轴旋转，由单独电动机驱动。磨削内孔时，应将内圆磨具翻下。

（4）砂轮架　安装砂轮，由单独电动机驱动，通过皮带传动带动砂轮高速旋转。砂轮架可沿横向导轨做横向快速进退和自动周期进给运动，也可手动进行横向移动。砂轮架可在水平面内回转±30°。

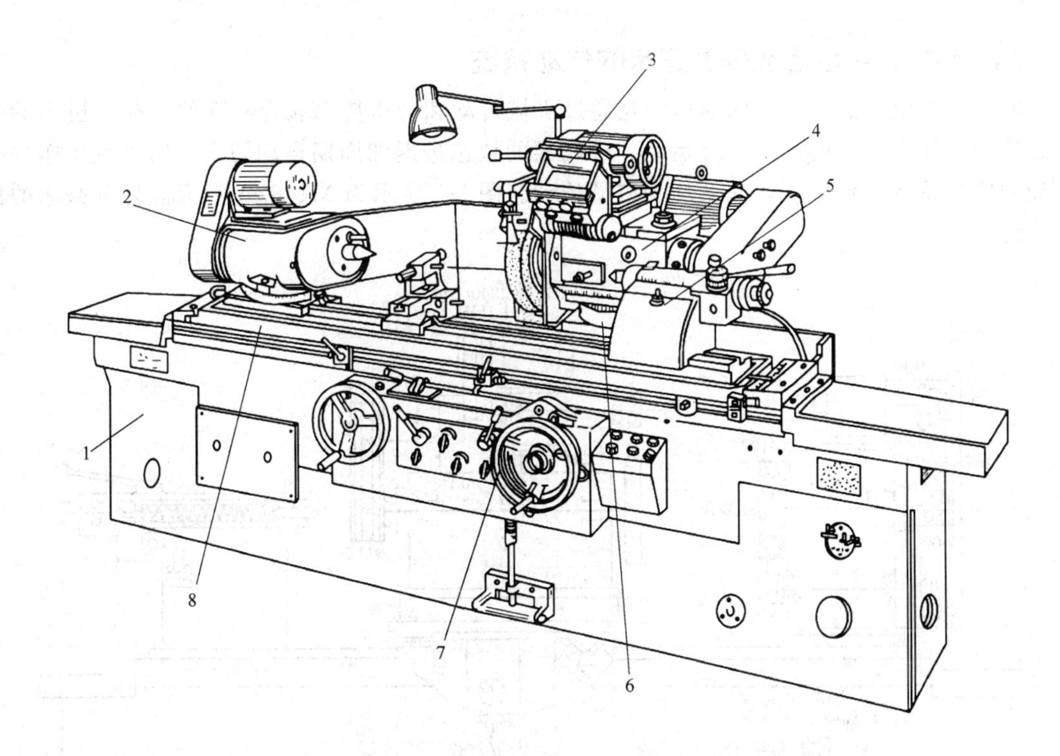

图 9-4　M1432A 型万能外圆磨床

1—床身；2—头架；3—内圆磨具；4—砂轮架；5—尾座；6—滑鞍；7—横向进给手轮；8—工作台

(5) 尾座　安装顶尖，和头架的前顶尖一起支承工件。尾座套筒的后端装有弹簧，依靠弹簧的推力夹紧工件。

(6) 工作台　由上下两层组成，上工作台可绕下工作台在水平方向转动±10°，以便于磨削小锥度的长锥体。工作台沿床身纵向导轨做纵向进给运动。在工作台前侧的 T 形槽内装有两块换向挡铁，用于控制工作台的自动换向。

三、M1432A 型万能外圆磨床的技术参数

表 9-1　M1432A 型万能外圆磨床的技术参数

名　　称	技术参数
外圆磨削直径/mm	ϕ8～ϕ320
最大外圆磨削长度/mm	1000,1500,2000
内孔磨削直径/mm	ϕ13～ϕ100
最大内孔磨削直径/mm	125
工作台纵向移动速度(液压无级调速)/(m/min)	0.05～4(m/min)
机床外形尺寸(长度)/mm	3200,4200,5200
机床外形尺寸(宽度)/mm	1500～1800
机床外形尺寸(高度)/mm	1420
头架主轴转速(共 6 级)/(r/min)	25,50,80,112,160,224
外圆砂轮速度/(r/min)	1670
内圆砂轮速度/(r/min)	10000,15000

四、M1432A 型万能外圆磨床的传动系统

M1432A 型万能外圆磨床的运动是通过机械传动和液压传动联合实现的。在该机床的传动系统中，除工作台的纵向往复运动、砂轮架的快速进退和周期自动切入进给以及尾座顶尖套筒的伸缩是液压传动外，其余均为机械传动。图 9-5 所示为 M1432A 型万能外圆磨床的传动系统图。

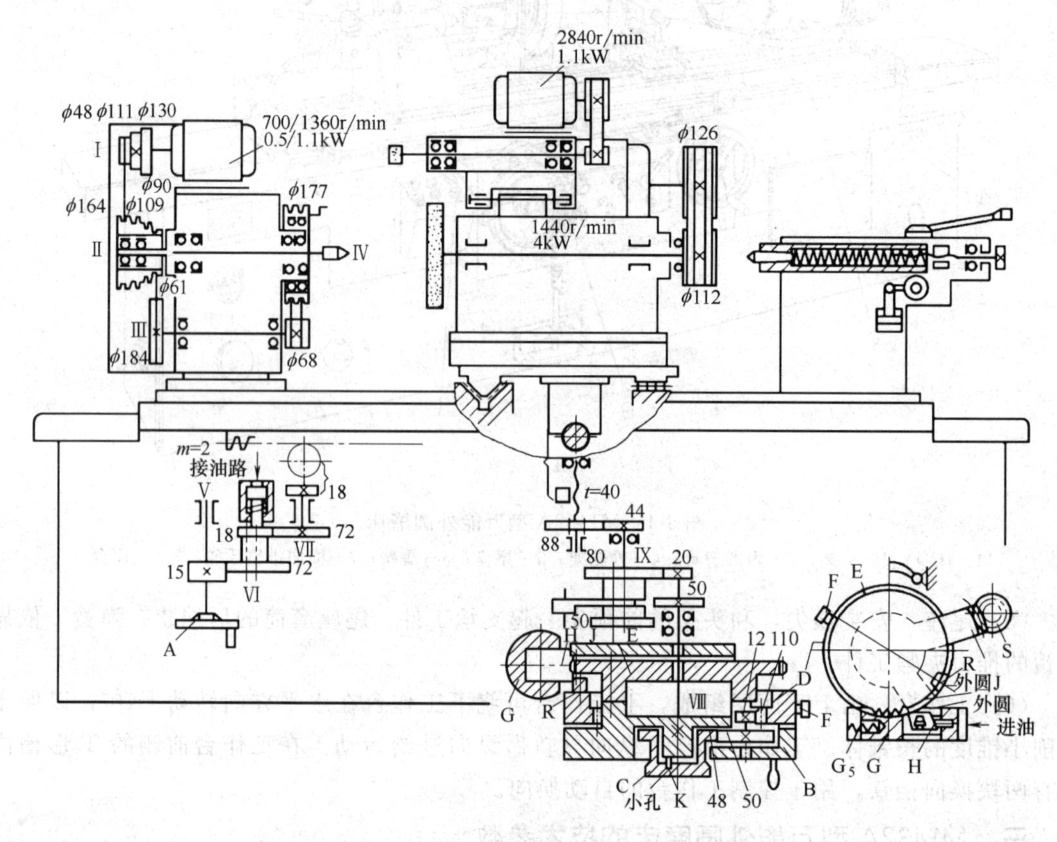

图 9-5 M1432A 型万能外圆磨床传动系统图

A,B—手轮；C—补偿旋钮；D—刻度盘；E—棘轮；F—挡块；G—活塞；G_5—液压缸；H—棘爪；R—调整块；K—销子；J—扇形齿轮板；S—齿轮

1. 外圆磨削时砂轮主轴的传动链

砂轮主轴的运动是由砂轮架电动机（1440r/min，4kW）经 4 根 V 形皮带直接传动的，砂轮主轴转速高达 1670r/min。传动路线为

$$n_{主电动机}—皮带轮\left(\frac{\phi126}{\phi112}\right)—砂轮$$

2. 内圆磨具的传动链

内圆磨削时，砂轮主轴由内圆砂轮电动机（2840r/min，1.1kW）经平带直接传动。更换平带等轮可使内圆砂轮主轴得到两种转速。传动路线为

$$n_{主电动机}—皮带轮—内圆砂轮$$

3. 头架拨盘传动链

拨盘的运动是由双速电动机（700/1350r/min，0.55/1.1kW）驱动，经 V 形带塔轮及

两级 V 形带传动，使头架的拨盘或卡盘带动工件，实现圆周运动。传动路线为

$$n_{头架电动机}—\mathrm{I}—\begin{bmatrix}\dfrac{\phi130}{\phi90}\\ \dfrac{\phi111}{\phi109}\\ \dfrac{\phi48}{\phi164}\end{bmatrix}—\mathrm{II}—\dfrac{\phi61}{\phi184}—\mathrm{III}—\dfrac{\phi68}{\phi177}—拨盘或卡盘$$

4. 工作台的手动驱动

调整机床及磨削阶梯轴的台阶时，工作台还可由手轮 A 驱动。其传动路线为

$$手轮\ A—轴\ \mathrm{V}—\frac{15}{72}—轴\ \mathrm{VI}—\frac{18}{72}—轴\ \mathrm{VII}—齿轮\ Z18—齿条(m=2\mathrm{mm})—工作台纵向移动$$

为避免工作台纵向运动时带动手轮 A 快速转动碰伤操作者，在液压系统和手轮 A 之间采用了互锁液压缸。轴Ⅵ上的互锁液压缸与液压系统相通，工作台纵向往复运动时，压力油推动轴Ⅵ上的双联齿轮移动，使齿轮 $Z18$ 和 $Z72$ 脱开。因此，液压驱动工作台纵向移动时，手轮 A 不转动。

【案例】 试计算手轮转一转时，工作台的纵向进给量？

【解】 手轮转一转时，工作台的纵向进给量 f 为

$$f=1\times\frac{15}{72}\times\frac{18}{72}\times\pi\times2\times18=5.89\approx6\mathrm{mm}$$

5. 滑板及砂轮架的横向进给运动

横向进给运动可用手轮 B 实现，也可由进给液压缸的活塞 G 驱动，实现周期自动进给。其传动路线为

$$\begin{bmatrix}手轮\ B\\ 液压缸活塞\ G\end{bmatrix}—\mathrm{VIII}—\begin{bmatrix}\dfrac{50}{50}\\ \dfrac{20}{80}\end{bmatrix}—\mathrm{IX}—\frac{44}{88}—横向进给丝杠\ (t=4\mathrm{mm})$$

【案例】 分析横向手动进给时，刻度盘 D 上的每格进给量为多少？

【解】 横向手动进给分为粗进给和细进给两种情况。

粗进给时，将棘轮 E 前推，转动手柄 B 经齿轮副 50/50 和 44/88 到丝杠，使砂轮架做横向粗进给运动；手轮 B 转一转，砂轮架横向移动 2mm，手轮 B 上刻度盘 D 共 200 格，因此，每格的进给量为 0.01mm。

细进给时，将棘轮 E 推至图 9-5 所示位置，转动手柄 B 经齿轮副 20/80 和 44/88 到丝杠，使砂轮架做横向细进给运动；手轮 B 转一转，砂轮架横向移动 0.5mm，手轮 B 上刻度盘 D 共 200 格，因此，每格的进给量为 0.0025mm。

【案例】 分析由液压缸活塞 G 驱动时，滑板及砂轮架实现周期自动进给的工作原理。

【解】 当工作台在行程末端换向时，压力油通入液压缸 G_5 的右腔，推动活塞 G 左移，从而带动棘爪 H 移动（因 H 活装在 G 上），使棘轮 E 转过一个角度，并带动手轮 B 转动，实现径向切入运动。当 G_5 通回油腔时，弹簧将活塞 G 推到右极限位置。

当自动径向切入达到工件尺寸要求时，刻度盘 D 上与 F 成 180°的调整块 R 正好处于最下端位置，压下棘爪 H，使它无法与棘轮 E 啮合（因调整块 R 的外圆比棘轮 E 大），于是自动径向切入运动停止。

五、M1432A 型万能外圆磨床的典型结构

1. 砂轮架的结构

砂轮架是由砂轮架壳体、砂轮主轴及其轴承、传动装置和滑鞍组成。砂轮主轴及其支承部分是砂轮架部件中的关键结构，直接影响工件的加工精度和表面质量，故应有较高的回转精度、刚度、抗振性和耐磨性。

如图 9-6 所示，砂轮主轴的前、后支承均采用“短三瓦”动压滑动轴承，每个滑动轴承由均布在圆周上的三块扇形轴瓦组成（图 9-6 中 *C*—*C* 视图），每块轴瓦都支承在球头螺钉的球形端面上。调节球头螺钉的位置，即可调整轴承的间隙。

砂轮主轴的轴向定位如图 9-6 中的 *A*—*A* 剖面所示。向右的轴向力通过主轴右端轴肩作用在止推滑动轴承环 3 上。向左的轴向力则通过主轴右端带轮上小孔内的 6 根弹簧 5 和 6 根小滑柱 4 作用在止推滑动轴承上。弹簧 5 的作用是给止推滑动轴承预加荷载，并且当止推环磨损后能自动补偿，消除止推滑动轴承的间隙。

砂轮的圆周速度很高，一般为 35m/s 左右，为保证砂轮运转平稳，装在砂轮主轴上的零件都必须进行静平衡，整个主轴部件还要进行动平衡。为安全起见，砂轮周围必须安装防护罩。

砂轮架壳体用 T 形螺钉紧固在滑鞍 12 上，可绕滑鞍上的定心圆柱销 18 在±30°范围内调整位置。磨削时，滑鞍带着砂轮架沿垫板 15 上的导轨做横向进给运动。

砂轮架壳体内装润滑油，以润滑主轴轴承，油面高度可通过油标观察。主轴两端用橡胶油封密封。

【案例】 为什么砂轮主轴支承采用“短三瓦”动压滑动轴承？它是如何工作的？

【解】 砂轮主轴采用“短三瓦”动压滑动轴承可以提高主轴的回转精度和刚度。

其工作原理如下。“短三瓦”动压滑动轴承工作时浸在油中，当砂轮主轴高速旋转时，三块轴瓦在各自球头螺钉的端面上摆动到平衡位置，于是在轴和轴瓦之间形成三个楔形缝隙。当吸附在轴颈上的压力油由入口 h_1 被带到出口 h_2 时，压力油受到挤压（$p_{h_2} < p_{h_1}$），于是形成压力油膜，将主轴浮在三块轴瓦中间，不与轴瓦直接接触（图 9-6 中 G）。因此，主轴的回转精度较高。

当砂轮主轴受到外界荷载作用产生径向偏移时，在偏移方向处楔形缝隙减小，油膜压力升高；而在相反方向处的楔形缝隙增大，油膜压力降低。于是，动压滑动轴承有使砂轮主轴恢复到原中心位置的趋势，减小了径向偏移。所以，这种轴承的刚度也很高。

2. 内圆磨具及其支架

图 9-7 所示为内圆磨具的装配图。磨削内孔时，因内圆砂轮直径较小，要达到足够的磨削速度，就要求内圆砂轮轴具有很高的转速。因此，内圆磨具必须保证在高转速下运转平稳，主轴轴承应有足够的刚度和寿命。

目前，内圆磨具主轴采用平带传动，主轴支承采用 4 个 D 级精度的单列向心推力球轴承，前后各 2 个。它们用弹簧 3 预紧，预紧力的大小可通过主轴后端的螺母来调节。当主轴热膨胀伸长或轴承磨损，弹簧能自动补偿，并保持较稳定的预紧力，使主轴轴承的刚度和寿命得到保证。

当被磨削工件内孔长度改变时，接杆 1 可以更换。但由于受结构限制，接杆轴较细且悬伸长度较长，所以刚性较差。为克服上述缺点，某些专业磨床采用固定轴形式。

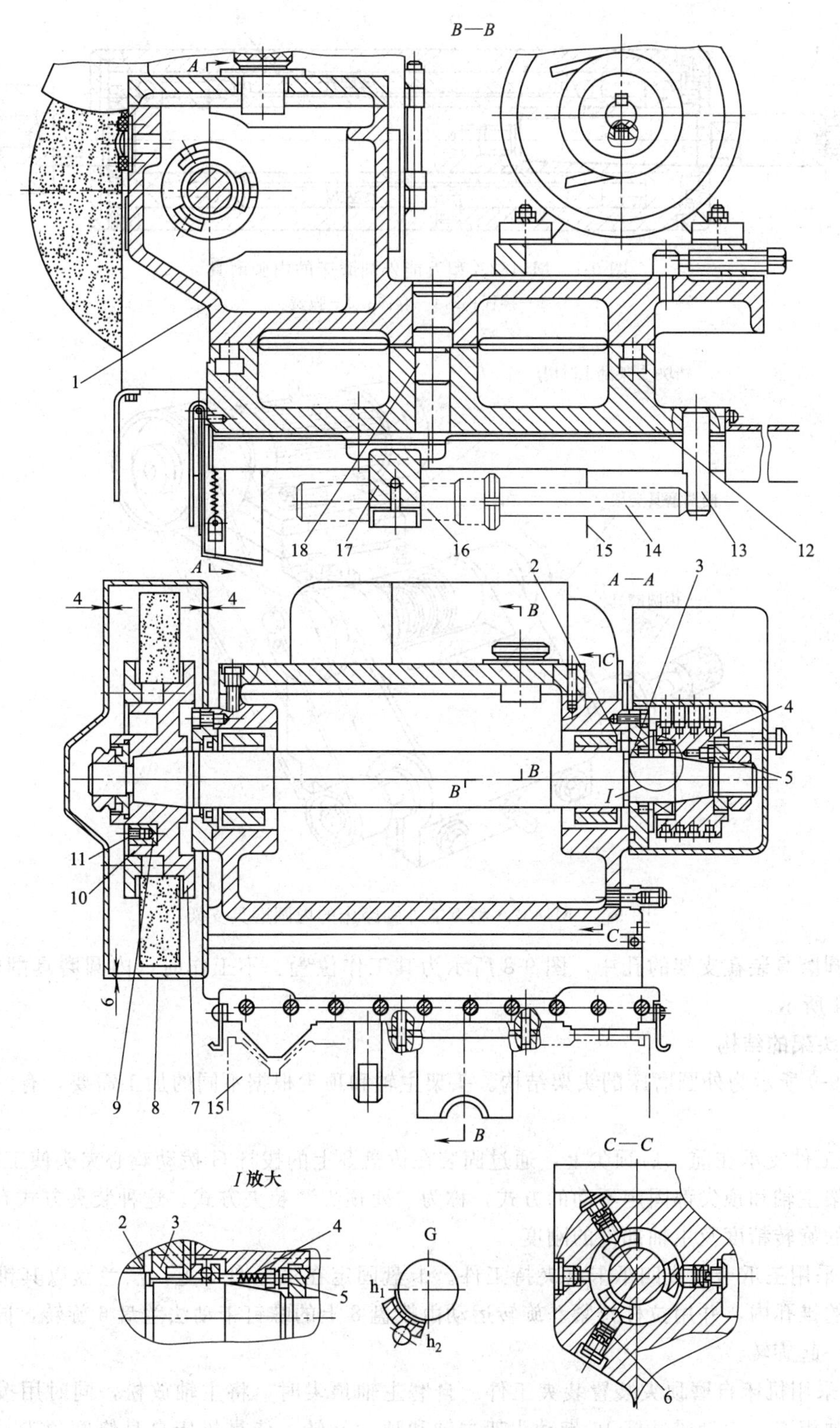

图 9-6　M1432A 型万能外圆磨床砂轮架

1—砂轮架壳体；2—轴肩；3—轴承环；4—小滑柱；5—弹簧；6—螺钉；7—法兰；8—砂轮罩；9—平衡块；10—钢球；11—螺钉；12—滑鞍；13—柱销；14,16—螺杆；15—垫板；17—螺母；18—圆柱销

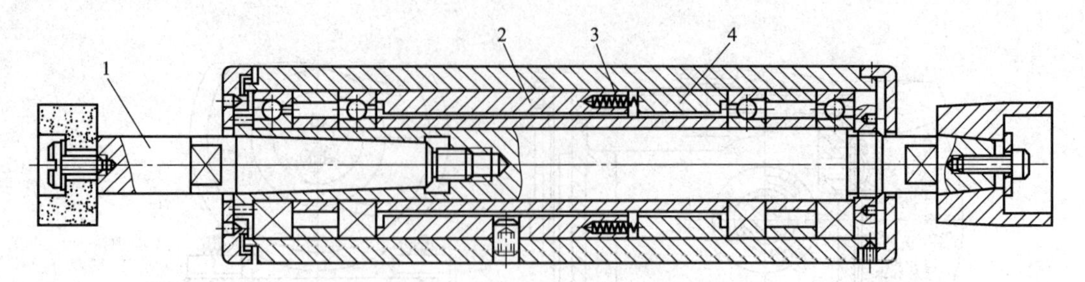

图 9-7 M1432A 型万能外圆磨床的内圆磨具

1—接杆；2,4—套筒；3—弹簧

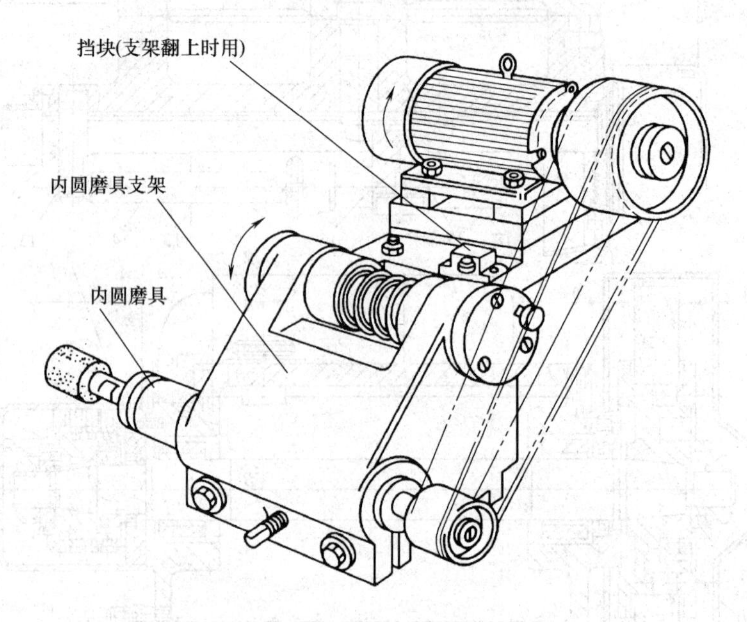

图 9-8 M1432A 型万能外圆磨床的内圆磨具支架

内圆磨具装在支架的孔中，图 9-8 所示为其工作位置。不工作时，内圆磨具翻向上方，如图 9-4 所示。

3. 头架的结构

图 9-9 所示为外圆磨床的头架结构。头架主轴和顶尖根据不同的加工需要，有三种工作方式。

① 工件支承在前、后顶尖上，通过固装在拨盘 8 上的拨杆 G 拨动鸡心夹头使工件转动，这种头架主轴和顶尖都固定不动的方式，称为“死顶尖”装夹方式。这种装夹方式有助于提高工件的旋转精度及主轴部件的刚度。

② 采用三爪卡盘或四爪卡盘夹持工件。卡盘固定在法兰盘 6 上，法兰盘以其锥柄安装在主轴的锥孔内，并用拉杆拉紧。旋转运动由拨盘 8 上的螺钉带动法兰盘 6 旋转，同时主轴也随着一起旋转。

③ 采用机床自磨顶尖装置装夹工件。自磨主轴顶尖时，将主轴放松，同时用拨块将拨盘与主轴相连，拨盘通过杆 10 带动头架主轴和顶尖旋转，依靠机床自身修磨顶尖，以提高工件的定位精度。

头架可绕底座 13 上的圆柱销 12 逆时针在 0°～90°范围内转动，以调整头架的角度。

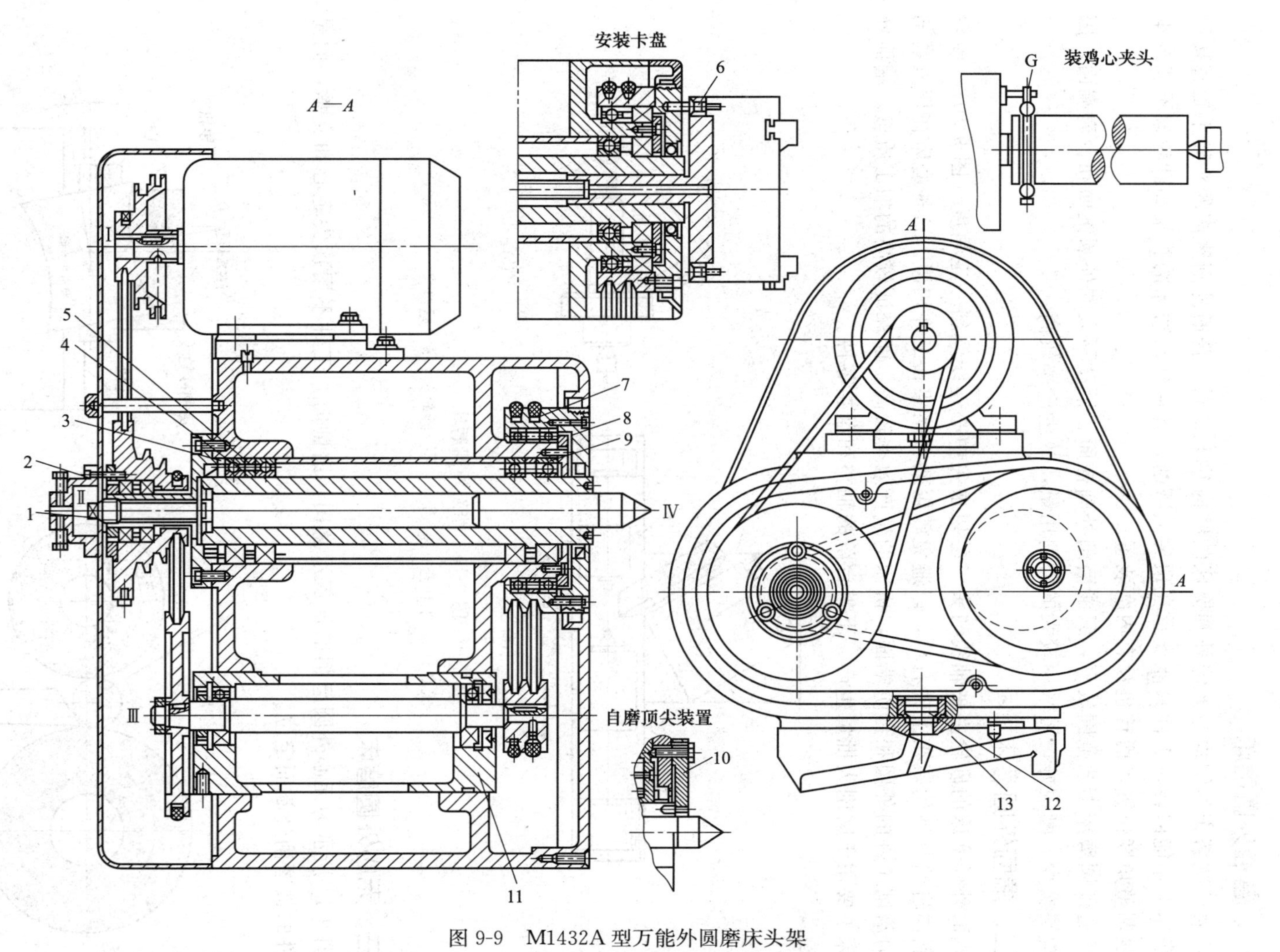

图 9-9　M1432A 型万能外圆磨床头架

1—螺杆；2—摩擦圈；3,4,5,9—垫圈；6—法兰盘；7—带轮；8—拨盘；10—杆；11—偏心套；12—圆柱销；13—底座；G—拨杆

第三节 其他磨床

一、普通外圆磨床

普通外圆磨床的结构与万能外圆磨床的结构基本相同。普通外圆磨床的头架主轴直接固定在壳体上不能回转，工件只能支承在顶尖上磨削；普通外圆磨床的头架和砂轮架不能绕垂直轴线调整角度位置，而且也没有内磨装置。

普通外圆磨床工艺范围较窄，只能磨削外圆柱面、锥度不大的外圆锥面和台肩端面。因其结构层次少，刚性好，可采用较大的磨削用量，故生产率较高。

二、端面外圆磨床

端面外圆磨床的砂轮主轴轴线与头、尾架顶尖中心连线倾斜一定角度（图 9-10）。砂轮架沿斜向进给且砂轮装在主轴右端，以避免砂轮架和尾架、工件相碰。这种磨床在切入磨削的同时磨削工件的外圆和台阶端面，机床的生产效率较高，能保证较高的加工质量。端面外圆磨床主要用于磨削大批量生产、下带台阶的轴类和盘类零件。

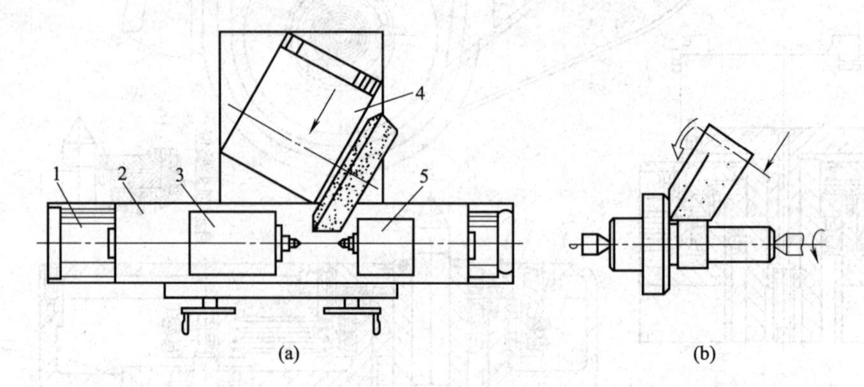

图 9-10 端面外圆磨床

1—床身；2—工作台；3—头架；4—砂轮架；5—尾架

三、无心外圆磨床

图 9-11 所示为无心外圆磨削的加工示意图。磨削时，工件不用顶尖定心和支承，而是以工件的被磨削外圆面定位。

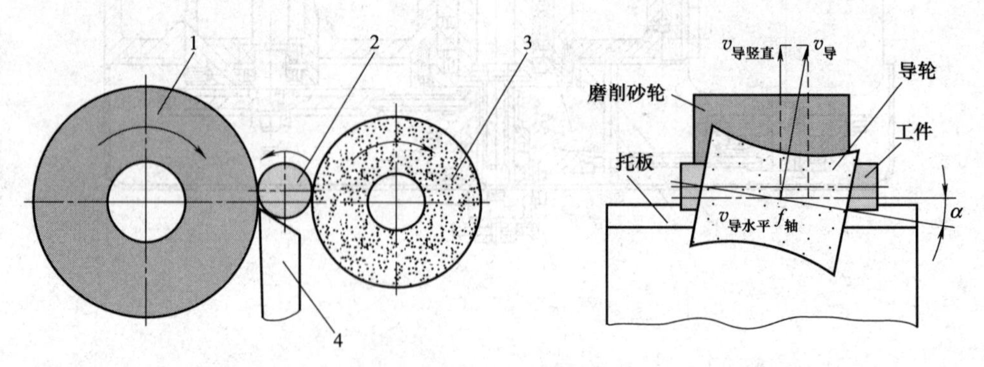

图 9-11 无心外圆磨削

1—磨削砂轮；2—工件；3—导轮；4—托板

工件 2 放在磨削砂轮 1 和导轮 3 之间，由托板 4 支承进行磨削加工。导轮是用树脂或橡胶为黏结剂制成的刚玉砂轮，它与工件之间的摩擦系数大，所以工件由导轮的摩擦力带动做圆周进给。导轮的线速度通常在 10～50m/min 左右，工件的线速度基本上等于导轮的线速度。磨削砂轮的线速度很高，因此在磨削砂轮和工件之间有较大的相对速度，即磨削速度。

磨削时，工件的中心应高于磨削砂轮和导轮的中心连线，约为工件直径的 15%～25%，使工件和导轮、砂轮的接触相当于在假想的 V 形槽内转动，以避免磨削出棱圆形工件。托板的顶面实际上是向导轮一边倾斜 20°～30°，以使工件能更好地贴紧导轮。

无心外圆磨床生产效率高，能磨削刚度较差的细长工件，磨削用量较大；工件表面的精度高，表面粗糙度小；能实现生产自动化。

四、内圆磨床

内圆磨床主要由床身、工作台、床头箱、横托板、磨具座、纵向和横向进给机构及砂轮修正器等组成，其结构如图 9-12 所示。

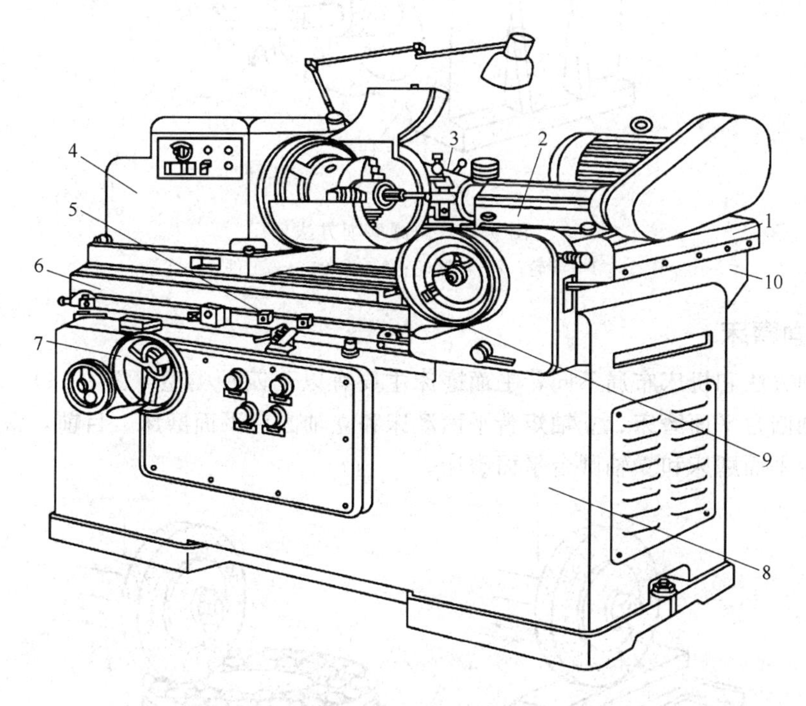

图 9-12　M2110 型内圆磨床

1—横托板；2—磨具座；3—砂轮修正器；4—床头箱；5—挡块；
6—矩形工作台；7—纵向进给手轮；8—床身；9—横向进给手轮；10—桥板

内圆磨床用于磨削各种圆柱孔和圆锥孔，其磨削方法有以下几种（图 9-13）。

（1）普通内圆磨削　磨削时，工件用卡盘或夹具装夹在机床主轴上，由主轴带动工件旋转做圆周进给运动，砂轮高速旋转做主运动。这种磨削方法用于形状规则、便于旋转的工件。

（2）无心内圆磨削　磨削时，工件支承在压紧轮 2 和导轮 3 上，工件由导轮带动旋转实现圆周进给运动，砂轮除高速旋转做主运动外，还做纵向进给运动和周期横向进给运动。这种磨削方法用于大批量生产时外圆表面已精加工过的薄壁工件，如轴承套圈等。

（3）行星内圆磨削　磨削时，工件固定，砂轮除绕自身轴线高速旋转做主运动外，还绕被磨工件内孔轴线做公转运动。这种磨削方法用于磨削大型工件或形状不对称、不便于旋转的工件。

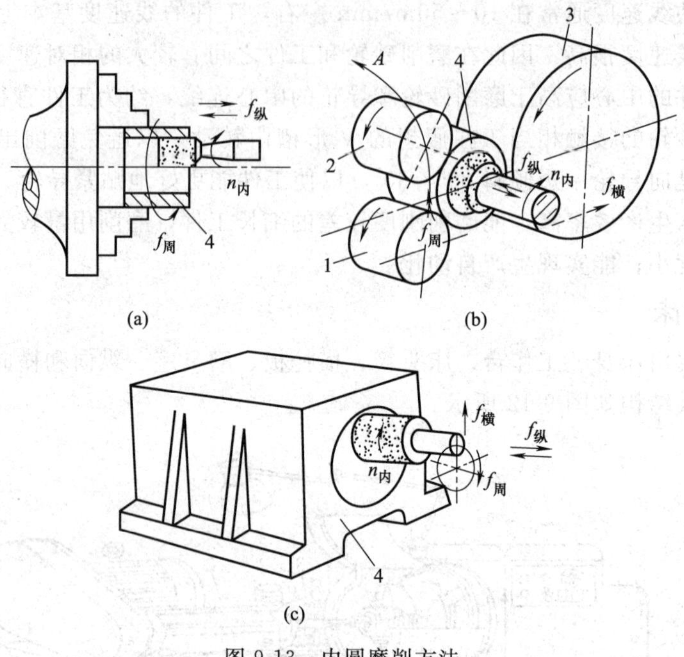

图 9-13 内圆磨削方法

1—滚轮；2—压紧轮；3—导轮；4—工件

五、平面磨床

根据磨削方法和机床布局不同，平面磨床主要有以下四种类型（图 9-14）：卧轴矩台平面磨床、卧轴圆台平面磨床、立轴矩台平面磨床和立轴圆台平面磨床。目前，常用的平面磨床为卧轴矩台平面磨床和立轴圆台平面磨床。

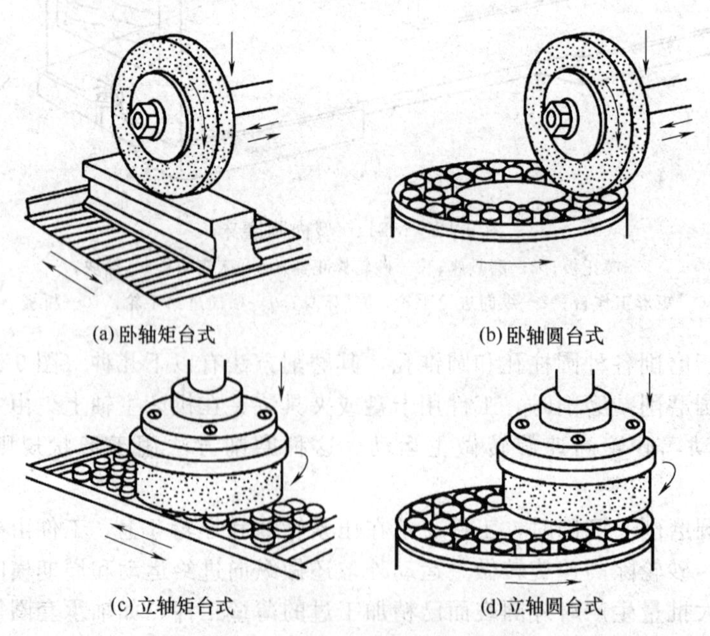

图 9-14 平面磨床的加工方法

图 9-15 所示为 M7120A 型卧轴矩台平面磨床的外形图。机床主要由床身、工作台、立柱、托板和磨头等部件组成。

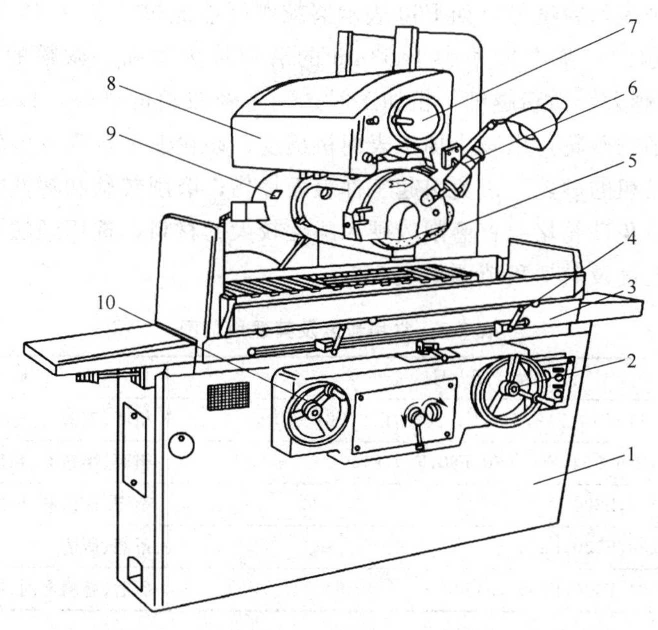

图 9-15 M7120A 型卧轴矩台平面磨床外形图

1—床身；2—砂轮垂直进给手轮；3—工作台；4—挡块；5—立柱；6—砂轮修正器；7—砂轮横向进给手轮；8—托板；9—磨头；10—工作台纵向移动手轮

第四节 磨削砂轮

砂轮是由磨粒和结合剂以适当的比例混合，经压坯、干燥、焙烧及车整而成。它的特性决定于磨粒、粒度、结合剂、硬度、组织及形状等。

1. 磨料

磨料是砂轮的主要成分，常用的磨料有氧化物系、碳化物系和高硬磨料系三类。常用磨料的特性及适用范围见表 9-2。

表 9-2 磨料的特性及适用范围

系列	磨料名称	代号	显微硬度(HV)	特 性	适 用 范 围
氧化物系	棕刚玉	A	2200～2280	棕褐色;硬度高,韧性好;价格便宜	磨削碳钢、合金钢、可锻铸铁、硬青铜
	白刚玉	WA	2200～2300	白色;硬度高于棕刚玉,韧性差	磨削淬火钢、高速钢、耐火材料及薄壁零件
碳化物系	黑碳化硅	C	2840～3320	黑色;硬度高于钢玉,性脆而锋利;导热性和导电性良好	磨削铸铁、黄铜、铝、耐火材料及非金属材料
	绿碳化硅	GC	3280～3400	绿色;硬度和脆性高于黑碳化硅;导电性和导热性良好	磨削硬质合金、宝石、陶瓷、玉石、玻璃等难加工材料

2. 粒度

粒度表示磨料尺寸的大小。当磨料尺寸较大时，用筛选法分级，以其能通过的筛网上每英寸长度上的孔数来表示粒度号，如 F60 表示磨粒刚好能通过每英寸 60 个孔眼的筛网。粒度号数越大，磨料越细。基本尺寸小于 53μm 的磨粒称为微粉。微粉的粒度号为 F230～F1200，F 后的数字越大，微粉越细。粗加工时选用颗粒较粗的砂轮，以提高生产效率；精加工时选用颗粒较细的砂轮，以减小加工表面粗糙度；砂轮速度较高或砂轮与工件接触面积较大时，选用颗粒较粗的砂轮，以免引起工件表面烧伤；磨削较软和塑性较大的材料，选用颗粒较粗的砂轮，以免砂轮堵塞；磨削较硬和脆性较大的材料，选用颗粒较细的砂轮，以提高生产效率。常用粒度及其适用范围见表 9-3。

表 9-3 常用粒度及其适用范围

类别	粒度号	应用范围
磨粒	F4,F5,F6,F7,F8,F10,F12,F14,F16,F20,F22,F24	粗磨、荒磨、打毛刺
	F30,F36,F40,F46,F54,F60,F70,F80,F90,F100	粗磨、半精磨、精磨
	F120,F150,F180,F220	精磨、成形磨、珩磨
微粉	F230,F240,F280,F320,F360	珩磨、研磨
	F400,F500,F600,F800,F1000,F1200	研磨、超精磨削、镜面磨削

3. 结合剂

结合剂的作用是将磨粒黏结在一起，形成具有一定形状和强度的砂轮。结合剂的性能决定了砂轮的强度、抗冲击性、耐热性和抗腐蚀性等性能。常用结合剂的种类及适用范围见表 9-4。

表 9-4 常用结合剂及适用范围

结合剂	代号	特性	适用范围
陶瓷	V	耐热性、耐腐蚀性好，气孔率大，易保持轮廓，弹性差	应用广泛，适用于 $v<35$m/s 的各类磨削加工
树脂	B	强度高、弹性好、耐冲击，坚固性和耐热性差，气孔率小	适用于 $v>50$m/s 的高速磨削，可制成薄片砂轮，用于磨槽、切割等
橡胶	R	强度和弹性更高，气孔率小，耐热性差，磨粒易脱落	适用于无心磨削的砂轮和导轮、开槽和切割的薄片砂轮、抛光砂轮等
金属	M	韧性和成形性好，强度高，自锐性差	可制造各种金刚石磨具

4. 硬度

砂轮的硬度是指砂轮上的磨粒受力后从砂轮表层脱落的难易程度。它反映了磨料与结合剂的黏结强度。硬度高，磨料不易脱落，硬度低，磨粒容易脱落。磨削时，砂轮硬度太高，磨粒不易脱落，磨削温度升高会造成工件磨削烧伤；反之，若砂轮硬度太低，则磨粒脱落速度过快而不能充分发挥磨料的磨削性能。

工件硬度高时应选用较软的砂轮；工件硬度低时应选用较硬的砂轮；砂轮与工件接触面积较大时选用较软的砂轮；磨削薄壁及导热性差的工件时应选用较软的砂轮；精磨和成形磨时应选用较硬的砂轮。砂轮的硬度等级名称和代号见表 9-5。

表 9-5　砂轮的硬度等级名称和代号

大级名称	超软			软			中软		中		中硬			硬		超硬
小级名称	超软			软 1	软 2	软 3	中软 1	中软 2	中 1	中 2	中硬 1	中硬 2	中硬 3	硬 1	硬 2	超硬
代号	D	E	F	G	H	J	K	L	M	N	P	Q	R	S	T	Y

5. 组织

砂轮组织表示磨料、结合剂和气孔之间的比例关系。磨粒在砂轮体积中所占的比例越大，组织越紧密；反之，组织越疏松。砂轮的组织分为紧密、中等和疏松三大类。紧密组织砂轮适用于重压下的磨削；中等组织砂轮适用于一般磨削；疏松组织砂轮适用于磨削薄壁和细长工件以及接触面积大的工件。砂轮组织的等级及适用范围见表 9-6。

表 9-6　砂轮组织的等级及适用范围

组织号	0	1	2	3	4	5	6	7	8	9	10	11	12	13	14
磨粒占比例 %	62	60	58	56	54	52	50	48	46	44	42	40	38	36	34
疏密程度	紧　密				中　等				疏　松					大气孔	
适用范围	重负荷、成形、精密磨削；间断磨削及自由磨削；硬脆材料				外圆和内圆磨削；无心磨削及工具磨；淬火钢工件，刃磨刀具				粗磨，接触面大的平面磨；磨削韧性大、硬度低的工件；薄壁、细长类工件					有色金属，塑料、橡胶等非金属材料	

6. 砂轮的形状

在砂轮的端面上都印有标志，用来表示砂轮的特性。砂轮标志的顺序为：形状代号、尺寸、磨料、粒度号、硬度、组织号、结合剂、线速度。

【案例】 解释砂轮标志的含义：1-400×60×75A60L5V-35m/s。

【解】 “1”表示砂轮为平行砂轮；“400×60×75”表示砂轮的外径、厚度和内径；“A”表示磨料为棕刚玉；“60”表示粒度号为 60；“L”表示硬度为中软 2；“5”表示组织号为 5；“V”表示结合剂为陶瓷；“35”表示砂轮的最高圆周速度为 35m/s。

常用砂轮的形状、代号及用途见表 9-7。

表 9-7　常用砂轮的形状、代号及用途

砂轮名称	代号	简　图	主要用途
平行砂轮	1		外圆磨削、内圆磨削、平面磨削、无心磨削、工具
薄片砂轮	41		切断及切槽
筒形砂轮	2		端磨平面
碗形砂轮	11		刃磨刀具、磨削导轨

续表

砂轮名称	代号	简图	主要用途
蝶形1号砂轮	12a		磨铣刀、铰刀、拉刀，磨齿轮
双斜边砂轮	4		磨齿轮及螺纹
杯形砂轮	6		磨平面、内圆，刃磨刀具

第五节 磨削过程

一、磨削原理

磨削时砂轮表面上有许多磨粒参与磨削工作，每个磨粒可以看做是一把微小的刀具。磨粒的形状很不规则，其尖点的顶锥角多为90°～120°，磨粒上刃尖的钝圆半径大约在几微米到几十微米之间。由于磨粒以较大的负前角和钝圆半径对工件进行切削，加上砂轮上的磨粒形状各异和随机性分布，导致它们各自几何形状和切削角度差异很大，工作情况相差甚远。砂轮工作时，磨削速度高达1000～7000m/min，磨削点的瞬时温度达1000℃，使去除相同体积的材料消耗的能量达到车削时的30倍。

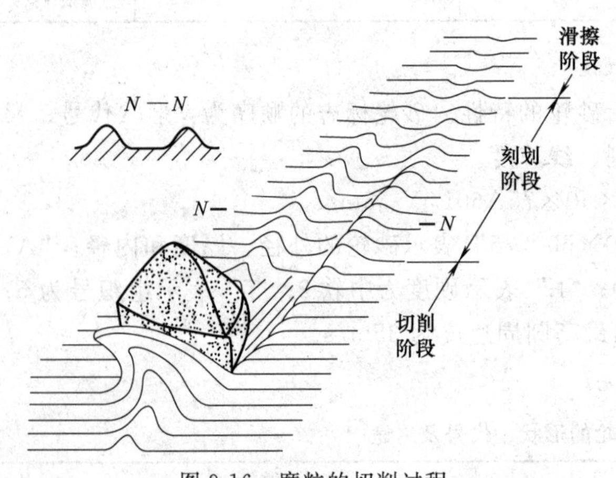

图9-16 磨粒的切削过程

磨削过程中磨粒对工件的作用分为以下三个阶段（图9-16）。

1. 滑擦阶段

磨粒刚开始与工件接触，切削厚度由零逐渐增大。磨粒只在工件表面上滑擦，接触面上只有弹性变形和由摩擦产生的热量。

2. 刻划阶段

这个阶段切削厚度逐渐加大，工件表面开始产生塑性变形，磨粒逐渐切入工件表层材料中。工件材料因受挤压而向两旁隆起，工件表面出现划痕，但没有磨屑流出。

3. 切削阶段

当磨粒的切削厚度增加到一定程度，磨削温度不断升高，金属材料沿剪切面产生剪切滑移，从而形成切屑由磨粒前刀面流出。

根据条件不同，磨粒的切削过程的三个阶段可以全部存在，也可以部分存在。

二、磨削力和磨削温度

1. 磨削力

和其他切削加工一样，磨削力来源于两个方面：工件材料变形产生的抗力和与工件间的摩擦力。磨削时，总磨削力可分解为主磨削力（切向力）F_c、背向力（径向力）F_p 和进给力（轴向力）F_f，如图 9-17 所示。

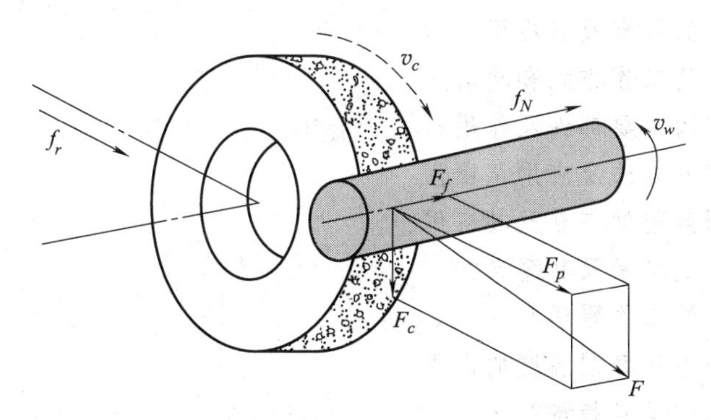

图 9-17　磨削时的磨削分力

与切削力相比，磨削力的特征如下。

① 单位磨削力值大。由于磨粒几何形状的随机性和几何参数的不合理，单位磨削力值一般在 $7\times10^4\sim20\times10^4$MPa 之间，远远高于其他切削加工的单位切削力 7000MPa。

② 磨削分力中径向力 F_p 最大。一般切削加工中往往切削分力最大——正常磨削条件下，F_p/F_c 的比值约为 2.0～2.5，径向力虽然不做功，但会使工件在水平方向产生弯曲变形，影响加工精度。

③ 磨削力随不同的磨削阶段而变化。在初磨阶段，径向力较大，工艺系统产生弹性变形，实际径向进给量远小于名义进给量；之后，磨削进入稳定阶段，实际进给量与名义进给量相等；最后，当余量即将磨完时，实际进给量逐渐减小到零，径向力逐渐减小，靠工艺系统的弹性变形恢复，磨削到要求尺寸。

2. 磨削温度

由于磨削时的单位磨削力比车削时大，所以，磨削时所消耗的能量远大于车削时消耗的能量。这些大量能量迅速转化为热能，使得磨粒磨削点温度高达 1000～1400℃，磨削温度对加工表面质量影响很大，因此，研究磨削温度并加以控制是提高表面质量和保证加工精度的重要方面。

影响磨削温度的因素有以下几个方面。

(1) 砂轮速度 v_c　砂轮速度增加，单位时间内通过工件表面的磨粒增多，单颗磨粒的切削厚度减小，挤压和摩擦作用加剧，单位时间内产生的热量增加，磨削温度升高。

(2) 工件速度 v_w　一方面，工件速度增加，单位时间内进入磨削区的工件材料增加，单颗磨粒的切削厚度增大，磨削温度升高；另一方面，工件速度增加，工件表面和砂轮的接触时间缩短，工件上受热影响区深度较浅，可以有效防止工件表面层产生裂纹和磨削烧伤。

(3) 径向进给量 f　径向进给量增大，单颗磨粒的切削厚度增大，产生的热量增多，磨削温度升高。

(4) 工件材料　磨削韧性大、强度高和导热性差的材料，磨削温度高；磨削脆性大、强度低和导热性好的材料，磨削温度低。

(5) 砂轮特性　砂轮硬度对磨削温度的变化有明显的影响。砂轮硬度低、自锐性好时，磨粒切削刃锋利，磨削力小，磨削温度低；反之，磨削温度高。砂轮粒度粗、容屑空间大时，磨屑不易堵塞砂轮，磨削温度低；反之，磨削温度高。

思 考 题

1. 简述磨削加工的特点及其应用?
2. 简述磨削加工的工作方式和运动?
3. 简述外圆磨床的主要部件及作用?
4. 简述内圆磨削的方法及应用范围?
5. 简述无心外圆磨削的特点及其应用?
6. 简述砂轮的组成要素及其意义?
7. 简述砂轮磨削的工作原理?
8. 简述影响磨削力和磨削温度的因素?
9. 简述磨削加工的发展趋势?
10. 说明砂轮型号的含义：1-400×50×203WAF60K5V-35m/s。

第十章　刨削、插削和拉削加工

教学要求

掌握刨削加工的特征及其应用。

掌握牛头刨床的主要部件及其作用。

掌握龙门刨床的主要运动形式。

掌握B2012A型龙门刨床的传动系统。

掌握插削加工的特点及其应用。

掌握刨削和插削的刀具及其结构。

掌握拉削加工的特点及其应用。

掌握拉刀的种类、结构及其应用。

掌握拉刀的合理使用及刃磨。

第一节　刨削加工

一、刨削加工方法

刨削加工是指在刨床上用刨刀对工件上的平面或沟槽进行加工的方法。刨削时，刨刀或工件的往复直线运动为主运动，工件或刨刀的间歇移动为进给运动。刨削主要用于加工各种平面、沟槽及成形面，如图10-1所示。

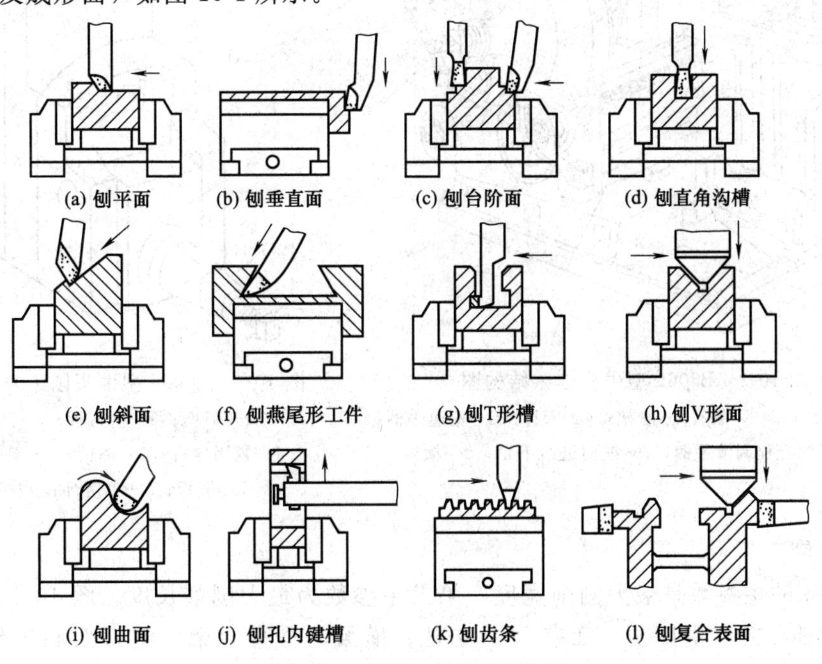

图10-1　刨削加工的工艺范围

刨削加工是断续切削，因切削过程有振动和冲击，刨削加工精度不高，通常为IT9～IT7，表面粗糙度 Ra 为3.2～12.5μm。刨削加工通常用于单件、小批生产以及修配的场合。

二、刨削加工设备

1. 牛头刨床

牛头刨床的主参数是最大刨削长度，通常用于刨削长度不超过1000mm的中小型零件。图10-2所示为B6065型牛头刨床的结构图，牛头刨床因滑枕刀架形似“牛头”而得名，主要由刀架、滑枕、床身、横梁和工作台等部件组成。

工作台用来安装工件并带动工件做横向和垂直运动。床身的顶面有水平导轨，滑枕沿导轨做往复直线运动；在前侧面有垂直导轨，横梁带动工作台沿此升降；床身内部有变速机构和摆杆机构。横梁带动工作台做横向间歇进给运动或横向移动，也可带动工作台升降，以调整工件与刨刀的相对位置。

滑枕带动刨刀做往复直线运动，其前端装有刀架，图10-3所示为牛头刨床刀架结构图。调整转盘6，可使刀架左右回转60°，用以加工斜面和沟槽。摇动手柄9，可使刀架沿转盘上的导轨移动，使刨刀垂直间歇进给或调整切削深度。松开转盘两边的螺母，可将转盘转动一定角度，使刨刀做斜向间歇进给。刀座1可在滑板7上做±15°的回转使刨刀倾斜安置，以便加工侧面和斜面。刨刀通过刀夹3压紧在抬刀板上，抬刀板可绕刀座上的轴销5向前上方抬起，便于回程时抬刀，以免擦伤工件表面。

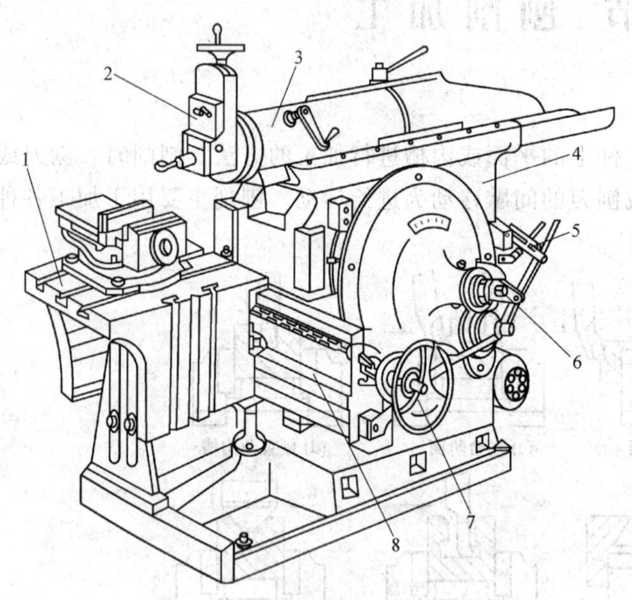

图10-2 B6065型牛头刨床结构图

1—工作台；2—刀架；3—滑枕；4—床身；5—变速手柄；6—滑枕行程调节手柄；7—横向进给手轮；8—横梁

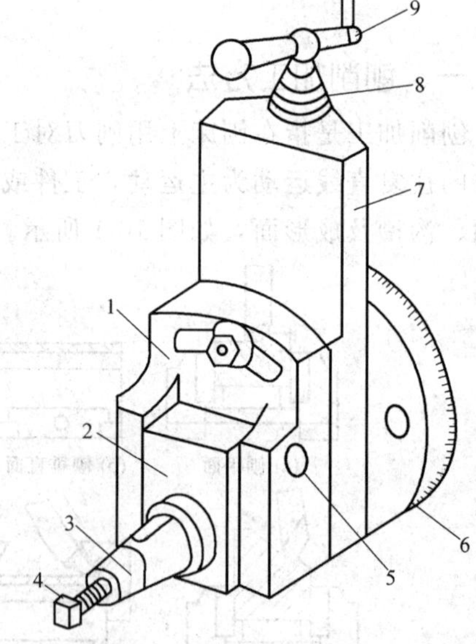

图10-3 B6065型牛头刨床刀架结构图

1—刀座；2—抬刀板；3—刀夹；4—紧固螺钉；5—轴销；6—刻度转盘；7—滑板；8—刻度环；9—手柄

2. 龙门刨床

龙门刨床的主参数是最大刨削宽度，第二主参数为最大刨削长度。图10-4所示为龙门刨床的结构图，主要由床身、工作台、立柱、横梁、垂直刀架、侧刀架和进给箱等部件组成。

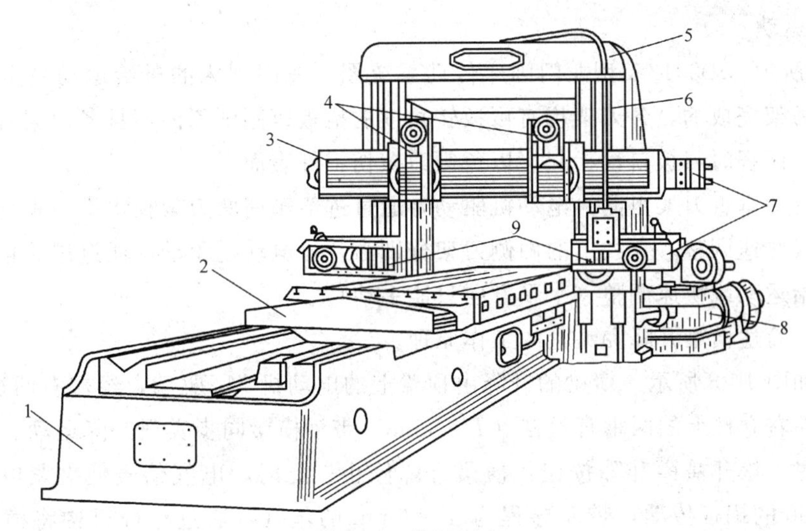

图 10-4 龙门刨床

1—床身；2—工作台；3—横梁；4—垂直刀架；5—顶梁；6—立柱；7—进给箱；8—减速箱；9—侧刀架

加工时，工件装夹在工作台 2 上，工作台的往复直线运动为主运动。垂直刀架 4 在横梁 3 的导轨上间歇移动是横向进给运动，以刨削工件的水平面。刀架上的滑板可使刨刀上、下移动，做切入运动或刨削竖直平面。滑板还能绕水平轴线调整一定的角度，以加工倾斜平面。装在立柱 6 上的侧刀架 9 可沿立柱导轨做间歇移动，以刨削竖直平面。横梁 3 可沿立柱升降，以调整工件与刀具的相对位置。

三、B2012A 型龙门刨床的传动系统

1. 主运动传动系统

图 10-5 所示为龙门刨床主运动传动系统简图。直流电动机的运动经减速箱 4、蜗杆 3 带动齿条 1，使工作台 2 获得直线往复主运动。通过调节直流电动机的电压来改变电动机的转速（调压调速），并结合两级齿轮传动进行机电联合调速，这种方法能使工作台在较大范围内实现无级调速。主运动的变向是通过改变直流电动机的方向实现的。工作台的降速和变向等动作都是通过工作台侧面的挡铁压动床身上的行程开关接通电气控制系统实现的。

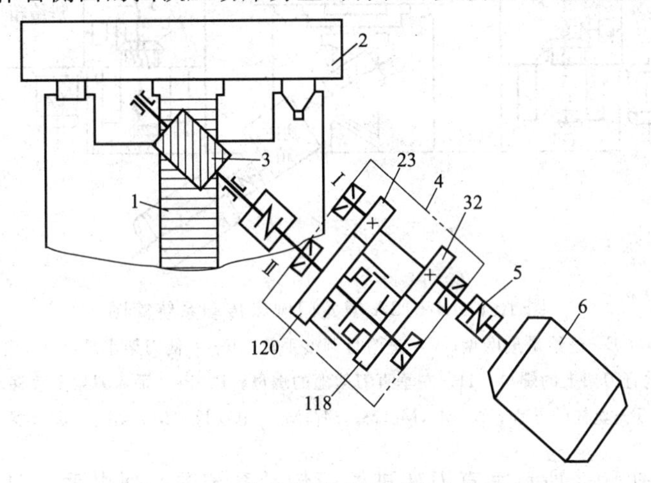

图 10-5 龙门刨床主运动传动简图

1—齿条；2—工作台；3—蜗杆；4—减速箱；5—联轴器；6—直流电动机

2. 进给运动

图 10-6 所示为 B2012A 型龙门刨床传动系统图。龙门刨床的进给运动是由两个垂直刀架和两个侧刀架完成的。各刀架均有可扳转角度的拖板以刨削斜面，且各刀架有自动抬刀装置便于工作台回程时刀板自动抬起，以免刨刀擦伤工件表面。

横梁上的两垂直刀架由同一电动机驱动，通过进给箱使两刀架在水平与垂直方向实现自动进给运动或快速调整。立柱上的两侧刀架分别由各自电动机驱动，通过进给箱实现两侧刀架的自动进给运动或快速调整（水平方向只能手动）。

【案例】 简述横梁升降和夹紧的工作原理。

【解】 如图 10-6 所示，横梁的升降由顶梁上的电动机 M_5 驱动，经左右两边的 1/20 蜗杆传动，使左右立柱上的两垂直丝杠（T=8mm）带动横梁同步实现升降运动。当横梁升降到所需位置时，松开横梁升降按钮，横梁升降停止；此时，电气信号使夹紧电动机 M_4 驱动，通过 1/60 的蜗杆传动，带动导程为 T=6mm 的丝杠，通过杠杆机构将横梁夹紧在立柱上。

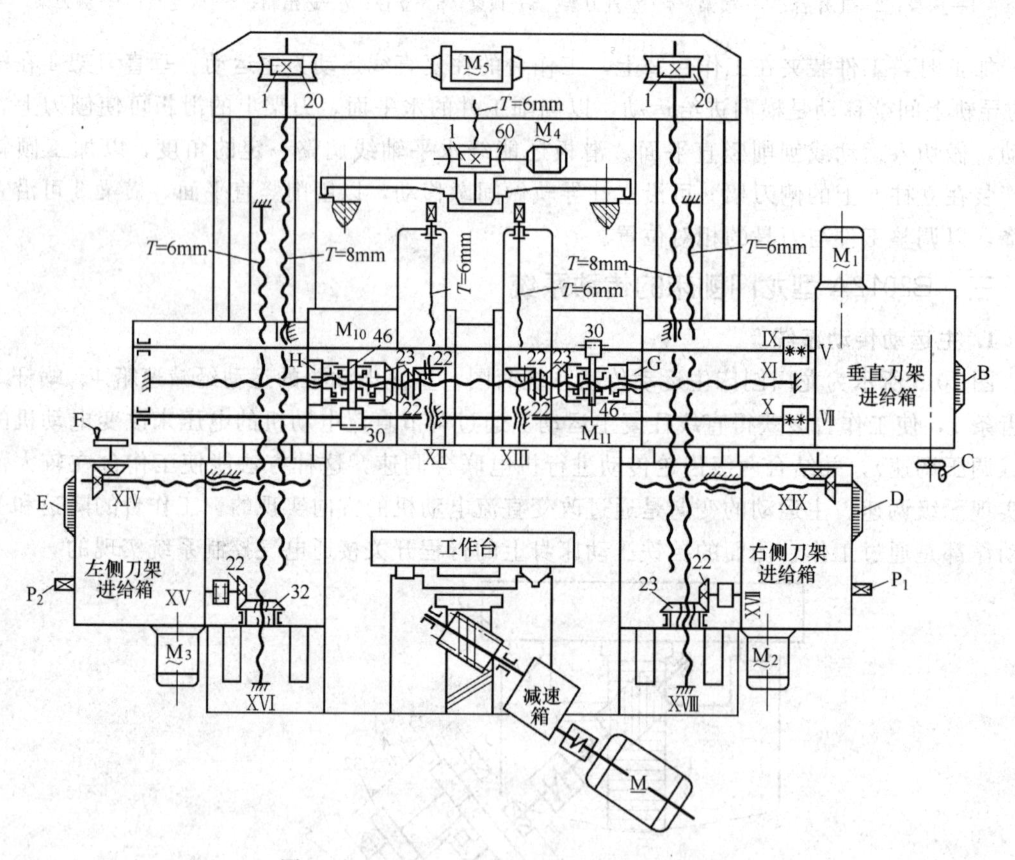

图 10-6 B2012A 型龙门刨床传动系统简图

B,D,E—进给量刻度盘；C—进给量调整手轮；F—左侧刀架水平移动手轮；
G—右垂直刀架上的螺母；H—左垂直刀架上的螺母；P_1,P_2—手摇刀架垂直移动方头；
T—丝杠的导程；M,M_1,M_2,M_3,M_4,M_5—电动机；M_{10},M_{11}—离合器

【案例】 根据图 10-7 所示垂直刀架进给箱传动系统图，列出垂直刀架自动进给和快速调整的传动路线表达式。

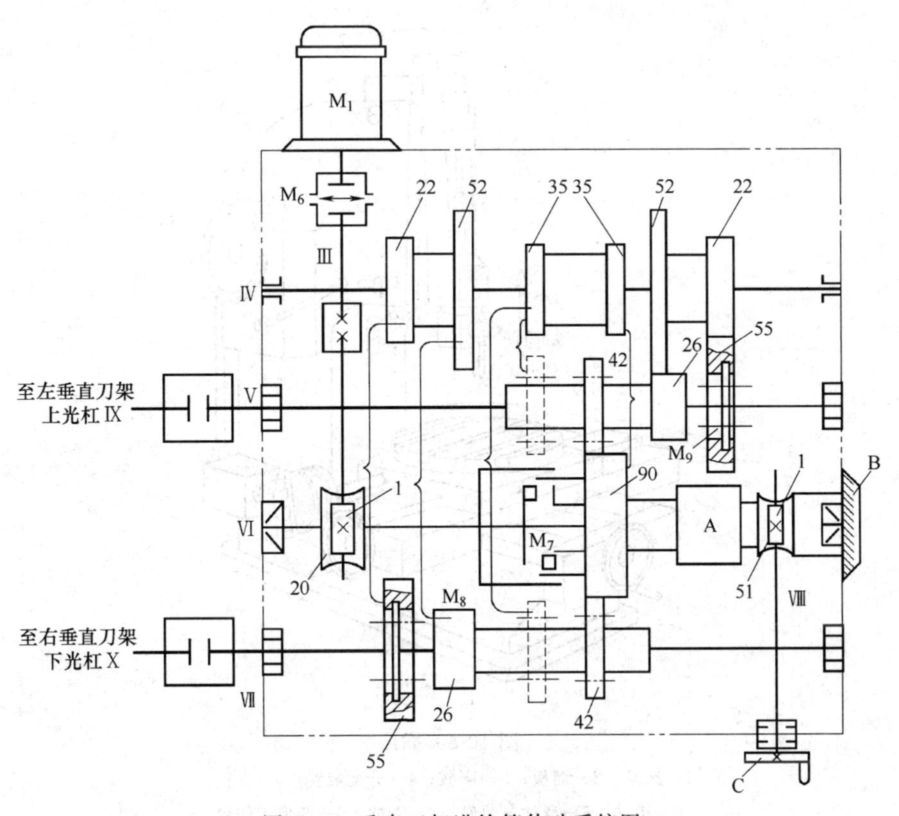

图 10-7　垂直刀架进给箱传动系统图

A—间歇机构　B—进给量刻度盘；C—手柄；M_1—电动机；M_6，M_7，M_8，M_9—离合器

【解】 垂直刀架自动进给和快速调整的传动路线表达式如下。

$$n_{\text{电动机}} — M_6 — \mathrm{III} — \frac{1}{20} — \mathrm{VI} — \left[\begin{array}{c} \text{间歇机构A} \\ \text{(自动进给)} \\ \\ \vec{M}_7\ \text{(快速)} \end{array}\right] — \left[\begin{array}{c} \frac{90}{42} \\ \text{(Z42右位)} \\ \\ \frac{90}{35}\times\frac{35}{42} \\ \text{(Z42左位)} \end{array}\right] —$$

$$— \left[\begin{array}{l} \left[\begin{array}{c} \vec{M}_9 \\ \frac{26}{52}\times\frac{22}{55} \end{array}\right] — \mathrm{V} — \mathrm{IX} — \frac{30}{46} — \left[\begin{array}{ll} \vec{M}_{11} — \mathrm{G} & \text{(右垂直刀架水平进给)} \\ \vec{M}_{11} — \frac{23}{23}\times\frac{22}{22} — \mathrm{XIII} & \text{(右垂直刀架垂直进给)} \end{array}\right] \\ \left[\begin{array}{c} \vec{M}_8 \\ \frac{26}{52}\times\frac{22}{55} \end{array}\right] — \mathrm{VIII} — \mathrm{X} — \frac{30}{46} — \left[\begin{array}{ll} \vec{M}_{10} — \mathrm{H} & \text{(左垂直刀架水平进给)} \\ \vec{M}_{10} — \frac{23}{23}\times\frac{22}{22} — \mathrm{XII} & \text{(左垂直刀架垂直进给)} \end{array}\right] \end{array}\right.$$

第二节　插削加工

插削加工可以理解为立式刨削加工，插床主要由床身、立柱、溜板、床鞍、圆形工作台和滑枕等部件组成，如图 10-8 所示，插床的主参数是最大插削长度。

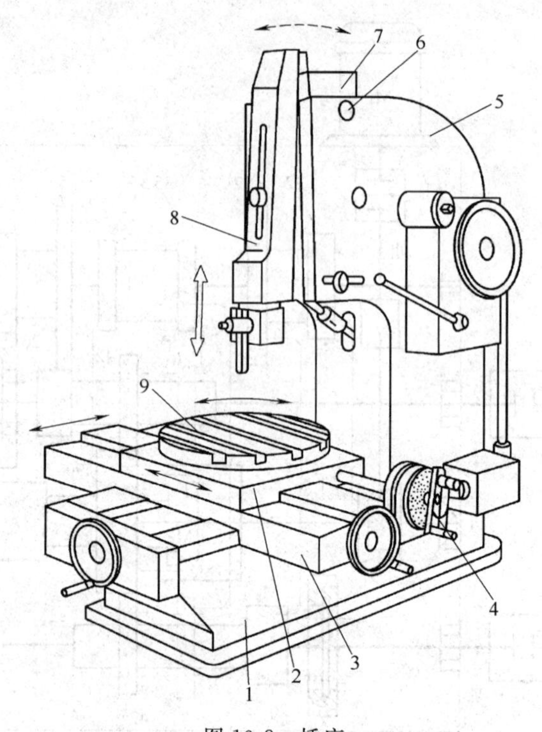

图 10-8 插床

1—床身；2—溜板；3—床鞍；4—分度装置；5—立柱；
6—销轴；7—滑枕导轨座；8—滑枕；9—圆形工作台

插床的主运动为滑枕带动插刀沿垂直方向的往复直线运动，向下为工作行程，向上为空行程。工作台带动工件沿纵向、横向及圆周三个方向所做的间歇运动是进给运动。

滑枕导轨座 7 可绕销轴 6 在小范围内调整角度，以便于加工倾斜的内、外表面。

插床的工作台由床鞍、溜板及圆形工作台三部分组成。床鞍用于横向进给，溜板用于纵向进给，圆形工作台用于回转进给。

插床的生产效率和精度都较低，加工表面粗糙度 Ra 为 1.6～6.3μm，加工面的垂直度为 0.025mm/300mm，多用于单件或小批量生产中加工内孔键槽或花键孔，也可以加工平面、方孔或多边形孔等，在批量生产中常被铣床或拉床代替，但在加工不通孔或有障碍台肩的内孔键槽时，只能采用插床。

第三节 拉削加工

一、拉削加工方法

拉削加工是指在拉床上加工各种内、外成形表面的方法。拉削加工是在拉床上完成的，拉床只有主运动，无进给运动。图 10-9 所示为拉削加工原理图，加工时拉刀做低速直线运动，进给由拉刀刀齿的齿升量 f_z 来完成。拉削时，拉刀要承受很大的切削力，为获得平稳的主运动，通常采用液压驱动。

二、拉削加工设备

拉床的主要参数是额定拉力。拉床按用途可分为内拉床及外拉床，按机床布局可分为卧

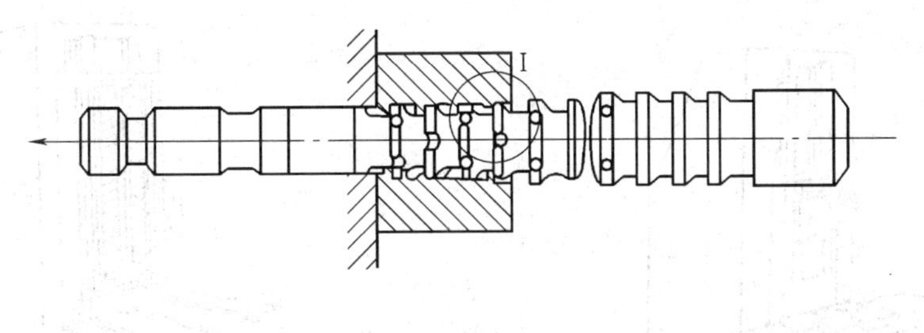

I放大

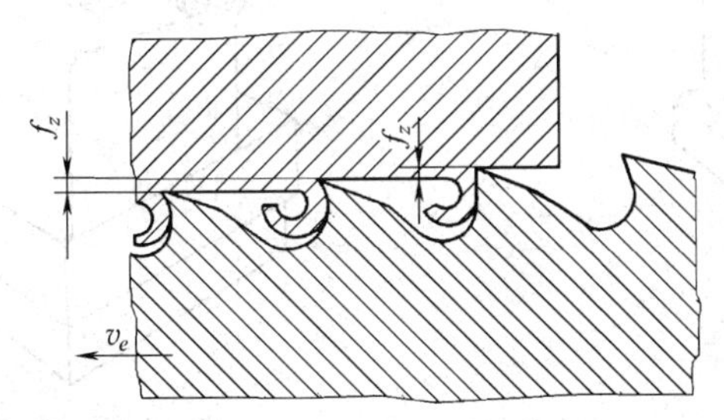

图 10-9　拉削加工

式拉床和立式拉床。另外，还有专用拉床和连续式拉床，其中以卧式内拉床应用普遍。图 10-10 所示为卧式内拉床的结构图，液压缸 2 固定于床身 1 内，工作时，液压泵供给压力油驱动活塞，活塞带动拉刀，连同拉刀尾部护送夹头 5 一起沿水平方向左移，装在固定支承座 3 上的工件即被拉制出符合精度要求的内孔，其拉力通过压力表显示。

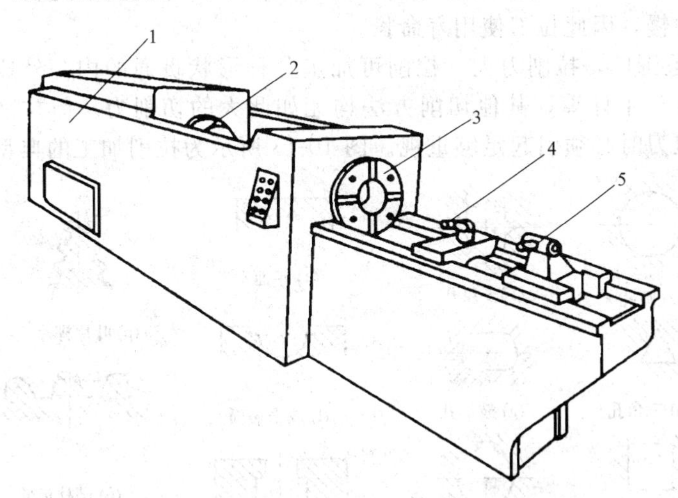

图 10-10　卧式内拉床

1—床身；2—液压缸；3—支承座；4—滚柱；5—护送夹头

图 10-11 所示为立式内拉床，常用于校正齿轮淬火后的花键孔的变形，这时切削量不大，拉刀较短，故为立式。图 10-12 为立式外拉床，常用于汽车、拖拉机行业加工汽缸体等零件的平面。

三、拉削加工特点

① 生产效率高。拉削时，拉刀同时工作的刀齿数多、切削刃总长度长，在一次工作行程中就能完成粗、半精及精加工，机动时间短，因此生产效率很高。

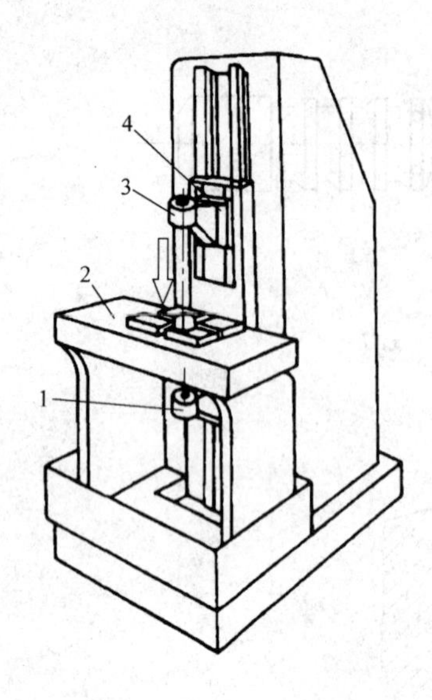

图 10-11 立式内拉床

1—下支架；2—工作台；3—上支架；4—滑座

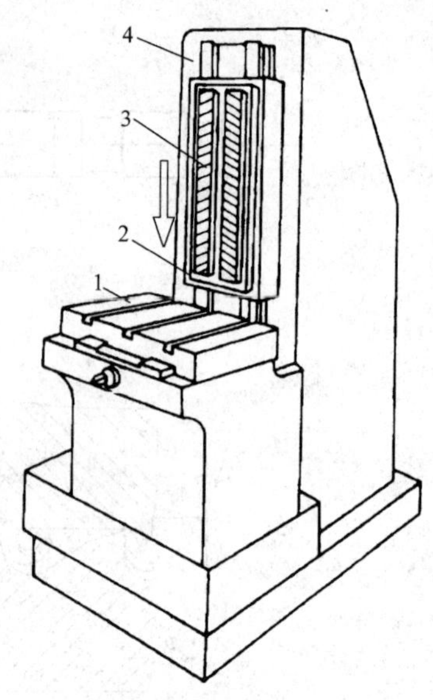

图 10-12 立式外拉床

1—工作台；2—滑块；3—拉刀；4—床身

② 可以获得较高的加工质量。拉刀为定尺寸刀具，有校准齿对孔壁进行校准、修光。拉孔切削速度低（$v_c=2\sim8\text{m/min}$），拉削过程平稳，因此可获得较高的加工质量。一般拉孔精度可达 IT8～IT7 级，表面粗糙度 Ra 为 $0.1\sim1.6\mu\text{m}$。

③ 拉刀使用寿命长。由于拉削速度低，切削厚度小，每次拉削过程中，每个刀齿工作时间短，拉刀磨损慢，因此拉刀使用寿命长。

④ 拉削加工范围广，拉削力大。拉削可加工各种形状贯通的内、外成形表面。拉削力通常以几十或几百千牛计算，其他切削方法均无如此大的切削力。但拉削时排屑困难，因此，设计和使用拉刀时必须引起足够重视。图 10-13 所示为拉削加工的典型表面。

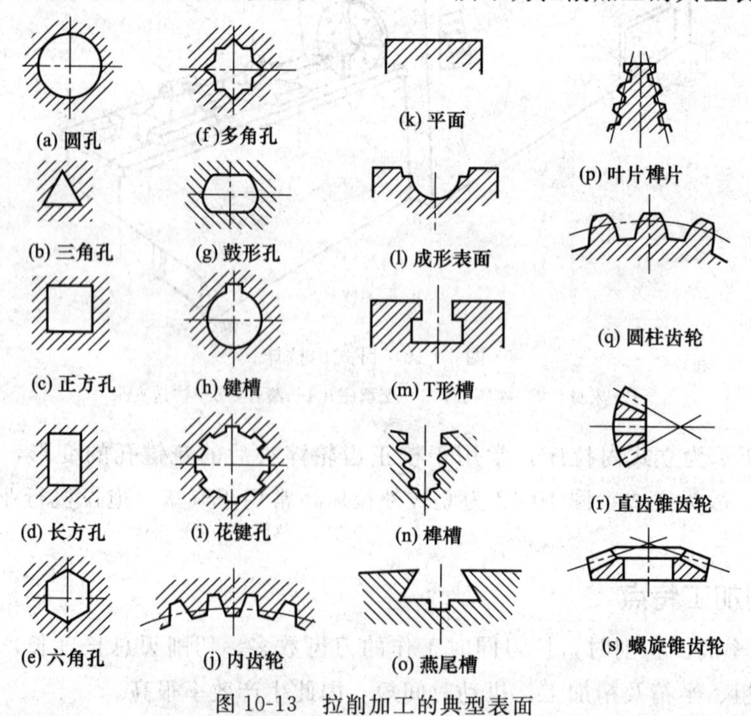

图 10-13 拉削加工的典型表面

⑤ 拉削运动简单。拉床结构简单，操作方便，但拉刀结构较复杂，制造成本高。拉削加工多用于大批量或成批生产中。

第四节　刨削和插削刀具

常用的刨刀如图 10-14 所示，有平面刨刀、偏刀、角度刨刀以及成形刀等。刨刀切入和切出工件时，冲击很大，容易发生“崩刃”和“扎刀”现象，因而刨刀刀杆截面比较粗大，以增加刀杆的刚性，而且往往做成弯头，使刨刀在碰到硬质点时可适当产生弯曲变形而缓和冲击，以保护刀刃。

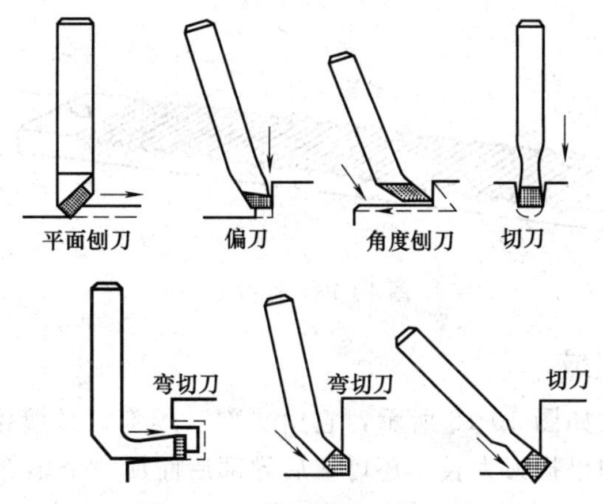

图 10-14　常用刨刀及其运动

图 10-15 所示为常用插刀的形状，为避免插刀刀杆与工件相碰，插刀刀刃应突出于刀杆。

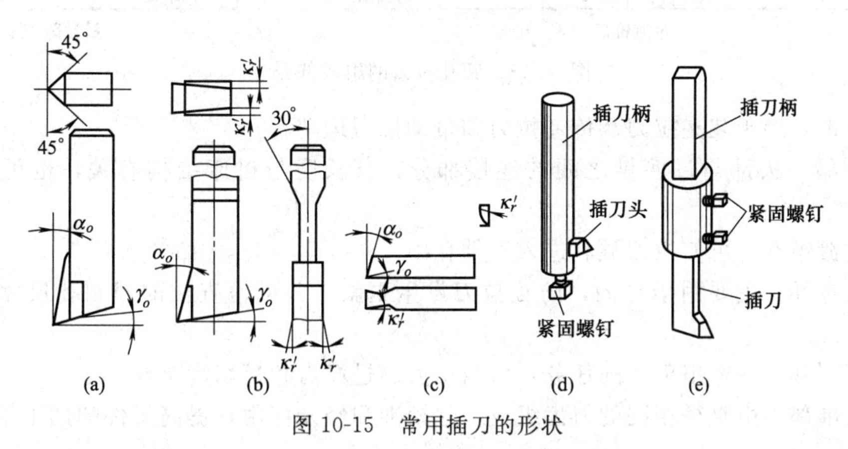

图 10-15　常用插刀的形状

第五节　拉 削 刀 具

一、拉刀的种类

拉刀的种类很多，按拉刀的结构可分为整体拉刀和组合拉刀，前者主要用于中、小型高速钢拉刀，后者用于大尺寸和硬质合金拉刀；按加工表面可分为内拉刀（图 10-16）和外拉刀（图 10-17）；按受力方式可分为拉刀和推刀。

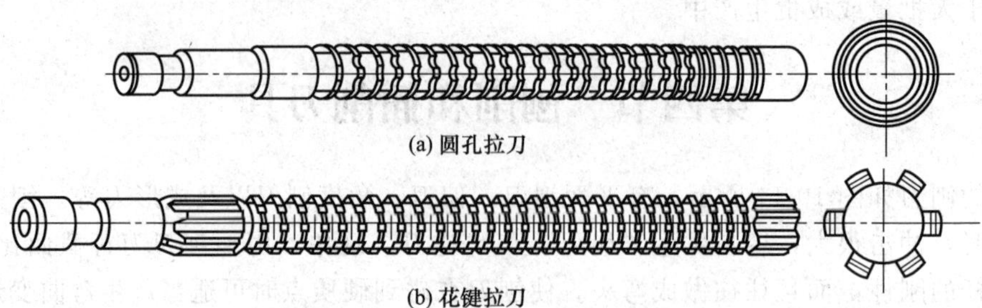

图 10-16　内拉刀

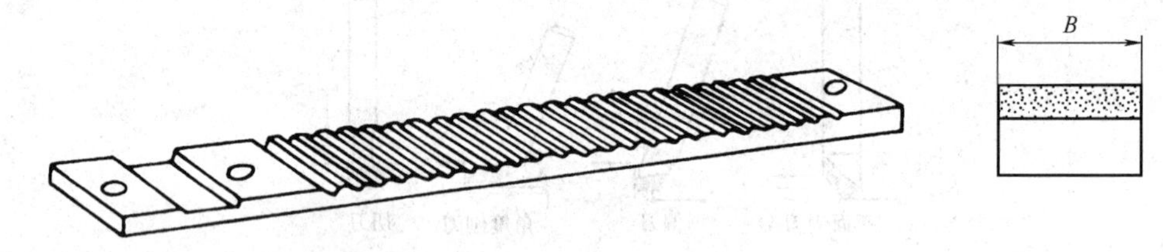

图 10-17　外拉刀

二、拉刀的结构组成

普通圆孔拉刀的结构如图 10-18 所示，它由头部、颈部、过渡锥部、前导部、切削部、校准部和后导部组成，如果拉刀太长，还可在后导部后面加一个尾部，以便支承拉刀。

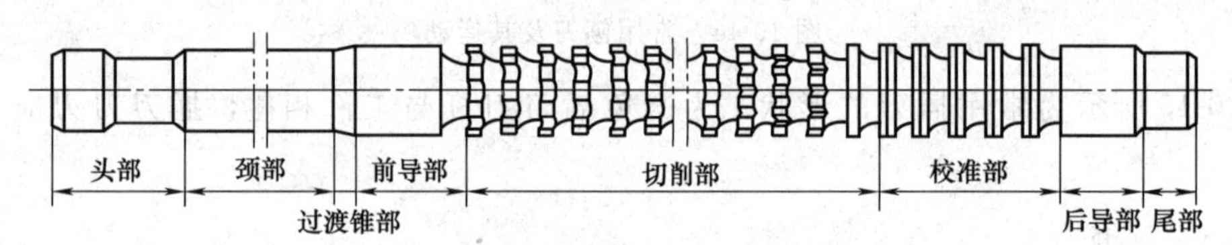

图 10-18　圆孔拉刀的组成部分

（1）头部　用于装夹拉刀、传递拉力和带动拉刀运动。

（2）颈部　头部与过渡锥之间的连接部分，其长度与机床结构有关，也可供拉刀标记用。

（3）过渡锥部　可使拉刀顺利进入工件孔中。

（4）前导部　主要用于导向，防止拉刀发生歪斜，并可检查拉前预制孔尺寸是否符合要求。

（5）切削部　主要担负切削任务，由粗切齿、过渡齿和精切齿组成。

（6）校准部　由直径相同的刀齿组成，起校准和修光作用，提高工件的加工精度和表面质量。

（7）后导部　用于支撑工件，保证拉削即将结束时拉刀与工件的正确位置，防止工件下垂而损坏已加工表面的刀齿。

（8）尾部　用于长而重的拉刀，利用尾部和支架的配合，防止拉刀因自重下垂，并可减轻装卸拉刀的劳动强度。

三、拉刀切削部分的要素

拉刀切削部分的要素如图 10-19 所示。

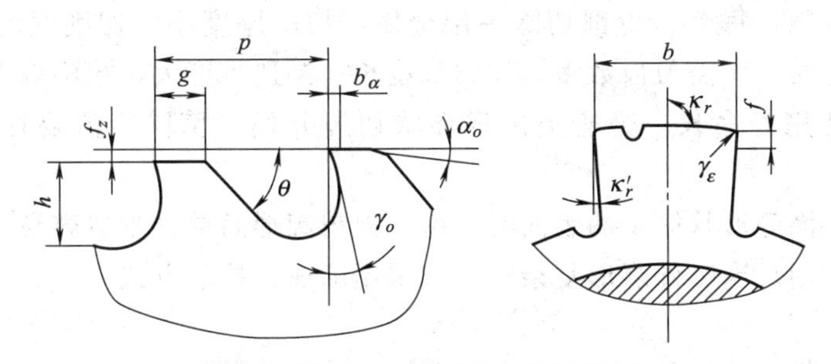

图 10-19　拉刀切削部分的要素

1. 几何角度

(1) 前角 γ_o　前刀面与基面的夹角，在正交平面内测量。

(2) 后角 α_o　后刀面与切削平面的夹角，在正交平面内测量。

(3) 主偏角 κ_r　主切削刃在基面中的投影与进给（齿升）方向的夹角，在基面内测量。除成形拉刀外，各种拉刀的主偏角多为 90°。

(4) 副主偏角 κ_r'　副切削刃在基面中的投影与进给（齿升）方向的夹角，在基面内测量。

2. 结构参数

(1) 齿升量 f_z　切削部分前后刀齿（或齿组）的高度之差。

(2) 齿距 p　两相邻刀齿之间的轴向距离。

(3) 容屑槽深度 h　从顶刃到容屑槽槽底的距离。

(4) 齿厚 g　从切削刃到齿背棱线的轴向距离。

(5) 齿背角 θ　齿背与切削平面的夹角。

(6) 刃带宽度 b_α　是沿轴向测量的刀齿 $\alpha_o=0°$时的刃带尺寸，用于在制造拉刀时控制刀齿直径，提高拉削过程平稳性。

四、拉削图形

拉削图形是指拉刀从工件上切除余量的顺序和方式，即每个刀齿切除的金属层截面的图形，也叫拉削方式，它直接决定刀齿负荷分配和表面的形成过程，影响拉刀结构、长度、拉削力、拉刀磨损及拉刀使用寿命，也影响表面质量、生产效率和制造成本。设计拉刀时，应首先确定合理的拉削图形。

拉削图形分为分层式、分块式和综合式三种。

1. 分层式

分层式是一层一层地切去拉削余量。根据加工表面形成过程的不同，可分为成形式（同廓式）和渐成式两种。图 10-20 所示为成形式拉削图形。

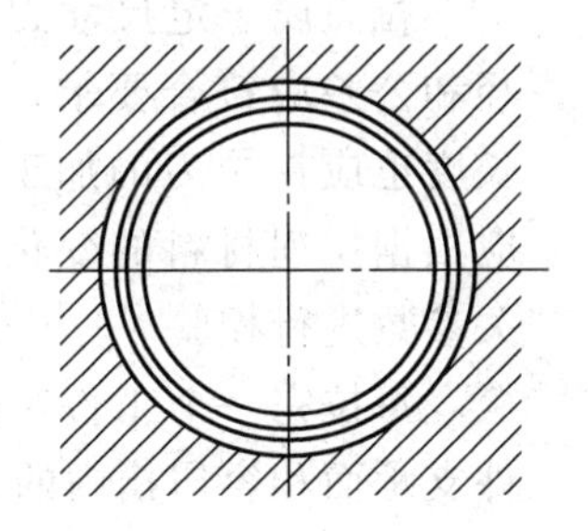

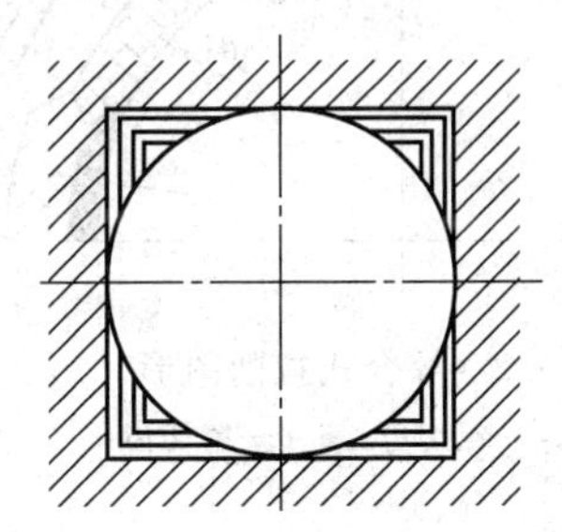

图 10-20　成形式拉削图形

采用成形式拉削，每个刀齿都切除一层金属，切削厚度小，切削宽度大，单位拉削力大。拉削余量一定时，所需刀齿数多，拉刀长度长，制造难度大，拉削效率下降；但刀齿负荷小，磨损小，使用寿命长。为避免出现环状切屑并便于清除，需要在切削齿上磨出分屑槽。

拉削圆孔、平面等形状简单的表面时，由于刀齿廓形简单、制造容易、表面粗糙度小等优点而得到广泛应用。当工件廓形复杂时，应采用渐成式拉削方式。

2. 分块式

分块式拉削是指工件的每层金属都由一组刀具切除，一组中的每个刀齿仅切除该层金属的一部分，也叫轮切式拉削方式。其特点是切削厚度较大，切削宽度较窄，单位切削力小，在拉削面积相同时，可以加大拉削面积；在拉削余量一定的情况下，可减少拉刀齿数，缩短拉刀长度，以便于拉刀加工，拉削效率较高；但工件表面粗糙度较大。图 10-21 所示为分块式拉削图形。

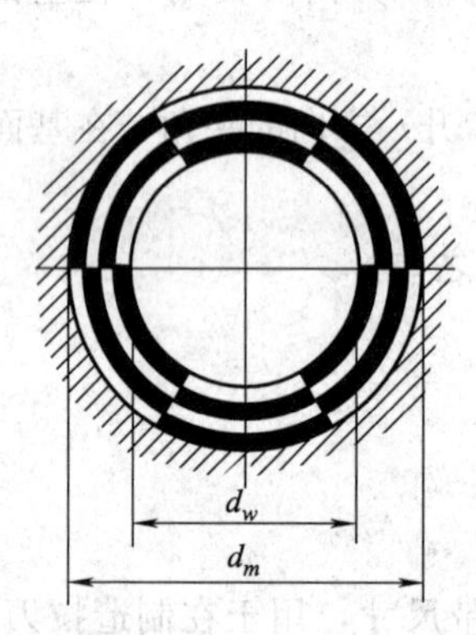

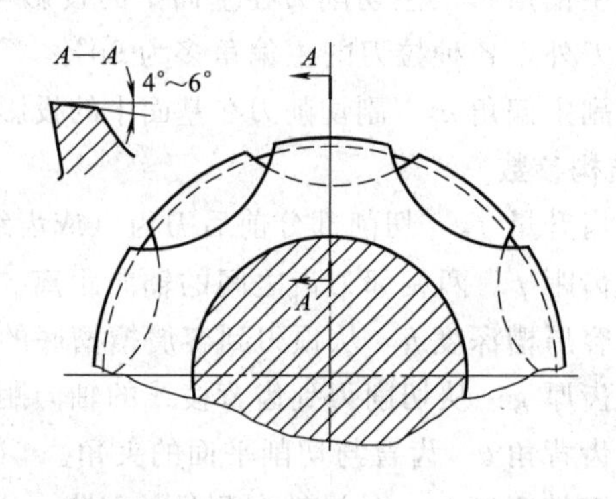

图 10-21 分块式拉削图形

3. 综合式

综合式拉削是指集中了分块式拉削和成形式拉削各自的优点而形成的一种拉削方式。粗切齿采用不分组的分块式拉削方式，精切齿采用成形式拉削方式，既保持较高的生产效率，又能获得较好的表面质量。目前拉削余量较大的圆孔拉刀，常使用综合式拉削方式。图 10-22 所示为综合式拉削图形。

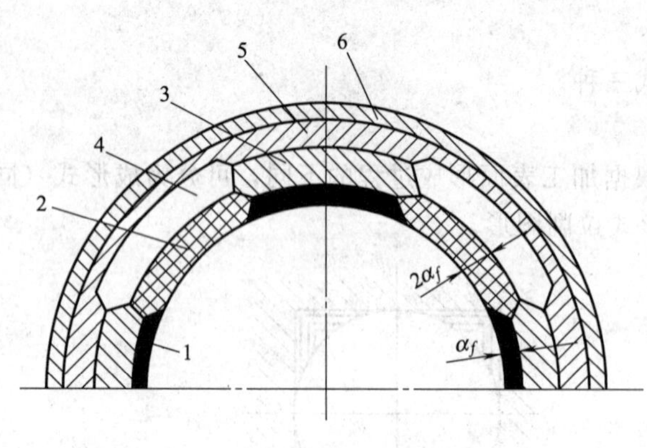

图 10-22 综合式拉削图形

1,2,3,4—粗切齿；5,6—精切齿

五、拉刀的合理使用

拉刀的结构复杂，精度和制造成本高，只有合理使用拉刀，才能保证工件的加工质量、生产效率和拉刀的使用寿命。

拉刀属于定尺寸刀具，不仅工件孔径和公差应符合要求，而且工件的拉削长度也应在拉刀的加工范围内。拉削时应根据拉削材料的变化及时对拉刀的相关参数进行校验。

每拉完一个工件，必须彻底清除工件支承面和容屑槽内的切屑。

拉刀使用过程中，应经常抽检工件表面质量，发现刀齿有缺陷应及时处理，拉刀磨损后应及时重磨。

思考题

1. 简述刨削加工的特点及其应用？
2. 简述牛头刨床的工作原理？
3. 简述牛头刨床的运动形式？
4. 简述龙门刨床的工作原理？
5. 简述龙门刨床的运动形式
6. 简述横梁升降和夹紧的原理？
7. 分析龙门刨床的主运动传动？
8. 简述插削加工的特点及其应用？
9. 简要分析刨刀的结构特点？
10. 简述拉削加工的特点及其应用？
11. 简述圆孔拉刀的结构组成？
12. 简述拉削图形的种类及其特点？
13. 如何提高圆孔拉刀的强度？
14. 如何重磨圆孔拉刀？应注意什么问题？
15. 简述拉刀粗切齿、过渡齿和校准齿的作用？

第十一章　齿轮加工

教学要求

掌握齿轮加工的方法及其应用。
掌握滚齿加工的原理和运动形式。
掌握插齿加工的原理和运动形式。
掌握 Y3150E 型滚齿机的传动系统。
掌握 Y3150E 型滚齿机的典型结构。
掌握齿形加工刀具的分类及特点。
掌握齿轮铣刀和插齿刀的工作原理。
掌握齿轮滚刀的工作原理和结构特点。
掌握蜗轮滚刀的工作原理和结构特点。

第一节　齿轮加工概述

一、齿轮加工方法

根据齿形形成原理，齿轮加工方法可以分为成形法和展成法两类。

1. 成形法

成形法是于被加工齿轮齿槽形状相同的成形刀具加工齿形的方法。图 11-1 所示为成形法加工齿轮示意图。

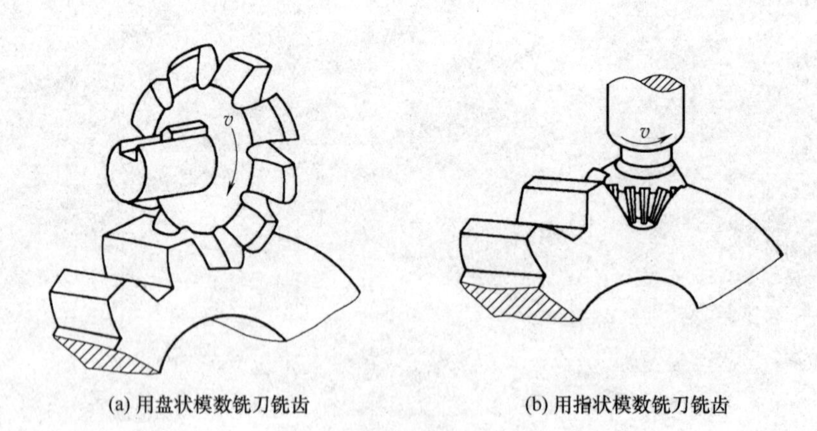

(a) 用盘状模数铣刀铣齿　　(b) 用指状模数铣刀铣齿

图 11-1　成形法加工齿轮

2. 展成法

展成法是利用齿轮的啮合原理进行齿形加工的方法。利用齿轮副的啮合运动，把其中一个齿轮制成具有切削刃的刀具，另一个作为工件来完成齿形的加工。图 11-2 所示为展成法加工齿形的示意图。

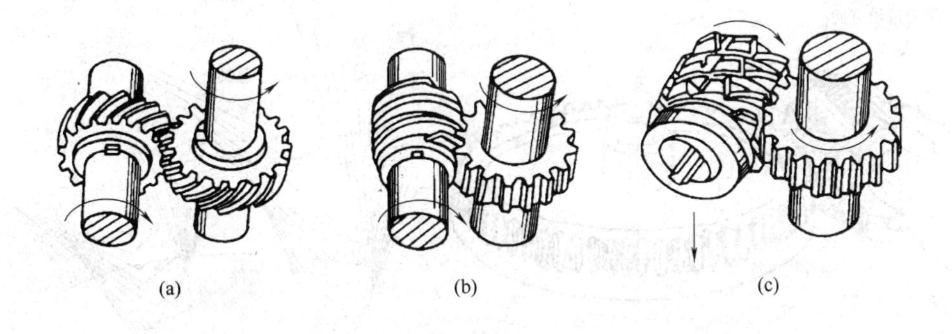

图 11-2　展成法加工齿形

成形法加工齿轮，齿轮的加工精度低，一般只能达到 IT10～IT9 级，生产效率低，主要用于单件及修配生产中加工低转速和低精度齿轮。

展成法加工齿轮，加工精度高，生产效率高，但需要专用设备，生产成本高，主要用于成批生产中加工精度高的齿轮。

二、齿轮加工机床的分类

按照被加工齿轮的种类不同，齿轮加工机床分为圆柱齿轮加工机床和圆锥齿轮加工机床两大类。

1. 圆柱齿轮加工机床

(1) 滚齿机　主要用于加工直齿、斜齿圆柱齿轮和蜗轮。

(2) 插齿机　主要用于加工单联及多联的内、外直齿圆柱齿轮。

(3) 剃齿机　主要用于淬火前的直齿和斜齿圆柱齿轮的齿廓精加工。

(4) 珩齿机　主要用于对热处理后的直齿和斜齿圆柱齿轮的齿廓精加工。

(5) 磨齿机　主要用于淬火后的圆柱齿轮的齿廓精加工。

此外，还有花键轴铣床、车齿机等。

2. 圆锥齿轮加工机床

这类机床可分为直齿锥齿轮加工机床和弧齿锥齿轮加工机床两类。用于加工直齿锥齿轮的机床有锥齿轮刨齿机、铣齿机、磨齿机等；用于加工弧齿锥齿轮的机床有弧齿锥齿轮铣齿机、磨齿机等。

第二节　滚齿加工

一、滚齿加工原理

滚齿加工相当于螺旋齿轮的啮合过程，其中滚刀可看成是齿数很少但齿很长的螺旋齿轮，类似于螺旋升角很小的蜗杆。在蜗杆上沿轴线开车容屑槽，形成前刀面和前角，经铲齿和磨削，形成后刀面和后角，再经热处理后就形成了滚刀。图 11-3 所示为滚齿加工原理。

二、Y3150E 型滚齿机

Y3150E 型滚齿机用于加工直齿圆柱齿轮和螺旋齿轮，是齿轮加工中应用最广泛的机床。Y3150E 型滚齿机主要由床身、立柱、刀具滑板、滚刀架、后立柱和工作台等部件组

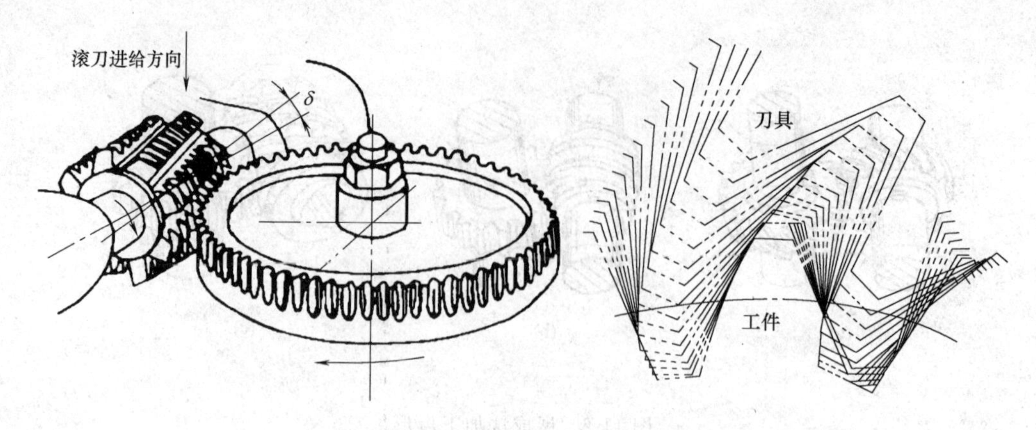

图 11-3 滚齿加工原理

成。图 11-4 所示为 Y3150E 型滚齿机的结构。

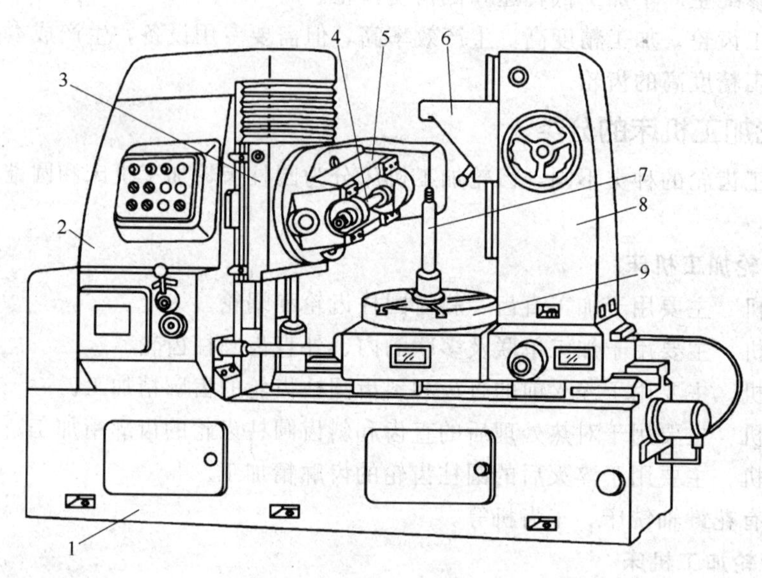

图 11-4 Y3150E 型滚齿机

1—床身；2—立柱；3—刀具滑板；4—滚刀杆；5—滚刀架；
6—后支架；7—工件心轴；8—后立柱；9—工作台

Y3150E 型滚齿机的技术参数见表 11-1。

表 11-1 Y3150E 型滚齿机的主要技术性能

最大加工直径	500mm
最大加工模数	8mm
最大加工齿宽	250mm
工件最少齿数	$Z_{min}=5\times k$(滚齿头数)
主轴锥度	莫氏 5 号
允许安装的最大滚刀尺寸(直径×长度)	160mm×160mm
滚刀最大轴向移动距离	55mm
滚刀可换心轴直径规格	22mm、27mm、32mm
滚刀主轴转速(9 级)	40～250r/min
刀架轴向进给量(12 级)	0.4～4mm 工作台每转
主电动机功率	4kW
转速	1430r/min

三、Y3150E 型滚齿机的传动系统

1. 加工直齿轮时的调整计算

（1）加工直齿轮时滚齿机的运动（图 11-5）

① 主运动　滚刀的旋转运动，传动链的两端为：电动机—滚刀（电动机—1—2—u_v—3—4—滚刀）。

② 展成运动　滚刀与工件之间的啮合运动，滚刀和工件之间应保持严格的比例关系。传动链的两端为：滚刀—工件（滚刀—4—5—u_x—6—7—工件）。

$$\frac{n_{刀}}{n_{工}}=\frac{k_{滚刀头数}}{z_{工件齿数}}$$

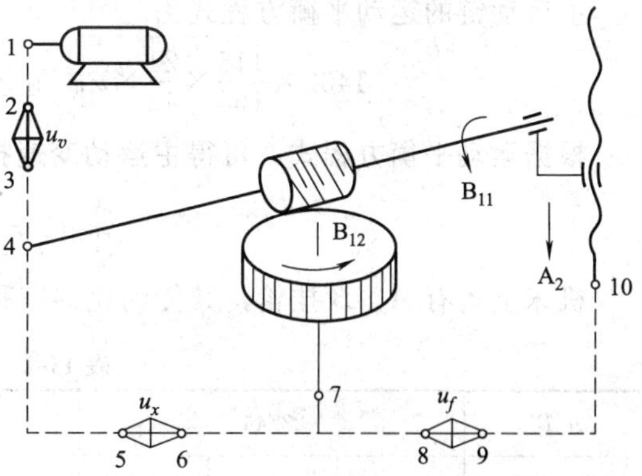

图 11-5　加工直齿圆柱齿轮的原理图

③ 垂直进给运动　滚刀沿工件轴线方向的连续进给运动，以保证切除整个齿宽。传动链的两端为：工件—滚刀（工件—7—8—u_f—9—10—丝杠—滚刀）。

（2）滚齿加工的传动链（图 11-6）

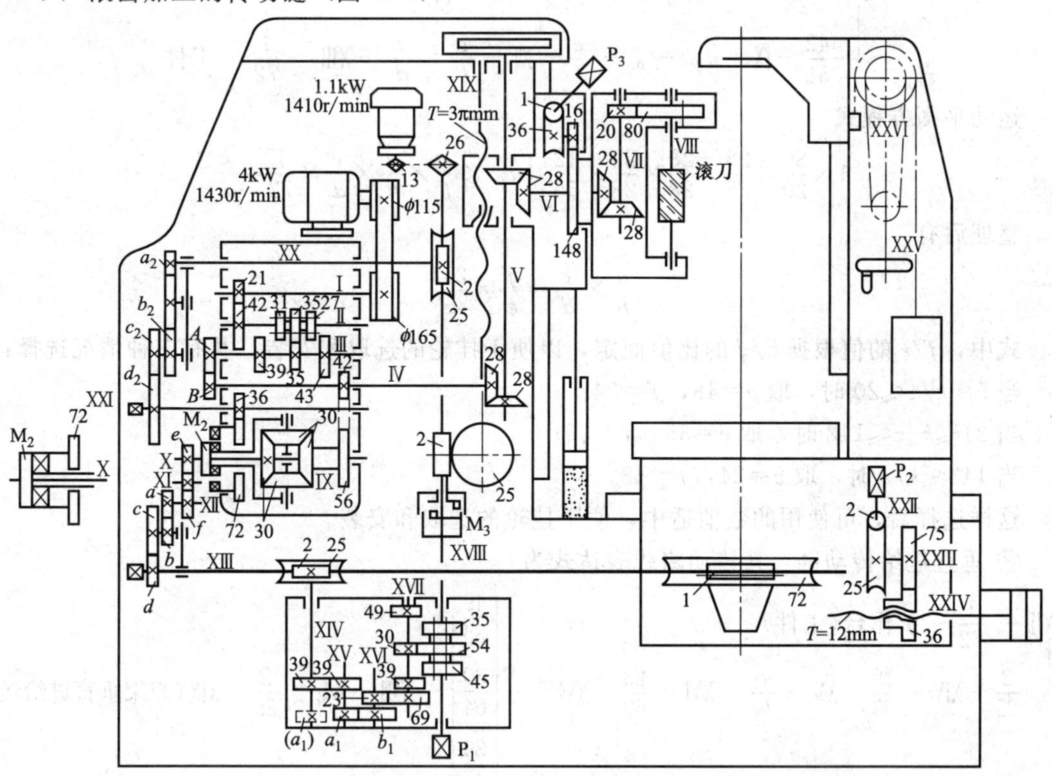

图 11-6　Y3150E 型滚齿机的传动系统

① 主运动传动链　其传动路线表达式为

$$n_{主电动机}—\frac{\phi115}{\phi165}—\text{I}—\frac{21}{42}—\text{II}—\begin{bmatrix}\frac{31}{39}\\ \frac{35}{35}\\ \frac{27}{43}\end{bmatrix}—\text{III}—\frac{A}{B}—\text{IV}—\frac{28}{28}—\text{V}—\frac{28}{28}—\text{VI}—\frac{28}{28}—\text{VII}—\frac{20}{80}—\text{VIII}（滚刀主轴）$$

主运动链的运动平衡方程式为

$$1430\times\frac{115}{165}\times\frac{21}{42}\times u_{\text{Ⅱ}-\text{Ⅲ}}\times\frac{A}{B}\times\frac{28}{28}\times\frac{28}{28}\times\frac{28}{28}\times\frac{20}{80}=n_{刀}$$

根据运动平衡方程式，可得主运动变速挂轮的计算公式为

$$\frac{A}{B}=\frac{n_{刀}}{124.583u_{\text{Ⅱ}-\text{Ⅲ}}}$$

机床上备有 A、B 挂轮，其传动比共三种，因此滚刀可获得表 11-2 所列 9 级转速。

表 11-2　滚刀的转速

A/B	22/44			33/33			44/22		
$u_{\text{Ⅱ}-\text{Ⅲ}}$	27/43	31/39	35/35	27/43	31/39	35/35	27/43	31/39	35/35
$n_{刀}$	40	50	63	80	100	125	160	200	250

② 展成运动传动链　其传动路线表达式为

$$\text{Ⅳ}-\frac{28}{28}-\text{Ⅴ}-\frac{28}{28}-\text{Ⅵ}-\frac{28}{28}-\text{Ⅶ}-\frac{20}{80}-\text{Ⅷ}-\text{滚刀}$$

$$\text{Ⅳ}-\frac{42}{56}-\text{Ⅸ}-u'_{合}-\text{Ⅹ}-\frac{e}{f}-\text{Ⅻ}-\frac{a}{b}\times\frac{c}{d}-\text{ⅩⅢ}-\frac{1}{72}-\text{工件}$$

运动平衡方程式

$$1\times\frac{80}{20}\times\frac{28}{28}\times\frac{28}{28}\times\frac{28}{28}\times\frac{42}{56}\times u'_{合}\times\frac{e}{f}\times\frac{a}{b}\times\frac{c}{d}\times\frac{1}{72}=\frac{k}{z}$$

整理后有

$$\frac{a}{b}\times\frac{c}{d}=\frac{f}{e}\times\frac{24k}{z}$$

式中，f/e 的值根据 k/z 的比值而定，以便于挂轮的选取和安装。共有三种情况选择：

当 $5\leqslant k/z\leqslant 20$ 时，取 $e=48$，$f=24$；

当 $21\leqslant k/z\leqslant 142$ 时，取 $e=36$，$f=36$；

当 $143\leqslant k/z$ 时，取 $e=24$，$f=48$。

这样选择后，可使用的数值适中，便于挂轮的选取和安装。

③ 垂直进给传动链　其传动路线表达式为

$$\text{ⅩⅢ}-\frac{1}{72}-\text{工作台(工件)}$$

$$\text{ⅩⅢ}-\frac{2}{25}-\text{ⅩⅣ}-\frac{39}{39}-\text{ⅩⅤ}-\frac{a_1}{b_1}-\text{ⅩⅥ}-\frac{23}{69}-\text{ⅩⅦ}-\begin{bmatrix}\frac{49}{35}\\\frac{30}{54}\\\frac{39}{45}\end{bmatrix}-\text{ⅩⅧ}-M_3-\frac{2}{25}-\text{ⅩⅨ(刀架垂直进给丝杠)}$$

运动平衡方程式为

$$1\times\frac{72}{1}\times\frac{2}{25}\times\frac{39}{39}\times\frac{a_1}{b_1}\times\frac{23}{69}\times u_{\text{ⅩⅦ}-\text{ⅩⅧ}}\times\frac{2}{25}\times 3\pi=f$$

化简后，可得垂直进给运动挂轮的计算公式为

$$\frac{a_1}{b_1}=\frac{f}{0.46\pi u_{\text{ⅩⅦ}-\text{ⅩⅧ}}}$$

当垂直进给量确定后，可以从表 11-3 中查出挂轮的齿数。

表 11-3　垂直进给量及挂轮齿数

a_1/b_1	26/52			32/46			46/32			52/26		
$u_{XVII-XVIII}$	30/54	39/45	49/35	30/54	39/45	49/35	30/54	39/45	49/35	30/54	39/45	49/35
f/(mm/r)	0.4	0.63	1	0.56	0.87	1.41	1.16	1.8	2.9	1.6	2.5	4

2. 加工斜齿圆柱齿轮时的调整计算

(1) 加工斜齿轮时滚齿机的运动　图 11-7 所示为加工斜齿圆柱齿轮的原理图。加工斜齿圆柱齿轮时，除需要加工直齿圆柱齿轮的三个运动外，还必须给工件一个附加运动，以形成螺旋形的齿轮，即刀具沿工件轴线方向进给一个螺旋线导程时，工件应附加转动±1 转。图 11-7 中的 u_t 为附加运动链的变速机构。

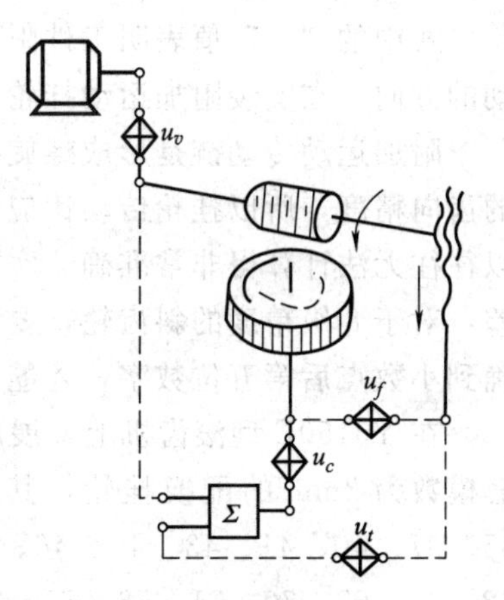

图 11-7　加工斜齿圆柱齿轮的原理图

(2) 运动合成机构　在加工斜齿圆柱齿轮时，展成运动和附加运动两条传动链需要将两种不同要求的旋转运动同时传给工件。一般情况下，两个运动同时传给一根轴时，会产生运动干涉而将轴损坏。因此，为避免上述情况的发生，在滚齿机上设有把两个任意方向和大小的转动进行合成的机构，即运动合成机构。在图 11-7 中，用方框和 Σ 表示。

滚齿机的运动合成机构通常为圆柱齿轮或锥齿轮行星机构。Y3150E 型滚齿机的运动合成机构主要由 4 个模数为 m=3mm、齿数为 z=30、螺旋角为 $\beta=0°$ 的弧齿锥齿轮组成，设置在轴Ⅸ和轴Ⅹ之间（图 11-6）。

加工斜齿轮时，展成运动和附加运动同时通过合成机构传动，并分别按 $u_{合1}=-1$ 和 $u_{合2}=2$ 经轴Ⅹ和齿轮 e 传给工作台。加工直齿轮时，工件不需要附加运动，展成运动传动链通过合成机构的传动比为 1。

(3) 滚齿加工的传动链（图 11-6）

① 主运动传动链　加工斜齿轮的主运动传动链和加工直齿轮的相同。

② 展成运动传动链　加工斜轮时，虽然展成运动的传动路线以及运动平衡式都和加工直齿轮时相同，但因运动合成机构用 M_2 离合器连接，其传动比应为−1，代入运动平衡式后得挂轮计算公式为

$$\frac{a}{b}\times\frac{c}{d}=-\frac{f}{e}\times\frac{24k}{z}$$

式中负号说明展成运动传动链中轴Ⅹ与轴Ⅸ的转向相反，而在加工直齿轮时两轴的转向相同。因此，在调整展成运动挂轮时，必须按机床说明书规定配加惰轮。

③ 垂直进给传动链　加工斜齿轮的垂直进给传动链和加工直齿轮的相同。

④ 附加运动传动链　其传动路线为

$$\text{XVIII}-M_3-\frac{2}{25}-\text{XIX}(\text{刀架垂向进给丝杠})$$

$$\llcorner-\frac{2}{25}-\text{XX}-\frac{a_2}{b_2}\times\frac{c_2}{d_2}-\text{XXI}-\frac{36}{72}-M_2-u_{合2}-\text{X}-\frac{e}{f}-\text{XII}-\frac{a}{b}\times\frac{c}{a}-\text{XIII}-\frac{1}{72}-\text{工作台(工件}$$

运动平衡方程式为

$$\frac{L}{3\pi}\times\frac{25}{2}\times\frac{2}{25}\times\frac{a_2}{b_2}\times\frac{c_2}{d_2}\times\frac{36}{72}\times u_{合2}\times\frac{e}{f}\times\frac{a}{b}\times\frac{c}{d}\times\frac{1}{72}=\pm1$$

式中，$L=\frac{\pi m_n z}{\sin\beta}$；$\frac{a}{b}\times\frac{c}{d}=-\frac{f}{e}\times\frac{24k}{z}$；$u_{合2}=2$。

代入上式，可得附加运动的挂轮计算公式为

$$\frac{a_2}{b_2}\times\frac{c_2}{d_2}=\pm 9\times\frac{\sin\beta}{m_n k}$$

式中的“±”值表明工件附加运动的旋转方向，它决定于工件的螺旋方向和刀架进给运动的方向。在安装附加运动挂轮时，应按机床说明书规定配加惰轮。

附加运动传动链是形成螺旋线齿线的内联系链，其传动比数值的精确度影响着工件齿轮的齿向精度，所以挂轮传动比应计算准确。但是，附加运动挂轮计算公式中包含有 $\sin\beta$，所以往往无法计算得非常准确。实际选配的附加运动挂轮传动比与理论计算的传动比之间的误差，对于 8 级精度的斜齿轮，要准确到小数点后第四位数字，对于 7 级精度的斜齿轮，要准确到小数点后第五位数字，才能保证不超过精度标准中规定的齿向允差。

在 Y3150E 型滚齿机上，展成运动、垂直进给运动和附加运动三条传动链的调整共用一套模数为 2mm 的配换挂轮，其齿数为：20（两个）、23、24、25、26、30、32、33、34、35、37、40、41、43、45、46、47、48、50、52、53、55、57、58、59、60（两个）、61、62、65、67、70、71、73、75、79、80、83、85、89、90、92、95、97、98、100 共 47 个。

3. 加工蜗轮的调整计算

Y3150E型滚齿机通常用径向进给法加工蜗轮（图 11-8），加工时共需三个运动：主运动、展成运动和径向进给运动。主运动及展成运动传动链的调整计算与加工直齿轮相同。径向进给只能手动，此时，将离合器 M_3 脱开，使垂直进给传动链断开，转动方头 P_2，经蜗杆传动 2/25、齿轮传动 75/36 带动螺母转动，使工作台溜板做径向进给。

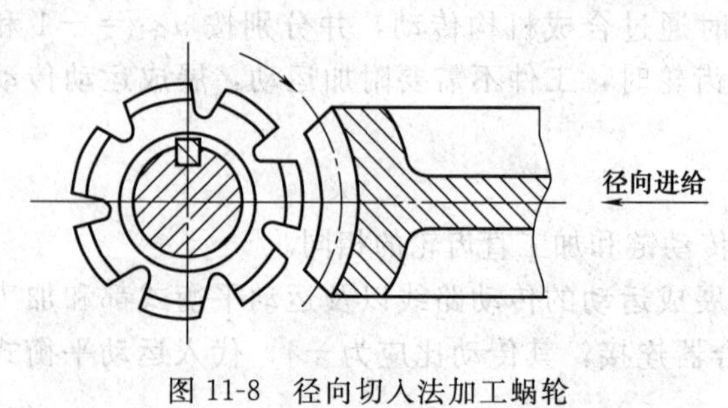

图 11-8 径向切入法加工蜗轮

4. 滚刀架的快速垂直移动

利用快速电动机可使刀架做快速升降运动，以便调整刀架位置及在进给前后实现快进和快退。此外，在加工斜齿轮时，启动快速电动机，可经附加运动传动链传动工作台旋转，以便检查工作台附加运动方向是否正确。

刀架快速垂直移动的传动路线表达式为

$$n_{快速电动机}(1.1\text{kW},\ 1410\text{r/min})-\frac{13}{25}-\text{XVIII}-M_3-\frac{2}{25}-\text{XIX}-刀架垂直进给丝杠$$

刀架快速移动的方向可通过快速电动机的正、反转来实现。在 Y3150E 型滚齿机上，启动快速电动机前，必须先用操纵手柄将轴ⅩⅧ上的三联滑移齿轮移到空挡位置，以脱开轴ⅩⅦ和轴ⅩⅧ的传动联系。为确保安全，机床设有电气互锁装置，保证只有当操纵手柄放在“快速移动”位置时才能启动快速电动机。

5. 滚刀的安装

滚齿时，为了切出准确的齿形，应使滚刀和工件处于正确的“啮合”位置，即滚刀在切削点处的螺旋线方向应与被加工齿轮齿槽的方向一致。为此，需将滚刀轴线与工件顶面安装成一定的角度，这个安装角度称为安装角。

图 11-9 所示为滚刀加工直齿轮时的安装角。安装角 δ 等于滚刀的螺旋角 λ，倾斜方向与

滚刀的螺旋方向有关。滚刀扳动方向取决于滚刀螺旋线方向：滚刀右旋时，顺时针扳动滚刀；滚刀左旋时，逆时针扳动滚刀。

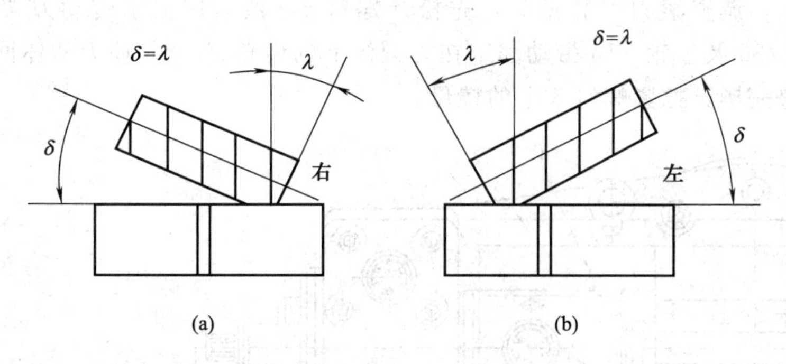

图 11-9　滚刀加工直齿轮时的安装角

用滚刀加工斜齿轮时，由于滚刀和工件的螺旋方向都有左、右之分，因此共有四种组合，如图 11-10 所示。安装角 δ 等于工件的螺旋角 β 和滚刀的螺旋角 λ 两者的代数和，即

$$\delta=\beta\pm\lambda$$

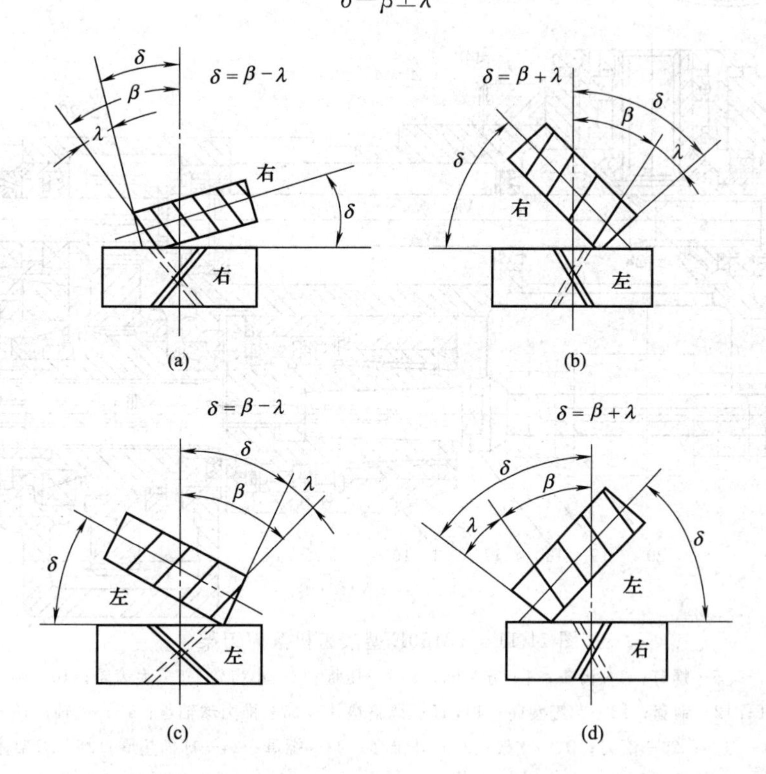

图 11-10　滚刀加工斜齿轮时的安装角

式中的"±"号取决于工件螺旋线方向和滚刀螺旋线方向。方向相反时，取"+"号；方向相同时，取"—"号。

滚刀的扳动方向：当工件螺旋线为右旋时，逆时针扳动滚刀；当工件螺旋线为左旋时，顺时针扳动滚刀。

加工斜齿轮时，应尽量采用与工件螺旋线相同的滚刀，这样可减小安装角，有利于提高机床的运动平稳性和加工精度。

6. 滚齿机的主要部件

（1）滚刀刀架结构　Y3150E 型滚齿机刀架结构如图 11-11 所示。刀架体 25 被螺钉 5 固定在刀架溜板上。调整滚刀安装角时，先松开螺钉 5，然后用扳手转动刀架溜板上的方头 P_3，经蜗杆副 1/36 及齿轮 $Z16$ 带动固定在刀架体上的齿轮 $Z148$，使刀架体回转至所需的滚刀安装角。调整完毕，拧紧螺钉 5 上的螺母。

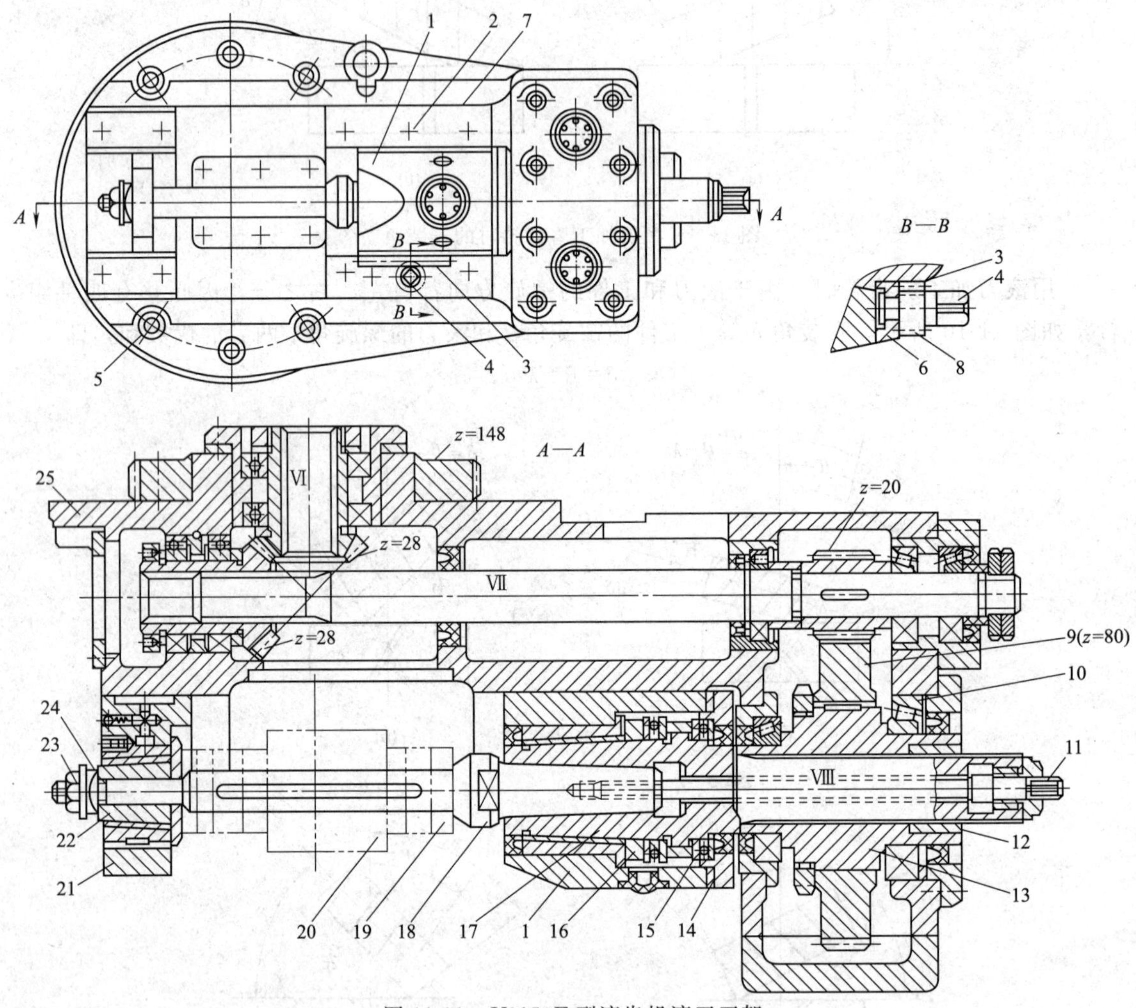

图 11-11　Y3150E 型滚齿机滚刀刀架

1—主轴套筒；2，5—螺钉；3—齿条；4—方头轴；6，7—压板；8—小齿轮；9—大齿轮；10—圆锥滚子轴承；11—拉杆；12—铜套；13—花键套筒；14，16—调整垫片；15—推力球轴承；17—主轴；18—刀杆；19—刀垫；20—滚刀；21—支架；22—外锥套；23—螺母；24—球面垫圈；25—刀架体

主轴 17 前端用锥体滑动轴承支承以承受径向力，并用两个推力球轴承 15 承受轴向力。主轴后端通过铜套 12 及花键套筒 13 支承在两个圆锥滚子轴承 10 上。当主轴前端的滑动轴承磨损引起主轴径向跳动超过规定值时，可拆下垫片 14 及 16，磨去相同的厚度，调配至符合要求时为止。如仅需调整主轴的轴向窜动，则只需将垫片 14 适当磨薄即可。

安装滚刀的刀杆 18 用锥柄安装在主轴前端的锥孔内，用拉杆 11 将其拉紧。刀杆左端支承在支架 21 的滑动轴承上，支架 21 可在刀架体上沿主轴轴线方向调整位置，并用压板固定。

滚刀轴向位置的调整如下：先松开压板螺钉 2，然后转动方头轴 4，经小齿轮 8 和主轴套筒 1 上的齿条 3，带动主轴套筒连同滚动主轴一起轴向移动。调整结束后，拧紧压板螺钉。

(2) 工作台结构　Y3150E 型滚齿机的工作台结构如图 11-12 所示。主要由溜板 1、工作台 2、蜗轮 3、圆锥滚子轴承 4、角接触球轴承 8、套筒 9、底座 12、压紧螺母 13、锁紧套 14、工件心轴 15、锥体滑动轴承 17 等组成。

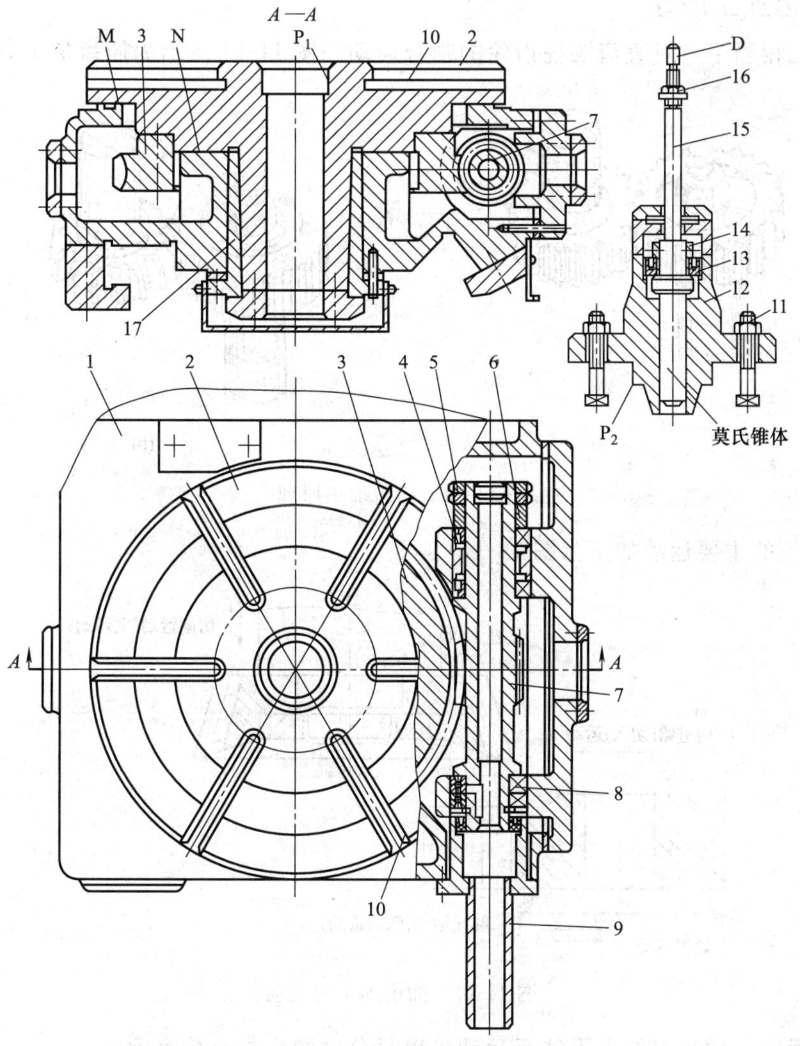

图 11-12　Y3150E 型滚齿机工作台

1—溜板；2—工作台；3—蜗轮；4—圆锥滚子轴承；5—螺母；6—隔套；7—蜗杆；8—角接触球轴承；9—套筒；10—T 形槽；11—T 形螺钉；12—底座；13，16—压紧螺母；14—锁紧套；15—工件心轴；17—锥体滑动轴承

工作台 2 的下部有一圆锥体，与溜板 1 壳体上的锥体滑动轴承 17 精密配合，以定中心。工作台支承在溜板壳体的环形平面导轨 M 和 N 上做旋转运动。分度蜗轮 3 固定在工作台的下平面上，蜗杆 7 由圆锥滚子轴承 4 和角接触球轴承 8 支承，通过双螺母 5 调节圆锥滚子轴承 4 的间隙。

底座 12 用其圆柱表面 P_2 与工作台上的 P_1 孔配合定心，用 T 形螺钉 11 紧固在工作台 2

上；工件心轴 15 通过莫氏锥孔配合，安装在底座上，用压紧螺母 13 压紧，用锁紧套 14 两旁的螺钉锁紧以防松动。

第三节 插齿加工

一、插齿加工原理

插齿加工相当于一对直齿圆柱齿轮的啮合运动。图 11-13 所示为插齿加工原理图。

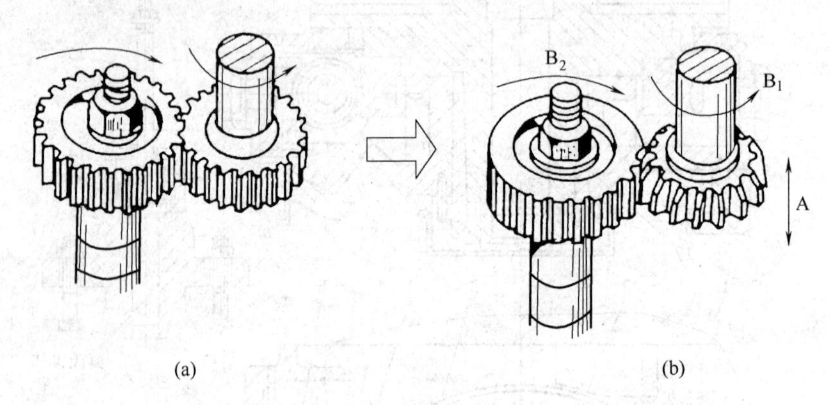

图 11-13 插齿加工原理

插齿加工的主要运动如下（图 11-14）。

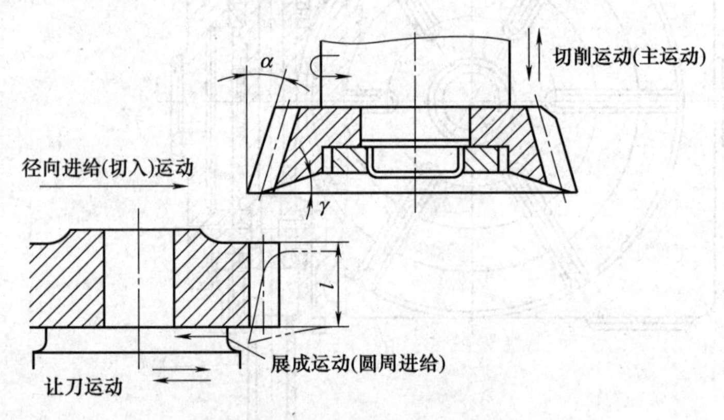

图 11-14 插齿加工的运动

（1）主运动 插齿刀的上下往复运动，以每分钟的往复次数表示。

（2）圆周进给运动 插齿刀绕自身轴线的旋转运动。其转动的快慢决定了工件转动的快慢、插齿刀的切削负荷、工件的表面质量、加工生产效率和刀具的寿命等。圆周进给量为插齿刀每往复一次，刀具在分度圆圆周上所转过的弧长。

（3）径向切入运动 为避免插齿刀负荷过大而损坏刀具和工件，工件应逐渐移向插齿刀做径向切入运动。径向进给量以插齿刀每往复行程一次工件径向切入的距离表示。

（4）让刀运动 插齿刀空行程向上运动时，为避免擦伤工件表面和减少刀具磨损，刀具和工件之间应该让开一定的距离；当插齿刀向下开始工作行程之前，应迅速恢复原位，便于刀具进行下一次切削。这种让开和恢复原位的运动称为让刀运动。

二、插齿加工设备

图 11-15 所示为 Y5132 型插齿机外形图。

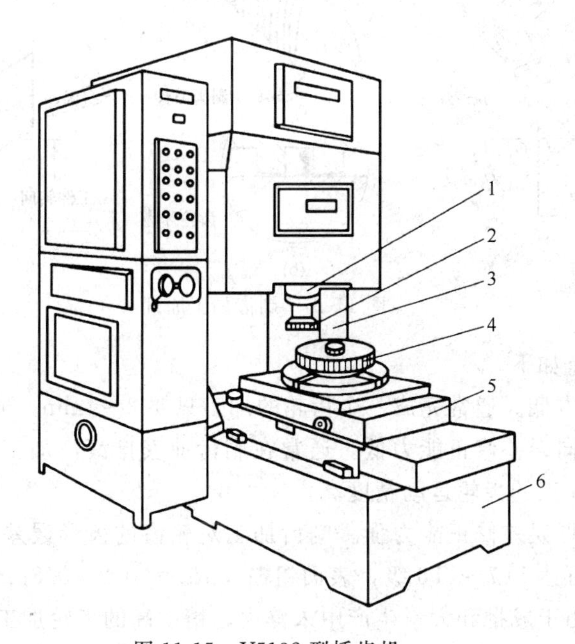

图 11-15　Y5132 型插齿机

1—刀具主轴；2—插齿刀；3—立柱；4—工件；5—工作台；6—床身

三、插齿工艺特点

① 插齿的齿形误差较小，齿面的表面粗糙度小，但公法线长度变动较大。

② 插削大模数齿轮时，插齿的生产效率比滚齿低；但插削中、小模数齿轮时，生产效率不低于滚齿。因此，插齿多用于加工中、小模数齿轮。

③ 插齿的应用范围很广，除能加工外啮合的直齿轮外，特别适合加工齿圈轴向距离较小的多联齿轮、内齿轮、齿条和扇形齿轮等。插齿机不能加工蜗轮。

第四节　其他齿轮加工方法

一、剃齿加工

剃齿加工是利用剃齿刀对未淬火的直齿轮或斜齿轮进行精加工的方法。

图 11-16 所示为剃齿加工原理图。剃齿时工件和剃齿刀之间的相对运动是做螺旋齿轮运动，剃齿刀类似于一个螺旋齿轮，在其表面上开有许多小槽，形成切削刃和容屑槽。当剃齿刀与被剃齿轮在轮齿双面紧密啮合做自由展成运动时，利用齿面间的相对滑动，梳形刀刃在轮齿的齿面上实现微细切削。

剃齿的基本条件是剃齿刀与齿轮轴线必须构成轴交角 Σ，当剃齿刀和工件均有螺旋角时，则轴交角 $\Sigma=\beta_1\pm\beta_2$。式中，“＋”号表示剃齿刀和工件螺旋角方向相同；“－”号表示剃齿刀和工件螺旋角方向相反。

剃齿加工的基本运动有：剃齿刀的正、反转运动，同时工件也由剃齿刀带动做正、反转运动；工件沿轴向的往复直线运动；剃齿刀在工件每往复运动一次后的径向进给运动。

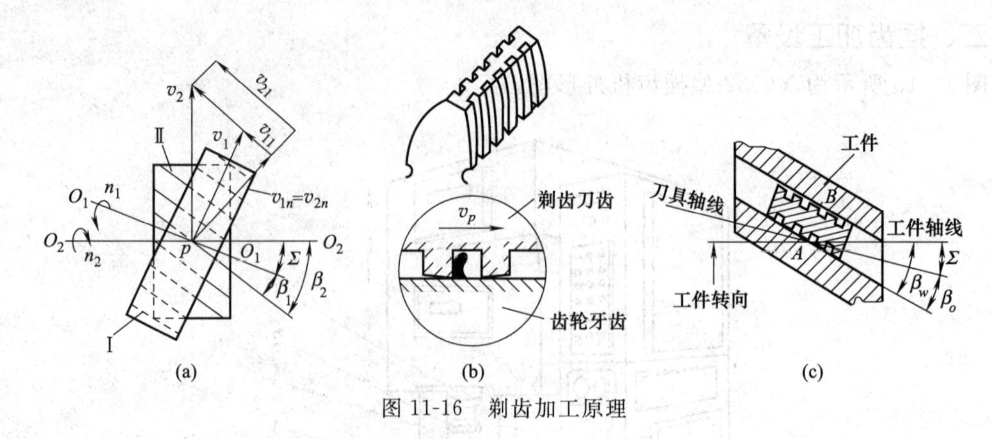

图 11-16 剃齿加工原理

剃齿加工的特点如下。

① 效率高，成本低。通常完成一个齿轮的加工只要 2～4min，成本较磨齿低 90%。

② 对轮齿的切向误差修正能力低。通常在剃齿前安排滚齿加工，因为滚齿加工的齿轮运动精度要比插齿加工的齿轮运动精度高。

③ 对轮齿的齿形误差修正能力强。剃齿加工对轮齿的齿形误差和基节误差有较强的修正能力。剃齿精度可达 IT7～IT6 级，表面粗糙度 Ra 为 0.2～0.8μm。

剃齿加工广泛用于成批和大量生产中未淬火、精度高的齿轮加工。

二、磨齿加工

磨齿加工是对高精度齿轮或淬硬齿轮进行加工的方法。按齿廓的形成原理，磨齿加工有成形法和展成法两大类。

1. 成形法

成形法是利用成形砂轮进行磨齿的方法，这种方法生产效率高，但砂轮修整费时，砂轮磨损后会产生齿形误差，应用受到限制。成形法是磨内齿的唯一方法。

2. 展成法

生产中多采用展成法磨齿，主要的展成法磨齿机有以下三种。

图 11-17（a）所示为蜗杆砂轮磨齿机。其工作原理与滚齿机相似。这种磨齿机生产效率高，但修整砂轮困难，难以达到高精度，传动件易磨损，一般用于中、小模数齿轮的成批和大量生产中。

图 11-17（b）所示为双片蝶形砂轮磨齿机。其工作原理是利用齿条、齿轮的啮合原理

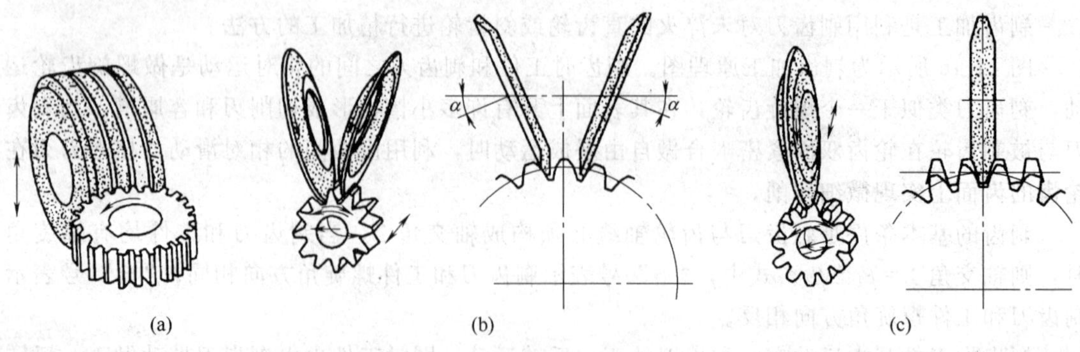

图 11-17 磨齿加工原理

来磨削轮齿的。磨削时，双片蝶形砂轮的高速旋转是主运动。工件在做绕自身轴线旋转运动的同时，还做直线往复移动。工件每往复滚动一次，只能完成一个或两个齿面的加工，因此，必须经过多次分度和磨削加工，才能完成全部齿面的磨削。为磨削整个齿轮的宽度，工件还需进行轴线进给运动。这种磨齿方法精度最高，可达 IT4 级，但砂轮的刚性差，极易损坏，磨削生产效率低，成本高。

图 11-17（c）所示为锥形砂轮磨齿机。其工作原理也是利用齿条、齿轮的啮合原理来磨削轮齿的。磨削时，锥形砂轮的高速旋转是主运动，同时锥形砂轮还沿工件的轴线作直线往复运动，以便磨削工件的整个齿面。工件在做绕自身轴线旋转运动的同时，还做直线往复运动。工件每往复滚动一次，完成一个齿槽的两侧面加工后，需进行分度磨削下一个齿槽。锥形砂轮的刚性好，可选用较大的磨削用量，磨削生产效率高，但锥形砂轮形状不易修整，磨损快且不均，磨削的轮齿精度较低。

3. 磨齿加工的特点

磨齿加工的主要特点是能磨削高精度的轮齿表面，通常磨齿精度可达 IT6 级，表面粗糙度值 Ra 为 0.2～0.8μm。磨齿加工对轮齿的齿形误差或变形有较强的修正能力，而且特别适合磨削齿面硬度高的轮齿，但磨齿加工效率普遍较低，设备结构复杂，调整困难，加工成本较高。磨齿加工主要用于高精度和高硬度的齿轮加工。

三、珩齿加工

珩齿加工是对热处理后的淬硬齿形进行光整加工的方法。珩齿的运动关系及所用机床和剃齿相同，不同的是珩齿所用的刀具（珩轮）是含有磨料的塑料螺旋齿轮。

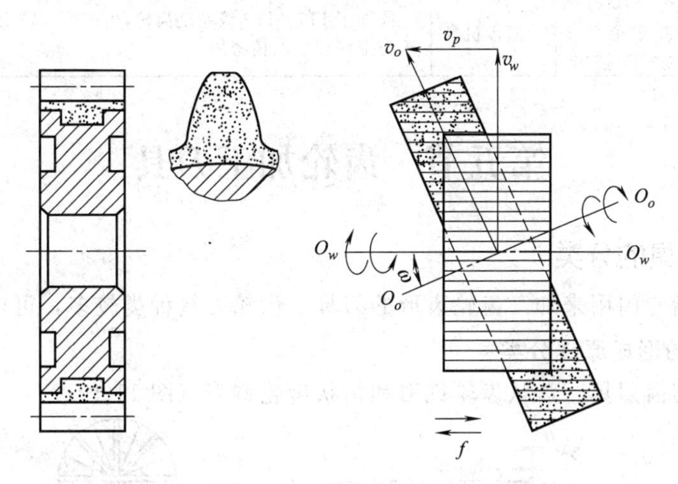

图 11-18　珩齿加工原理

图 11-18 所示为珩齿的工作原理图。珩齿加工时，珩轮与工件自由啮合时，靠齿面间的压力和相对滑动由磨料进行切削。珩齿的切削速度远低于磨削速度，但高于剃齿速度，珩齿过程实际上是一个低速磨削、研磨和抛光的综合过程。

珩齿加工的特点如下。

① 珩齿后轮齿的表面质量好。珩轮齿面上均匀分布着磨粒，磨粒的粒度较细，珩齿后齿面切痕很细，齿面表面粗糙度小。

② 珩齿速度一般在 1～3m/s 左右，齿面不会产生烧伤和裂纹。

③ 对轮齿的齿形误差修正能力低。因珩轮本身具有一定的弹性，珩齿的齿形误差修正

能力不如剃齿效，珩齿加工前多采用剃齿。

④ 生产效率和珩轮的使用寿命高。珩齿的加工效率一般为磨齿的 10～20 倍；珩轮的使用寿命很高，每修磨一次，可珩齿 60～80 件。

常用齿形加工方法及应用范围见表 11-4。

表 11-4 常用齿形加工方法及应用范围

齿形加工方法		刀具	机床	加工精度及适用范围
成形法	成形铣齿	模数铣刀	铣床	加工精度及生产效率均较低，一般精度为 IT9 级以下
	拉齿	齿轮拉刀	拉床	精度和生产效率均较高，但拉刀多为专用，制造困难，价格高，故只在大量生产时用之，宜于拉内齿轮
展成法	滚齿	齿轮滚刀	滚齿机	通常加工 IT10～IT6 级精度齿轮，最高能达 IT4 级，生产效率高，通用性大，常用以加工直齿、斜齿的外啮合圆柱齿轮和蜗轮
	插齿	插齿刀	插齿机	通常能加工 IT9～IT3 级精度齿轮，最高达 IT6 级，生产效率较高，通用性大，适于加工内外啮合齿轮(包括阶梯齿轮)、扇形齿轮、齿条等
	剃齿	剃齿刀	剃齿机	能加工 IT7～IT5 级精度齿轮，生产效率高，主要用于齿轮滚插预加工后、淬火前的精加工
	冷挤齿轮	挤轮	挤齿机	能加工 IT8～IT6 级精度齿轮，生产效率比剃齿高，成本低，多用于齿形淬硬前的精加工以代替剃齿，属于无切屑加工
	珩齿	珩磨轮	珩齿机，剃齿机	能加工 IT7～IT6 级精度齿轮，多用于经过剃齿和高频淬火后齿形的精加工
	磨齿	砂轮	磨齿机	能加工 IT7～IT3 级精度齿轮，生产效率较低，加工成本较高，多用于齿形淬硬后的精密加工

第五节 齿轮加工刀具

一、齿轮刀具的分类

齿轮刀具是指专门用来加工齿轮齿形的刀具。齿轮刀具种类较多，可按下述方法分类。

1. 按照齿形的形成原理分类

(1) 成形法切齿刀具　盘状齿轮铣刀和指状齿轮铣刀（图 11-19）。

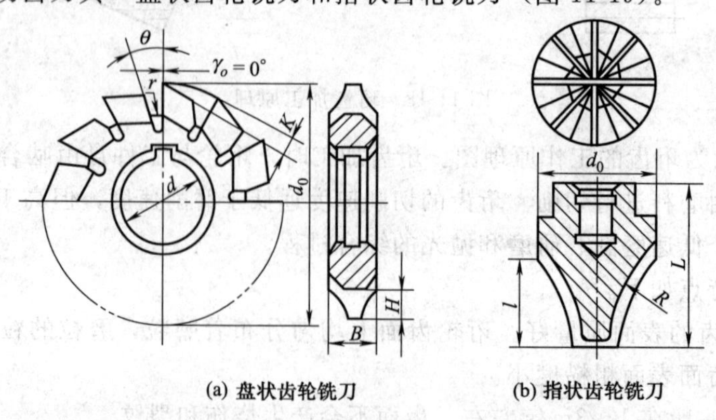

(a) 盘状齿轮铣刀　　(b) 指状齿轮铣刀

图 11-19 成形法切齿刀具

（2）展成法切齿刀具　齿轮滚刀、插齿刀、剃齿刀等。

2. 按照被加工齿轮的类型分类

（1）渐开线齿轮刀具

① 加工圆柱齿轮的刀具：齿轮铣刀、齿轮拉刀、齿轮滚刀、插齿刀和剃齿刀等。

② 加工蜗轮的刀具：蜗轮滚刀、蜗轮飞刀和蜗轮剃齿刀等。

③ 加工锥齿轮的刀具：直齿锥齿轮刨刀、弧齿锥齿轮铣刀盘等。

（2）非渐开线齿轮刀具　非渐开线齿轮刀具的成形原理也属于展成法，主要有花键滚刀、摆线齿轮刀具、链轮滚刀等。

二、齿轮铣刀

齿轮铣刀一般做成盘形，主要用于加工模数 $m=0.3\sim16\text{mm}$ 的直齿或斜齿圆柱齿轮。齿轮铣刀的廓形由齿轮的模数、齿数和压力角决定，齿数越少则基圆越小，渐开线的曲率半径就越小，即渐开线弯曲得越厉害，当齿数无穷多时，渐开线为一直线。因此，从理论上讲，加工不同齿数的齿轮就应采用不同齿形的铣刀。

生产中为减少铣刀的规格和数量，常用一把铣刀加工模数和压力角相同且具有一定齿数范围的齿轮。标准模数盘形铣刀的模数在 0.3～8mm 时，每套由 8 把铣刀组成；模数在 9～16mm 时，每套由 15 把铣刀组成。每把铣刀所能加工的齿轮齿数范围见表 11-5。每把铣刀的齿形均按所加工齿轮齿数范围内最少齿数的齿形设计。

表 11-5　齿轮铣刀的刀号及其加工的齿数

铣刀号码		1	1.5	2	2.5	3	3.5	4	4.5	5	5.5	6	6.5	7	7.5	8
加工齿数	8把一套	12～13	—	14～16	—	17～20	—	21～25	—	26～34	—	35～54	—	55～134	—	135～∞
	15把一套	12	13	14	15～16	17～18	19～20	21～22	23～25	26～29	30～34	35～41	42～54	55～79	80～134	135～∞

加工斜齿轮时，铣刀刀号的选择应根据斜齿轮的法向模数 m_n 和法剖面中的当量齿数 z_v 选择。

法向模数 m_n 和当量齿数 z_v 的公式为

$$m_n=m\cos\beta,\quad z_v=z/\cos^3\beta$$

三、插齿刀

插齿刀的外形像齿轮，直齿刀像直齿轮，斜齿刀像斜齿轮；在其齿顶、齿侧开出后角，端面开出前角就形成了切削刃。直齿插齿刀的规格和应用范围见表 11-6。

插齿刀的精度分为 AA、A、B 三级，根据被加工齿轮的平稳性精度来选用，分别用于加工 IT6 级、IT7 级、IT8 级精度的圆柱齿轮。

表 11-6 直齿插齿刀的规格和应用范围

序号	类型	简图	应用范围	规格		d_1 或莫氏锥
				d_0	m	
1	盘形直齿插齿刀	d_1 d_0	加工普通直齿、外齿轮和大直径齿轮	$\phi63$	0.3～1	31.743
				$\phi75$	1～4	
				$\phi100$	1～6	
				$\phi125$	4～8	
				$\phi160$	6～10	88.90
				$\phi200$	8～12	101.60
2	碗形直齿插齿刀	d_1 d_0	加工塔形双联直齿轮	$\phi50$	1～3.5	20
				$\phi75$	1～4	31.743
				$\phi100$	1～6	
				$\phi125$	4～8	
3	锥柄直齿插齿刀	d_0	加工直齿内齿轮	$\phi25$	0.3～1	莫氏 2°
				$\phi25$	1～2.75	
				$\phi38$	1～3.75	莫氏 3°

四、齿轮滚刀

1. 滚刀的形成及结构

齿轮滚刀相当于一个或多个齿、螺旋角很大且齿很长的斜齿圆柱齿轮。由于齿很长，使齿轮滚刀的外形不像齿轮而呈蜗杆状，齿轮滚刀的头数即螺旋齿轮的齿数。为使蜗杆能起切削作用，在蜗杆轴向开出容屑槽形成前刀面和前角，齿背铲磨形成后刀面和后角，再加上淬火和刃磨前刀面，就形成了齿轮滚刀（图 11-20）。

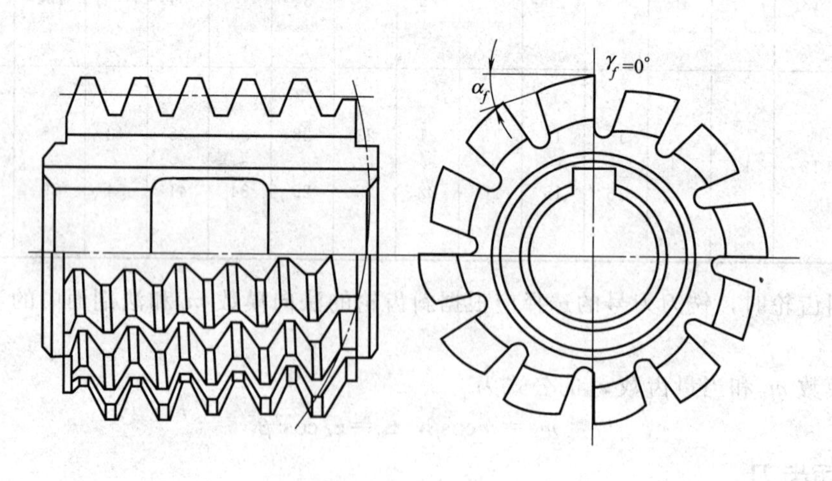

图 11-20 齿轮滚刀

标准齿轮滚刀多为高速钢整体制造。大模数的标准齿轮滚刀为了节约材料和便于热处理，一般可用镶齿式，这种滚刀切削性能好，使用寿命长。目前，硬质合金齿轮滚刀得到了广泛应用，它不仅可采用较高的切削速度，而且还可以直接滚切淬火齿轮。

2. 齿轮滚刀的基本蜗杆（图 11-21）

齿轮滚刀的基本蜗杆有渐开线基本蜗杆、阿基米德基本蜗杆和法向直廓基本蜗杆三种（图 11-22）。渐开线基本蜗杆制造困难，生产中很少使用；阿基米德基本蜗杆与渐开线基本蜗杆十分相似，只是它的轴向截面内的齿形为直线，这种齿轮滚刀便于制造、刃磨和测量，应用广泛；法向直廓基本蜗杆的理论误差大，加工精度低，应用较少，一般用于粗加工、大模数和多头滚刀。

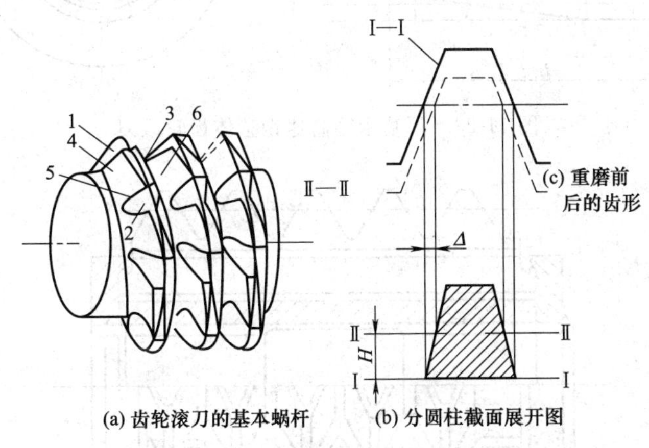

图 11-21　齿轮滚刀的基本蜗杆

1—蜗杆表面；2—滚刀前刀面；3—齿顶后刀面；4—齿侧后刀面；5—侧切削刃；6—齿顶刃

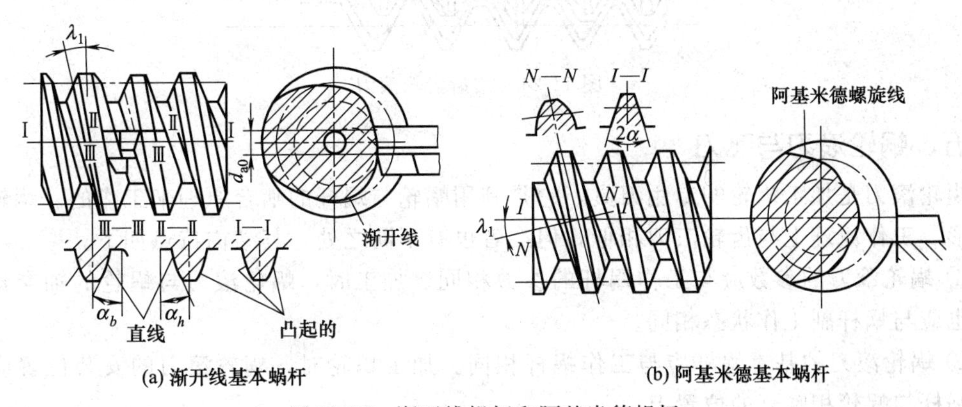

图 11-22　渐开线蜗杆和阿基米德蜗杆

齿轮滚刀的精度分为 AA、A、B、C 四级，滚刀精度等级与被加工齿轮精度等级的关系见表 11-7。

表 11-7　滚刀精度等级与被加工齿轮精度等级的关系

齿轮滚刀精度等级	AA 级	A 级	B 级	C 级
被加工齿轮精度等级	IT7～IT6	IT8～IT7	IT9～IT8	IT12～IT10

3. 齿轮滚刀的结构及参数

齿轮滚刀的结构分为两大类：中、小模数（$m\leqslant10$）的滚刀一般做成整体式，如图 11-23 所示为阿基米德高速钢整体齿轮滚刀；模数较大的齿轮滚刀，一般做成镶齿结构，如图 11-24 所示。精加工齿轮滚刀一般做成单头，为提高生产效率，粗加工滚刀也可做成多头。齿轮滚刀的结构已经标准化，具体参数可查相关手册。

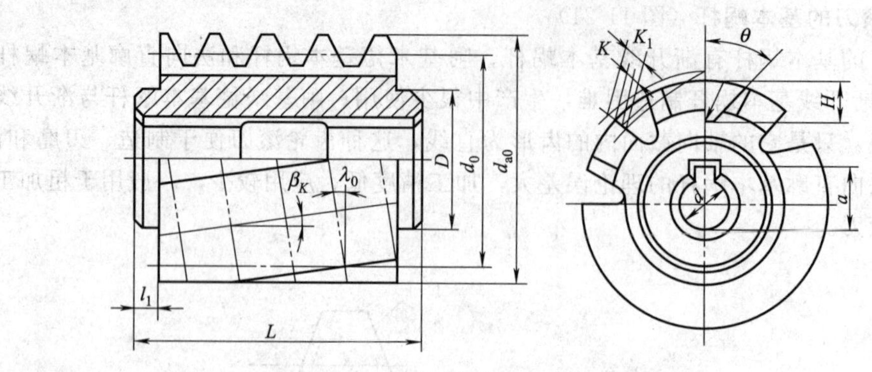

图 11-23 阿基米德高速钢整体齿轮滚刀

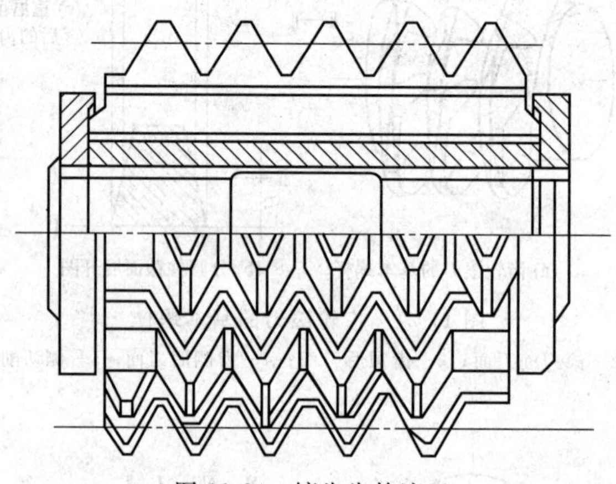

图 11-24 镶齿齿轮滚刀

五、蜗轮滚刀与飞刀

蜗轮滚刀是加工蜗轮的专用刀具，它是利用蜗轮与蜗杆的啮合原理来工作的。蜗轮滚刀在外形、工作原理上与齿轮滚刀相似，但二者也有不同之处，其结构特点如下。

① 蜗轮滚刀的参数应与工作蜗杆的参数相同。加工时，蜗轮滚刀与蜗轮的轴交角、中心距也应与蜗杆副工作状态相同。

② 蜗轮滚刀的基本蜗杆应与工作蜗杆相同。加工蜗轮时，蜗轮滚刀的安装位置应处于工作蜗杆与蜗轮相啮合的位置上。

③ 一种蜗轮滚刀只能加工一种类型与尺寸的蜗轮。

由于蜗轮滚刀的外径应与工作蜗杆基本一致，因而蜗轮滚刀的外径不能任意选取。图 11-25 所示为常用蜗轮滚刀的结构。外径大于 30～50mm 以上的滚刀制成套装式；外径小于 30mm 的滚刀制成带柄式。

蜗轮滚刀切削蜗轮时，有径向进给和切向进给两种方式（图 11-26）。径向进给时，滚刀每转一转，被加工蜗轮转过的齿数应等于滚刀的头数，以形成展成运动，同时滚刀还沿被加工蜗轮半径方向进给，逐渐切出全齿深。切向进给时，事先调整好滚刀与蜗轮的中心距，在滚刀与被加工蜗轮做展成运动的同时，还沿滚刀轴线方向进给切入蜗轮，因此滚刀转一转，被切蜗轮还需有附加转动。

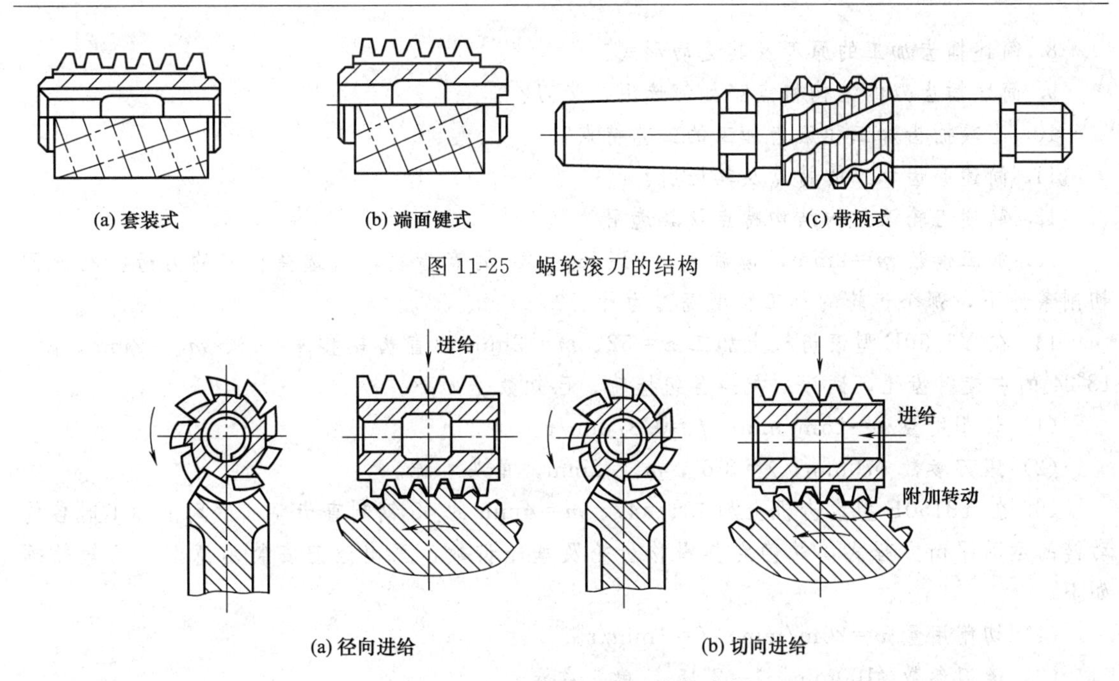

图 11-25　蜗轮滚刀的结构

图 11-26　蜗轮滚刀的进给方式

由于一把蜗轮滚刀只能加工一定尺寸的蜗轮，因此，当单件和小批生产时，通常用蜗轮飞刀代替蜗轮滚刀加工蜗轮。飞刀相当于切向进给蜗轮滚刀的一个刀齿，属于切向进给加工蜗轮的刀具。飞刀的工作原理和蜗轮滚刀相同，飞刀只能用非常小的进给量加工蜗轮，切削效率较低，但结构简单，刀具成本低。图 11-27 所示为蜗轮飞刀的结构图。

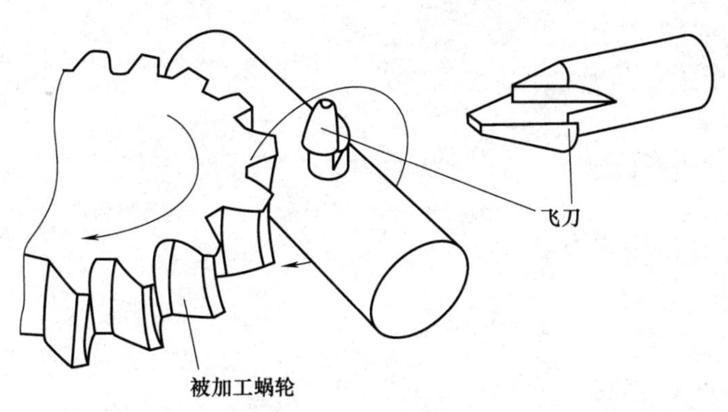

图 11-27　蜗轮飞刀

思　考　题

1. 简述成形法和展成法加工齿轮的优缺点?
2. 简述滚齿机滚切斜齿轮的工作原理?
3. 简述成形法铣齿所需的运动形式?
4. 简述展成法滚齿时所需的运动形式?
5. 简述如何选择盘形齿轮铣刀的刀号?
6. 简述滚刀的基本蜗杆有哪些? 各有何特点?
7. 使用滚刀时应如何正确安装、调整和重磨?

8. 简述插齿加工的原理及其运动形式？

9. 简述插齿刀的结构特点？如何选用插齿刀？

10. 比较插齿加工和滚齿加工的工艺特点？

11. 简述磨齿加工的特点及其应用？

12. 简述齿轮滚刀的结构特点及其选用？

13. 加工模数 $m=2$mm，齿数 $z_1=21$、$z_2=25$ 的直齿轮，试选择铣刀的刀号？在相同切削条件下，哪个齿轮的加工精度高？为什么？

14. 在 Y3150E 型滚齿机上加工 $z=52$、$m=2$mm 的直齿轮和 $z=46$、$m_n=2$mm、$\beta=18°24'$的右旋斜齿轮，试分别配换各组挂轮。已知数据如下。

(1) 切削用量 $v=25$m/min，$f=0.87$mm/r。

(2) 滚刀参数 $\phi70$mm，$\lambda=3°6'$，$m_n=2$mm，单头右旋。

15. 在 Y3150E 型滚齿机上加工 $z=47$、$m=4$mm 的 45 钢制直齿轮，试列出加工时各传动链的运动平衡方程式，并确定其滑移齿轮及挂轮齿数，画出滚刀安装示意图。已知数据如下。

(1) 切削用量 $v=20$m/min，$f=1$mm/r。

(2) 滚刀参数 $\phi100$mm，$\lambda=2°45'$，单头右旋。

参考文献

[1] 于骏一，邹青．机械制造技术基础［M］．北京：机械工业出版社，2009.

[2] 张世昌，李旦．机械制造技术基础［M］．北京：高等教育出版社，2001.

[3] 卢秉恒，洪军．机械制造技术基础［M］．北京：机械工业出版社，2004.

[4] 张鹏，孙有亮．机械制造技术基础［M］．北京：北京大学出版社，2009.

[5] 王杰，李方信．机械制造工程学［M］．北京：北京邮电大学出版社，2003.

[6] 韩荣第，周明．金属切削原理与刀具［M］．黑龙江：哈尔滨工业大学出版社，2003.

[7] 陆剑中，孙家宁．金属切削原理与刀具［M］．北京：机械工业出版社，2005.

[8] 牛荣华，宋昀．机械加工方法与设备［M］．北京：人民邮电出版社，2009.

[9] 孙庆群，周宗明．金属切削加工原理及设备［M］．北京：科学出版社，2008.

[10] 王靖东．金属切削加工方法与设备［M］．北京：高等教育出版社，2006.

[11] 陈根琴．金属切削加工方法与设备［M］．北京：人民邮电出版社，2007.

[12] 吴拓．金属切削加工及设备［M］．北京：机械工业出版社，2006.

[13] 周泽华．金属切削理论［M］．北京：机械工业出版社，1992.

[14] 袁哲俊．金属切削刀具［M］．上海：上海科学技术出版社，1993.

[15] 艾兴，肖诗钢．切削用量简明手册［M］．北京：机械工业出版社，1994.

[16] 冯之敬．机械制造工程原理［M］．北京：清华大学出版社，1998.

[17] 傅水根．机械制造工艺基础［M］．北京：清华大学出版社，2004.

[18] 黄鹤汀．金属切削机床［M］．北京：机械工业出版社，2003.

[19] 魏康民．机械加工工艺方案设计与实施［M］．北京：机械工业出版社，2010.

[20] 杨叔子．机械加工工艺师手册［M］．北京：机械工业出版社，2003.

参考文献

[illegible]